Office战斗力：

高效办公必备的360个Excel技巧

起点文化 编著

电子工业出版社.
Publishing House of Electronics Industry
北京·BEIJING

内 容 简 介

本书共9章，360个技巧，从Excel 2010的初级操作技巧，工作簿、工作表和数据的操作技巧，到单元格格式的设置技巧，图形和图表的应用技巧，公式和函数的应用技巧，逐步扩展至函数的高级应用技巧，工作表的安全和共享设置技巧，内容由浅入深，一气呵成。本书的大部分技巧都提供了对应的案例文件，可以作为读者日常工作的"模板库"。相信读者在学习完本书后，能够熟练掌握Excel 2010的使用方法和技巧，在日常应用中做到游刃有余。

本书不仅适合Excel 2010的初级和中级用户阅读，也可以作为人力、行政、财务人员在日常工作中的学习资料，以及职场新人和其他行业人员快速掌握Excel 2010使用技巧的参考资料。

图书在版编目（CIP）数据

Office 战斗力：高效办公必备的360个Excel技巧 / 起点文化编著. — 北京：电子工业出版社，2013.3
ISBN 978-7-121-19497-9

Ⅰ.①O… Ⅱ.①起… Ⅲ.①表处理软件 Ⅳ.①TP391.13

中国版本图书馆CIP数据核字（2013）第017986号

策划编辑：张慧敏
责任编辑：徐津平
印　　刷：北京天宇星印刷厂
装　　订：三河市皇庄路通装订厂
出版发行：电子工业出版社
　　　　　北京市海淀区万寿路173信箱　　　邮编：100036
开　　本：720×1000　　1/16　　　　印张：23　　　　字数：400千字
印　　次：2013年3月第1次印刷
印　　数：4000册　　　　定价：49.00元

凡所购买电子工业出版社图书有缺损问题，请向购买书店调换。若书店售缺，请与本社发行部联系，联系及邮购电话：（010）88254888。

质量投诉请发邮件至zlts@phei.com.cn，盗版侵权举报请发邮件至dbqq@phei.com.cn。

服务热线：（010）88258888。

授之以鱼不如授之以渔。

本书注重对读者自学能力的培养，以使读者能够独立、高效地完成工作为目的，精心编写了360个Excel 2010实用技巧，大部分技巧都配有操作图片和案例文件，让读者一目了然，从而加深理解，熟练掌握相关操作。

本书特色：

1. 内容丰富，结构清晰

本书由浅入深，从基本操作到工作簿和工作表的使用，从数据的输入到函数的应用，从表格的设计到图表的制作，讲解详尽，语言精练，全面阐述了Excel 2010的使用方法和操作技巧。

2. 超值务实

本书的绝大部分技巧在工作和学习中非常实用，读者可以直接套用案例文件中的公式和样式，达到提高效率的目的。

3. 人性化讲解

本书从便于读者阅读的角度出发，尽量采用图文并茂的讲解方式，步骤清晰、结构清楚、效果鲜明。

适合读者：

本书不仅适合Excel 2010的初级和中级用户阅读，也可以作为人力、行政、财务人员在日常工作中的学习资料，以及职场新人和其他行业人员快速掌握Excel 2010使用技巧的参考资料。

本书提醒：

为了模拟真实的办公效果，便于读者在情境中学习，本书部分案例采用的企业名称、产品名称、人物姓名、时间及数据等纯属虚构，请勿对号入座。

本书案例文件的下载地址为http://www.broadview.com.cn/19497。

参与本书编写工作的人员有马佩芝、刘璐。

编　者

目录

第9章 工作表的安全和共享设置技巧 340

初级操作技巧 第1章

Excel 2010提供了强大的分析功能，可以采用多种方式进行信息的管理和共享，从而帮助用户制定便捷的操作模式。Excel 2010提供的分析工具和图形化界面可以帮助用户跟踪并突出显示重要数据的变化趋势，轻松地通过网络与他人同时对文件进行操作。

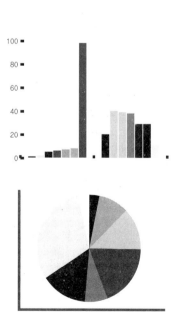

📖 技巧1

启动Excel 2010时自动打开某个工作簿

要想设置启动Excel 2010时自动打开某个工作簿，有如下两种方法。

方法1：打开Excel 2010特定的工作簿

如果用户希望每次启动Excel 2010时都自动打开特定的工作簿，可以将要显示的工作簿文件放入"XLSTART"文件夹。

> **提示**
>
> 如果用户在安装Office时采用默认目录，则安装路径为"C:\Program Files\Microsoft Office\Office14\XLSTART"。否则，需要在计算机中查找Office的安装目录。路径中的"Office14"是Office 2010的安装路径。

如果需要将已经打开的工作簿保存到该文件夹中，则具体操作步骤如下。

1．选择"文件"选项卡，在其左侧列表中单击"另存为"按钮，如图1-1所示。

2．在弹出的"另存为"对话框的"保存位置"列表中找到"XLSTART"文件夹，单击"保存"按钮保存工作簿，如图1-2所示。

图1-1   图1-2

方法2：修改Excel 2010中的选项

1．启动Excel 2010程序，选择"文件"选项卡，在左侧列表中单击"选项"按钮，如图1-3所示。

2．在弹出的"Excel选项"对话框的左侧列表中选择"高级"选项，在"常规"选项区的"启动时打开此目录中的所有文件"文本框中输入需要打开的文件夹的路径，如图1-4所示。

3．单击"确定"按钮，退出工作簿。重新启动Excel 2010程序时，会自动打开在第2步中指定的文件夹内的所有文件。

> **提示**
>
> 将"启动时打开此目录中的所有文件"文本框中的内容删除，即可取消自动打开设置。

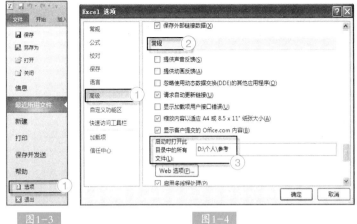

图1-3   图1-4

📖 技巧2
自定义选项卡

利用Excel 2010的功能区可以查找隐藏在菜单和工具栏中的命令及功能。用户不仅可以创建自己的选项卡和选项组，还可以重命名或更改内置选项卡和选项组的顺序，具体操作步骤如下。

1．选择"文件"选项卡，在左侧列表中单击"选项"按钮。

2．单击"Excel选项"对话框左侧列表中的"自定义功能区"选项，然后单击右侧"自定义功能区>主选项卡"选项区下方的"新建选项卡"按钮，如图1-5所示，可在"主选项卡"选项区添加一个新的选项卡。

图1-5

3. 在"主选项卡"选项区的"新建选项卡 (自定义)"选项上单击鼠标右键，在弹出的菜单中选择"重命名"命令，如图1-6所示。

图1-6

4. 在弹出的"重命名"对话框的"显示名称"文本框中输入创建的选项卡的名称，如图1-7所示。

图1-7

5. 单击"确定"按钮，退出"重命名"对话框。此时"主选项卡"选项区的自定义选项卡的名称显示为重命名后的名称，如图1-8所示。

6. 重复以上第2步操作，在"新建组 (自定义)"名称上单击鼠标右键，在弹出的菜单中选择"重命名"命令，打开"重命名"对话框。在"显示名称"文本框中输入新建组的名称，如图1-9所示。

图1-8

图1-9

7. 单击"确定"按钮,在"自定义功能区"的"从下列位置选择命令"列表中选择"不在功能区中的命令"选项,然后在其下方的列表框中选中要添加的命令,单击"添加"按钮,在右侧列表框中即显示添加的命令,如图1-10所示。

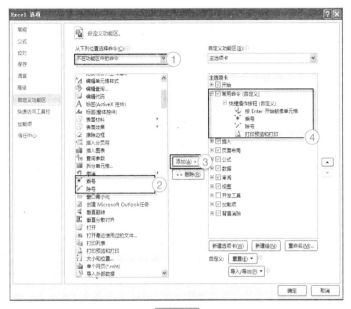

图1-10

8. 单击"确定"按钮返回工作簿界面,在主选项卡中创建的"常用命令"自定义选项卡显示如图1-11所示。

图1-11

提示

　　用户可以重命名Office 2010内置的默认选项卡和选项组,并更改它们的顺序,但不能重命名默认命令,也不能更改与这些命令相关联的图标或这些命令的顺序。若要向选项组中添加命令,必须向默认选项卡或新选项卡中添加自定义选项组。在"自定义功能区"列表中,自定义选项卡和选项组的名称后面会有"自定义"字样,但"自定义"字样不会显示在功能区中。

📖 技巧3
恢复自动保存的文件

　　Excel 2010的自动恢复功能只能将工作簿恢复到最后一次自动保存时的状态，而不能完全恢复工作簿。Excel 2010恢复自动保存文件的具体操作步骤如下。

　　1. 打开计算机断电或死机前未保存的Excel文档，此时工作簿窗口的左侧会出现"文档恢复"任务窗格，如图1–12所示。

　　2. 在"文档恢复"任务窗格的"可用文件"列表框中单击希望保存的文件，即可恢复之前未保存的文件。

> **提示**
> 　　如果"可用文件"列表框中有多个文件，可单击这些文件以逐个恢复。

　　3. 单击快速访问工具栏中的"保存"按钮，即可弹出"另存为"对话框，在其中设置工作簿的名称和保存类型，如图1–13所示。

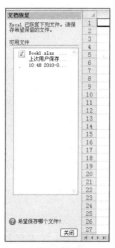

图1–12

图1–13

📖 技巧4
调整自动保存的时间间隔

　　在编辑工作表时，每隔一段时间Excel 2010就会自动保存文件。用户可自行调整自动保存的时间间隔，具体操作步骤如下。

　　1. 打开工作簿，选择"文件"选项卡，在其左侧列表中单击"选项"按钮。

　　2. 此时将打开"Excel选项"对话框。在其左侧列表中单击"保存"选项，在其右侧的"保存工作簿"选项区勾选"保存自动恢复信息时间间隔"复选框，并在后面的数值框中设置自动保存的时间间隔，如图1–14所示。

　　3. 单击"确定"按钮，下次编辑Excel文档时将按照以上设置的时间自动保存文档。

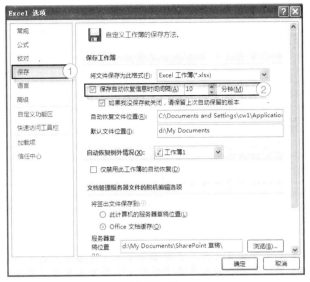

图1-14

📖 技巧5
锁定最近打开的文档

单击"文件"选项卡左侧列表中的"最近所用文件"选项，右侧的"最近使用的工作簿"列表框中会显示用户在最近一段时间内使用的工作簿的图标，且该列表框中的工作簿会随着新近打开的其他文档而下降或消失。如果想将其中的一个或几个工作簿固定在该列表中，可单击其后对应的"将此项目固定到列表"按钮，如图1-15所示。

工作簿图标的位置被固定后，会自动上升到列表的前面，"将此项目固定到列表"按钮将变为"在列表中取消对此项目的固定"按钮，如图1-16所示。

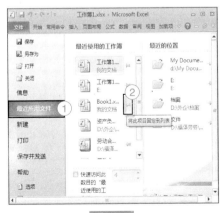

图1-15

图1-16

📖 技巧6
轻松更改默认"作者"

创建一个工作簿后，将鼠标放置在其图标上时，可以看到"作者"名称，即用户在安装Office 2010时输入的用户名，如图1-17所示。

图1-17

若要更改默认用户名，具体操作步骤如下。

1．选择"文件"选项卡，在其左侧列表中单击"选项"按钮。在弹出的"Excel选项"对话框的左侧列表中选择"常规"选项，在右侧的"对Microsoft Office进行个性化设置"选项区的"用户名"文本框中输入用户名，如图1-18所示。

2．单击"确定"按钮，再将鼠标放置在存储文档的图标上时，显示的"作者"名称即为更改后的用户名，如图1-19所示。

图1-18

图1-19

8

技巧7

扩大编辑区域

默认情况下，Excel 2010的工作界面如图1-20所示。功能区位于界面的上方，各个选项卡中包含常用控件；功能区下方是工作簿编辑区。若想扩大编辑区的"面积"，则具体操作步骤如下。

图1-20

1. 在功能区的任意位置单击鼠标右键，在弹出的菜单中选择"功能区最小化"命令，如图1-21所示。

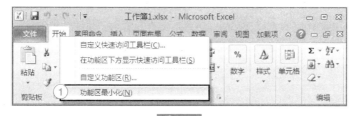

图1-21

2. 此时，Excel 2010工作界面的功能区将只显示各个选项卡的名称，选项卡中的控件被隐藏起来，这样，编辑区的"面积"就比原来大了，如图1-22所示。

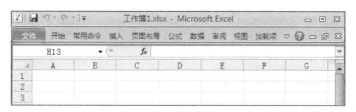

图1-22

📖 技巧8
快速访问工具栏的设置

快速访问工具栏是一个可自定义的工具栏，它包含一组独立于当前显示的功能区选项卡的命令。用户可以向快速访问工具栏中添加命令按钮，具体操作步骤如下。

1．单击快速访问工具栏右侧的下拉按钮，在展开的列表中选择要添加的"快速打印"功能按钮，如图1-23所示。

2．此时，可以看到快速访问工具栏上已经添加了"快速打印"功能按钮，如图1-24所示。

图1-23　　　　　　　图1-24

3．如果在快速访问工具栏的下拉列表中没有找到需要添加的命令，则应单击"其他命令"选项，打开"Excel选项"对话框。

4．在对话框的左侧列表中选择"快速访问工具栏"选项，在右侧的"从下列位置选择命令"列表框中选择需要添加的"表格"命令，单击"添加"按钮，如图1-25所示。

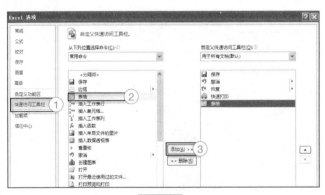

图1-25

5．单击"确定"按钮返回工作簿界面，即可看到快速访问工具栏中已经添加了"表格"按钮，如图1-26所示。

图1-26

📖 技巧9

拆分窗口对照看

财务部门或人事部门总是要用Excel制作财务报表或职员基本信息表。如果表中的内容非常多，不便查看，可以将Excel窗口进行拆分。拆分窗口的具体操作步骤如下。

方法1：使用"拆分"按钮拆分

1. 打开工作簿，将鼠标放置到需要拆分的行或列的下一行或下一列，切换至"视图"选项卡，单击"拆分"按钮，如图1-27所示。

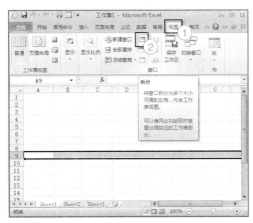

图1-27

2. 拆分后，可以看到工作表第9行的上方出现了一条分割线，如图1-28所示。

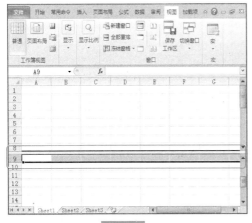

图1-28

方法2：直接拖动鼠标拆分

1．将鼠标放置在Excel窗口右侧或下方滚动条的拆分按钮处，如图1-29所示。

2．当指针显示为 ╪ 或者 ╫ 状时，按住鼠标并拖动到合适的位置释放，拆分后的窗口效果如图1-30所示。

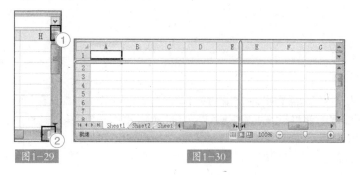

图1-29　　　　　　　　　图1-30

> 提示
>
> 　　如果要取消对窗口的拆分，只需将鼠标放置在窗口的分割线上，当指针显示为 ╪ 或者 ╫ 状时双击即可。

📖 技巧10

让Excel 2010的语言更清晰

用户可以根据自身的需要为Excel 2010添加更多语言，如英语、朝鲜语等，具体操作步骤如下。

1．选择"文件"选项卡，在左侧列表中单击"选项"按钮。

2．单击"Excel选项"对话框左侧列表中的"语言"选项，在右侧"选择编辑语言"选项区的"添加其他编辑语言"列表中选择需要添加的语言，然后单击"添加"按钮，如图1-31所示。

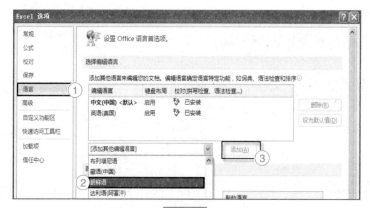

图1-31

3. 添加语言后，"编辑语言"列表框中就会显示新添加的语言，如图1-32所示。

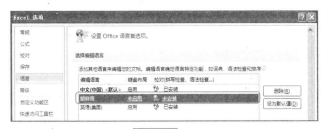

图1-32

提示

　　Office 2010根据Windows操作系统的默认输入语言来确定其默认语言。若要更改Office 2010的默认编辑语言，必须先更改Windows操作系统的默认输入语言。用户可以在Office 2010中将默认的编辑、界面、帮助和屏幕提示语言更改为其他语言，如法语、英语等。

技巧11

取消消息栏警报信息的显示

　　当打开的文档中存在可能不安全的活动内容时，消息栏将显示安全警报信息。例如，文档可能包含未签名的宏或具有无效签名的已签名宏。在这种情况下，Office 2010将显示消息栏以提醒用户注意该问题。若用户不想在Excel 2010窗口中看到警报信息，则具体操作步骤如下。

　　1. 选择"文件"选项卡，在其左侧列表中单击"选项"按钮。

　　2. 单击"Excel选项"对话框左侧列表中的"信任中心"选项，在右侧的"Microsoft Excel信任中心"选项区单击"信任中心设置"按钮，如图1-33所示。

图1-33

3. 在"信任中心"对话框的左侧列表中单击"消息栏"选项，在右侧的"消息栏设置"选项区选中"从不显示有关被阻止内容的信息"单选按钮，然后单击"确定"按钮，如图1-34所示。

图1-34

工作簿的操作技巧 第2章

要制作Excel表格，需要先创建工作簿。操作工作簿需要掌握一些技巧，如快速创建工作簿、另存工作簿以及共享工作簿等。

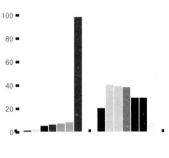

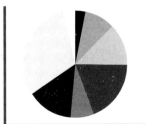

📖 技巧12
使用快捷键新建工作簿

在Excel 2010中可以采用多种方法新建工作簿，其中使用快捷键是最简单的方法，具体操作步骤为：启动Excel 2010，按下【Ctrl】+【N】组合键，快速创建一个空白工作簿。

📖 技巧13
保存新建的工作簿

新建一个工作簿并在工作簿中输入内容后，必须对其进行保存，否则退出Excel 2010后，用户就无法再次打开该工作簿了。对新建工作簿进行保存的具体操作步骤如下。

方法1：通过"另存为"对话框保存

1. 选择"文件"选项卡，在其左侧列表中单击"保存"按钮，如图2-1所示。

2. 此时将弹出"另存为"对话框。选择工作簿的保存位置，在"文件名"文本框中输入要保存的工作簿的名称，在"保存类型"列表中选择保存类型。设置完成后，单击"保存"按钮。

方法2：通过"保存"按钮保存

用户也可以通过单击快速访问工具栏中的"保存"按钮来对工作簿进行保存，如图2-2所示。

图2-1

图2-2

📖 技巧14
另存工作簿

若要将打开的工作簿保存为其他名称或保存到计算机的其他位置，还要保留修改前工作簿中的数据，可选择"文件"选项卡，在其左侧列表中单击"另存为"按钮，在"另存为"对话框中按照保存新建工作簿的方法，将该工作簿存储到其他位置。

技巧15

使用快捷键快速保存工作簿

在编辑工作簿时，若要快速保存工作簿，只要按下【Ctrl】+【S】组合键即可；若要保存新建的工作簿，则会弹出"另存为"对话框；若要对已有工作簿进行修改，则会直接保存，而不弹出"另存为"对话框。

技巧16

一次打开多个工作簿

一次打开多个工作簿可以节省很多时间。当然，这需要用户事先将要打开的多个工作簿放到同一个文件夹中。操作方法非常简单：将需要打开的工作簿全部选中，单击鼠标右键，在弹出的菜单中选择"打开"选项，如图2-3所示。

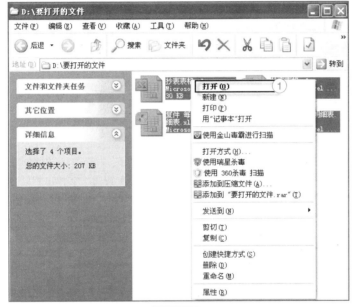

图2-3

技巧17

以普通方式打开工作簿

如果要对已有工作簿进行查看或编辑，首先需要打开该工作簿。通常情况下，可以通过以下方式打开工作簿。

方法1：通过"文件"选项卡打开

选择"文件"选项卡，在其左侧列表中单击"打开"按钮，如图2-4所示。

方法2：通过"打开"按钮打开

单击快速访问工具栏中的"打开"按钮，如图2-5所示。

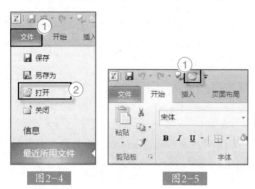

图2-4   图2-5

方法3：通过快捷键打开

按下【Ctrl】+【O】组合键。

执行以上任意一项操作都会弹出"打开"对话框。在其中选择要打开的工作簿并单击"打开"按钮，即可以普通方式打开选择的工作簿。

📖 技巧18
以只读方式打开工作簿

当用户只需要查看某一工作簿，而不需要修改其中的数据时，就可以使用只读方式打开工作簿。以只读方式打开工作簿的具体操作步骤如下。

1. 选择"文件"选项卡，在其左侧列表中单击"打开"按钮，在弹出的"打开"对话框中找到要以只读方式打开的工作簿，然后单击"打开"按钮右侧的下拉按钮，在展开的列表中选择"以只读方式打开"选项，如图2-6所示。

图2-6

2. 此时，在打开的工作簿窗口标题栏上，文件名旁边的方括号内会显示"只读"字样。若对该工作簿进行了修改，在保存工作簿时会弹出如图2-7所示的提示对话框，提示该工作簿为只读方式，不能直接保存到原稿中，只能将其以其他名称保存。

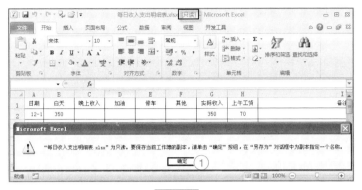

图2-7

3. 单击"确定"按钮，即可在弹出的"另存为"对话框中为文件重新命名。

技巧19
以副本方式打开工作簿

如果用户选择以副本方式打开工作簿，Excel 2010会在原工作簿的保存位置新建一个副本文件，用户可以随意对副本进行编辑，原工作簿中的数据不受影响。以副本方式打开工作簿的具体操作步骤如下。

1. 选择"文件"选项卡，在其左侧列表中单击"打开"按钮，在弹出的"打开"对话框中找到要以副本方式打开的工作簿，然后单击"打开"按钮右侧的下拉按钮，在展开的列表中选择"以副本方式打开"选项，如图2-8所示。

2. 此时，打开的工作簿窗口标题栏上的文件名之前会显示"副本 (1)"字样，如图2-9所示。

图2-8   图2-9

对副本工作簿所做的修改将直接保存到副本工作簿中，而不会显示任何提示。

技巧20
为工作簿加密

效果文件：FILES\02\技巧20.xlsx

Excel工作簿往往涉及统计数据等敏感信息，因此，对Excel工作簿的保护也是非常重要的。

通过为工作簿加密来限制其他用户对其进行访问、修改等的具体操作步骤如下。

1. 打开需要加密的工作簿，在"文件"选项卡的左侧列表中选择"信息"选项，在右侧的"保护工作簿"下拉列表中选择"用密码进行加密"选项，如图2-10所示。

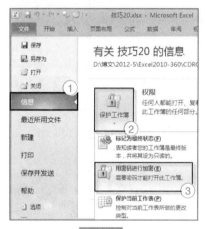

图2-10

2. 在弹出的"加密文档"对话框的"密码"文本输入框中输入密码（本技巧设置的密码为"111"），并单击"确定"按钮，如图2-11所示。

3. 在弹出的"确认密码"对话框的"重新输入密码"文本框中再次输入密码，并单击"确定"按钮，如图2-12所示。

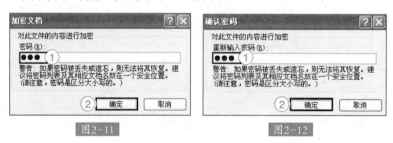

图2-11   图2-12

4. 当用户再次打开该工作簿时，将弹出"密码"对话框，提示该工作簿有密码保护，如图2-13所示。在"密码"文本框中输入密码，单击"确定"按钮，即可打开该工作簿。

图2-13

📖 技巧21
通过转换格式恢复工作簿

一般情况下，用户可以打开受损的Excel工作簿，若打开后发现数据受损或不完整、不能进行各种编辑和打印操作的话，建议对受损的Excel工作簿进行保护，并将保存格式设置为SYLK格式。通过这种方法可找出文档中的损坏部分，具体操作步骤如下。

1．打开受损的工作簿，在"文件"选项卡上单击"另存为"按钮。

2．在弹出的"另存为"对话框中选择保存路径并输入文件名，在"保存类型"列表中选择"SYLK (符号链接) (*.slk)"选项，如图2-14所示。

图2-14

3．单击"保存"按钮。如果要保存的受损工作簿包含多个工作表，则会弹出如图2-15所示的提示对话框。用户可根据实际情况，按照提示进行操作。

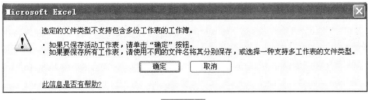

图2-15

4．单击"确定"按钮，保存活动工作簿，此时将弹出如图2-16所示的提示对话框。按照对话框中的提示进行操作，在这里单击"是"按钮，以去掉所有不兼容的功能并关闭对话框。

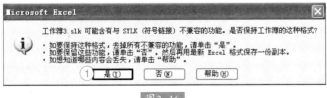

图2-16

5. 转换后工作簿的图标如图2-17所示。双击转换后的工作簿图标，即可打开修复的工作簿。

图2-17

📑 技巧22
通过"打开"对话框修复工作簿

对于受损的工作簿，用户也可以直接检查并修复文件中的错误，即通过"打开"选项卡对其进行修复，具体操作步骤如下。

1. 在"文件"选项卡上单击"打开"按钮，在弹出的"打开"对话框中选择要修复的工作簿，然后单击"打开"按钮右侧的下拉按钮，在展开的列表中选择"打开并修复"选项，如图2-18所示。

图2-18

2. 在弹出的"Microsoft Excel"提示对话框中单击"修复"按钮，在打开工作簿的同时将其修复，如图2-19所示。

图2-19

> 提示
>
> 这种方法通常适合用常规方法无法打开受损文件的情况。

📑 技巧23
共享工作簿

如果工作组中的每个成员都要处理多个项目，并需要知道其他成员的工作状态，可在工作簿中使用共享功能。设置共享工作簿的具体操作步骤如下。

1. 打开要设置共享的工作簿，在"审阅"选项卡上单击"更改"组中的"共享工作簿"按钮，如图2-20所示。

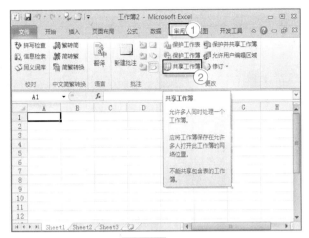

图2-20

2．在弹出的"共享工作簿"对话框的"编辑"选项卡上勾选"允许多用户同时编辑，同时允许工作簿合并"复选框，如图2-21所示。

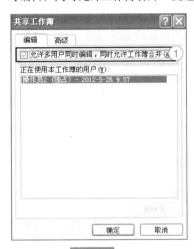

图2-21

3．单击"确定"按钮，工作簿窗口标题栏文件名后面的方括号内会显示"共享"字样，如图2-22所示。

图2-22

技巧24
及时更新共享工作簿

如果用户想随时查看共享工作簿中的更新数据，可以直接设定数据的自动更新，而没有必要重复打开工作簿查看。

设置共享工作簿自动更新的具体操作步骤如下。

1. 选择"审阅"选项卡，单击"更改"组中的"共享工作簿"按钮。

2. 在弹出的"共享工作簿"对话框中选择"高级"选项卡，在"更新"选项区选中"自动更新间隔"单选按钮，并在其后的数值框中输入"2"，如图2-23所示。

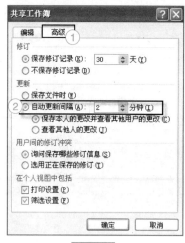

图2-23

3. 单击"确定"按钮保存设置。此后，工作簿在使用过程中将每隔2分钟自动更新一次。

工作表的操作技巧 第3章

工作表是在Excel工作簿中处理数据的主要场所，用户可以对工作表进行选择、新建、删除、移动、设置权限等操作。

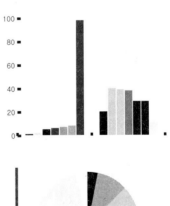

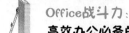

📖 技巧25
添加新工作表的4种方法

用户在编辑工作簿的过程中，如果工作表的数量不够，可以快速添加新的工作表。下面介绍4种添加新工作表的方法。

方法1：通过"开始"选项卡添加

在"开始"选项卡的"单元格"组中单击"插入"下拉按钮，在展开的列表中选择"插入工作表"选项，如图3-1所示。

方法2：通过右键菜单添加

在某个工作表标签上单击鼠标右键，在弹出的菜单中选择"插入"选项，如图3-2所示。

图3-1

图3-2

方法3：通过"插入工作表"按钮添加

单击工作表标签右侧的"插入工作表"按钮，如图3-3所示。

图3-3

方法4：通过快捷键添加

按下【Shift】+【F11】组合键，在当前工作表的前面插入一个新的工作表。

📖 技巧26
快速选择多个连续工作表

要选择一个工作簿中的多个连续工作表，可在选中第一个工作表标签后，按住【Shift】键，再单击要选择的最后一个工作表标签，以选择这两个工作表和它们之间的所有工作表，如图3-4所示。

图3-4

📖 技巧27
快速选择多个不连续的工作表

如果一个工作簿中包含多个工作表，要快速选择多个不连续的工作表，可先选中要选择的多个工作表中某个工作表的标签，按住【Ctrl】键，再单击其他工作表标签，如图3-5所示。

图3-5

📖 技巧28
在工作簿内移动工作表

对于一个工作簿中的多个工作表，若要将某一个工作表移动到其他位置，可将鼠标放置在要移动的工作表标签上，按住鼠标左键，当指针呈如图3-6所示的形状时，拖动工作表标签到目标位置，然后释放鼠标，如图3-7所示。

图3-6

图3-7

📖 技巧29
移动工作表到新工作簿

将工作表移动到一个新的工作簿中，具体操作步骤如下。

1. 打开一个工作簿，在要移动的工作表标签上单击鼠标右键，从弹出的菜单中选择"移动或复制"选项，如图3-8所示。

2. 在弹出的"移动或复制工作表"对话框的"工作簿"下拉列表中选择"(新工作簿)"选项，如图3-9所示。

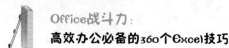
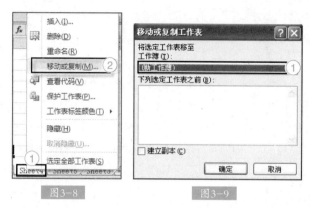

图3-8 　　　　　　　　　　图3-9

3．单击"确定"按钮，选定的工作表会移动到一个新的工作簿中，而且这个新的工作簿中只有这一个工作表。

技巧30
复制工作表

对工作簿中的工作表进行复制，具体操作步骤如下。

1．选中要复制的工作表，在按住【Ctrl】键的同时拖动该工作表，此时鼠标指针会呈如图3-10所示的形状。

2．按住鼠标左键并拖动到合适的位置释放，可以看到，工作表副本名中包含"(2)"字样，如图3-11所示。

图3-10 　　　　　　　　　　图3-11

技巧31
设置工作表标签的颜色

效果文件：FILES\03\技巧31.xlsx

工作表标签的默认颜色是蓝色，如图3-12所示。若要为其设置不同的颜色以突出显示，具体操作步骤如下。

图3-12

1．在要设置的工作表标签上单击鼠标右键，从弹出的菜单中选择"工作表标签颜色"选项，并选择要设置的颜色，如图3-13所示。

2．完成设置的工作表标签如图3-14所示。

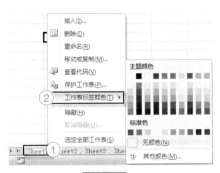

图3-13

图3-14

技巧32
更改工作表网格线的默认颜色

工作表网格线的颜色默认为黑色。若用户在编辑时不习惯使用这种颜色的网格线，可以对其进行修改，具体操作步骤如下。

1. 在"文件"选项卡的左侧列表中单击"选项"按钮，在弹出的"Excel选项"对话框的左侧列表中选择"高级"选项，在右侧"此工作表的显示选项"选项区的"网格线颜色"列表中选择要设置的颜色，如图3-15所示。

2. 单击"确定"按钮返回工作表界面，即可看到网格线的颜色已经改变，如图3-16所示。

图3-15

图3-16

提示

无论将工作表的网格线设置为何种颜色，都不会对打印效果产生影响。

📖 技巧33
重新设置工作表的默认字体和字号

启动Excel 2010后，在系统自动创建的工作簿中输入数据时，文字的字体和字号设置都是默认的。如果用户需要改变工作表的默认字体和字号，具体操作步骤如下。

1. 在"文件"选项卡的左侧列表中单击"选项"按钮，在弹出的"Excel选项"对话框的左侧列表中选择"常规"选项，在右侧"新建工作簿时"选项区的"使用的字体"列表中选择需要的字体，在"字号"数值框中输入需要的字号，如图3-17所示。

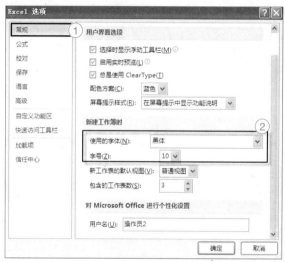

图3-17

2. 单击"确定"按钮。再次启动Excel 2010时，系统会按照以上设置创建工作簿。

📖 技巧34
调整工作表的显示比例

在编辑工作表时，用户可根据需要调整工作表的显示比例，使其以25%、50%、75%等比例显示，具体操作步骤如下。

1. 打开要调整显示比例的工作表，选择"视图"选项卡，单击"显示比例"组中的"显示比例"按钮，如图3-18所示。

2. 在弹出的"显示比例"对话框中选择要设置的显示比例，如图3-19所示，单击"确定"按钮返回工作表界面，工作表将以设置的比例显示。

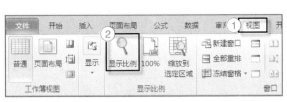

图3-18　　　　　　　　　　　　　图3-19

> 提示
>
> 　　无论工作表的显示比例是多少，都不会对打印效果产生影响。

📖 技巧35
保护工作表

效果文件：FILES\03\技巧35.xlsx

　　如果用户不希望其他人对工作表中的数据进行更改、移动或删除，可以按照下面的方法保护工作表。

　　1. 打开要保护的工作表，选择"审阅"选项卡，单击"更改"组中的"保护工作表"按钮，如图3-20所示。

图3-20

　　2. 在弹出的"保护工作表"对话框中勾选"保护工作表及锁定的单元格内容"复选框，在"取消工作表保护时使用的密码"文本框中输入密码（本技巧设置的密码为"111"），并在"允许此工作表的所有用户进行"列表框中勾选允许用户操作的项目所对应的复选框，如图3-21所示。

图3-21

3．单击"确定"按钮，在弹出的"确认密码"对话框的"重新输入密码"文本框中输入刚才设置的密码，如图3-22所示。

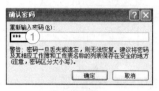

图3-22

4．单击"确定"按钮完成设置，返回工作表界面。如果用户要编辑其中的数据，将弹出如图3-23所示的提示对话框，提示用户该工作表已被保护。

图3-23

5．单击"确定"按钮，返回工作表界面。选择"审阅"选项卡，单击"更改"组中的"撤消工作表保护"按钮，如图3-24所示。

6．在弹出的"撤消工作表保护"对话框的"密码"文本输入框中输入已设置的密码，单击"确定"按钮，即可取消对工作表的保护。

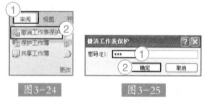

图3-24   图3-25

提示

　　单击"保护工作簿"按钮可对此工作簿中的所有工作表进行保护；而单击"保护工作表"按钮只对当前的工作表进行保护，此工作簿中的其他工作表不受保护。

技巧36
冻结窗格以便查看数据

效果文件：FILES\03\技巧36.xlsx

　　在制作工作表时，如果列数或行数较多，一旦向下或向右滚动工作表，其上面或前面的标题行也会跟着滚动，用户在处理数据时往往难以分清单元格数据所对应的标题，从而影响对数据的核对。这时，就可以使用Excel 2010的窗口冻结功能将列标或行标冻结，以保持工作表的某一部分在其他部分滚动时可见，步骤如下。

1. 要冻结某一行或某一列，应该先选择需冻结行或列的下一行或下一列。

2. 依次单击"视图"选项卡上的"冻结窗格"、"冻结首行"选项，如图3-26所示。

图3-26

3. 将工作表的首行冻结后，用户再滚动工作表时，第一行将始终显示工作表首行的内容，如图3-27所示。

A2	▼	⊙	f_x	1001		
	A	B	C	D	E	F
1	科目代码	科目名称	期初金额	本期借方	本期货方	期末余额
5	1124	预付账款				

图3-27

> **提示**
>
> "冻结窗格"列表中各选项的含义如下："冻结拆分窗格"指冻结某个单元格；"冻结首行"指冻结所选拆分行的首行；"冻结首列"指冻结所选拆分列的首列。冻结窗格后，"冻结窗格"选项会更改为"取消冻结窗格"选项，若想取消对行或列的冻结，只要单击该选项即可。

📖 技巧37

根据需要更改表格的页边距

如果用户不想使用默认的页边距，可以按照如下步骤重新设置。

1. 打开需要设置页边距的工作表，依次单击"页面布局"选项卡上的"页边距"、"自定义边距"选项，如图3-28所示。

2. 在弹出的"页面设置"对话框的"上"、"下"、"左"、"右"4个设置框中分别按照当前文档的实际需要重新设置，如图3-29所示。

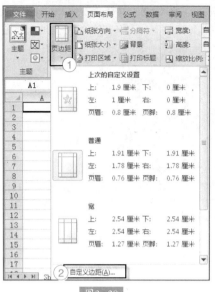

图3-28

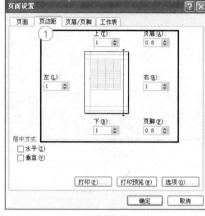

图3-29

技巧38
为表格添加页眉

效果文件：FILES\03\技巧38.xlsx

为表格添加页眉的具体操作步骤如下。

1．打开要添加页眉的工作表，单击"页面布局"选项卡"页面设置"组的 按钮，如图3-30所示。

2．在弹出的"页面设置"对话框中选择"页眉/页脚"选项卡，并单击"自定义页眉"按钮，如图3-31所示。

图3-30

图3-31

3. 在弹出的"页眉"对话框中，可以看到页眉编辑区分为左、中、右3个区域。在各编辑区中分别输入相应的内容，如图3-32所示。

图3-32

4. 依次单击"确定"按钮，返回工作表界面。选择"视图"选项卡，在"工作簿视图"组中单击"页面布局"按钮，工作表的显示效果如图3-33所示。

图3-33

用户可在"页面布局"视图中对工作表进行字体、字号的设置以及数据的输入等操作。

技巧39
使用自动页脚

效果文件：FILES\03\技巧39.xlsx

如果用户不想手动设置页脚，可以使用Excel 2010自带的页脚效果，具体操作步骤如下。

1. 打开要插入页脚的工作表，切换至"页面布局"选项卡，在"页面布局"视图中将光标插入页脚编辑框。单击"页眉和页脚工具-设计"选项卡上的"页脚"下拉按钮，在展开的列表中选择一种页脚效果，如图3-34所示。

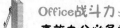

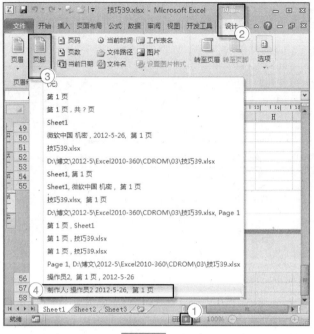

图3-34

2．返回页脚编辑栏，即可看到插入的页脚内容分别自动切换到"左"、"中"、"右"3个编辑框中，如图3-35所示。如果用户想更改页脚文字的字体和字号，可在"开始"选项卡的"字体"组中进行设置。

图3-35

技巧40
在指定位置插入一行（多行）或一列（多列）

在编辑工作表时，要插入行或列是经常遇到的事，操作方法如下。

方法1：快速插入多行

1．要插入多行，可选择紧靠要插入行的那些行或其行中的单元格，所选行数应与要插入的行数相同。例如，要插入2个新行，需要选择2行中的单元格，然后单击鼠标右键，在弹出的菜单中选择"插入"选项，如图3-36所示。

2．在弹出的"插入"对话框中选中"整行"单选按钮，如图3-37所示，单击"确定"按钮，则在所选单元格处插入了相应数量的行。

图3-36　　　　　图3-37

> **提示**
>
> 　　若要在Excel工作表中快速重复插入多行的操作，可通过选择要插入多行的
> 单元格，然后按【Ctrl】+【Y】组合键实现。

方法2：快速插入多列

　　1. 要插入多列，可选择紧靠要插入列的那些列或其列中的单元格，所选列数
应与要插入的列数相同。例如，要插入3个新列，需要选择3列中的单元格，然后单
击鼠标右键，在弹出的菜单中选择"插入"选项，如图3-38所示。

　　2. 在弹出的"插入"对话框中选中"整列"单选按钮，如图3-39所示，单击
"确定"按钮，则在所选单元格处插入了相应数量的列。

图3-38　　　　　　图3-39

📖 技巧41
一次插入多个非连续的行或列

> **效果文件：FILES\03\技巧41.xlsx**

　　与插入连续的行或列相比，一次插入多个非连续的行或列的方法，区别在于操
作前选择的要插入的单元格不同。插入多个非连续的行，具体操作步骤如下。

　　1. 选中工作表中2个或2个以上不连续的单元格，单击"开始"选项卡"单元
格"组中的"插入"下拉按钮，在展开的列表中选择"插入工作表行"选项，如图
3-40所示。

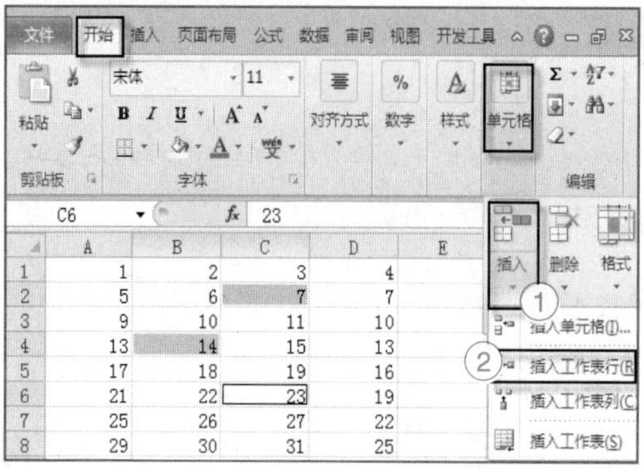

图3-40

2. 此时，可以看到刚才选中的单元格所在行的上方插入了空白行，如图3-41所示。

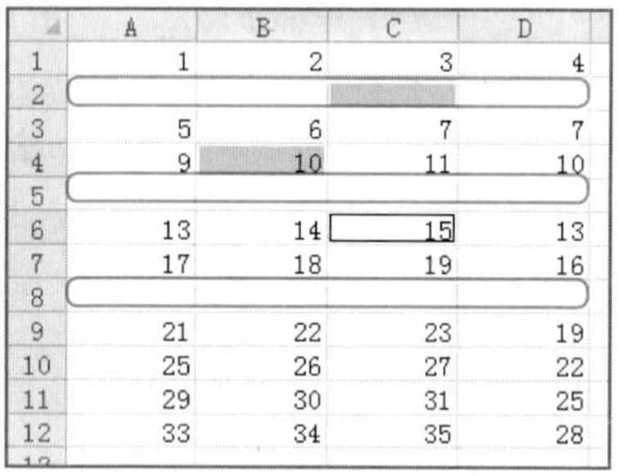

图3-41

> **提示**
>
> 若要在Excel工作表中快速重复插入不相邻的列，可选择要插入不相邻的列的单元格，然后按【Ctrl】+【Y】组合键。

📖 技巧42
设置工作表的行高和列宽

在编辑工作表时，如果单元格中输入的内容太多，用户可适当调整行高或列宽。下面介绍两种调整方法。

方法1：通过菜单调整行高和列宽

1. 选择要调整的行的行标，单击鼠标右键，在弹出的菜单中选择"行高"选项，如图3-42所示。

2. 在弹出的"行高"对话框的"行高"数值框中输入想要设置的行高值，如图3-43所示。

图3-42   图3-43

3．选择要调整的列的列标，单击鼠标右键，在弹出的菜单中选择"列宽"选项，如图3-44所示。

4．在弹出的"列宽"对话框的"列宽"数值框中输入想要设置的列宽值，如图3-45所示。

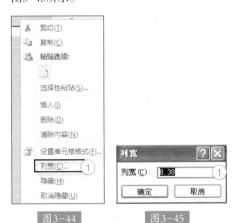

图3-44   图3-45

方法2：通过鼠标调整行高和列宽

将鼠标置在要调整的行的行标的下边线上，当光标变成如图3-46所示的形态时，按住鼠标左键并拖动到合适的位置，即可随意调整行高。同样，将鼠标置在要调整的列的列标的右边线上，当光标变成如图3-47所示的形态时，按住鼠标左键并拖动到合适的位置，即可随意调整列宽。

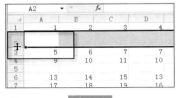

图3-46   图3-47

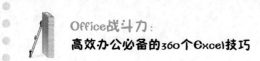

技巧43
隐藏工作表中含有重要数据的行或列

> 效果文件：FILES\03\技巧43.xlsx

对于工作表中含有重要数据的行或列，如果不希望其他人看到，可以将其隐藏起来，以保护该行或列的安全，具体操作步骤如下。

1. 选择要隐藏的行或列，这里选择列C。依次单击"开始"选项卡"单元格"组中的"格式"、"隐藏和取消隐藏"、"隐藏列"选项，如图3-48所示。

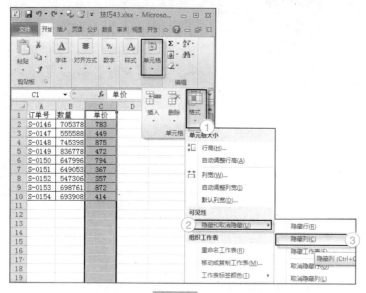

图3-48

2. 此时，表格中的列C已经被隐藏了，如图3-49所示。

图3-49

数据的操作技巧　第4章

虽然数据输入与单元格操作都是Excel的基本操作，但它们有助于用户在进行复杂操作时提高工作效率。本章主要介绍以下几方面的技巧。

- 数据输入的技巧

可以在工作表中输入的数据类型很多，包括数值、文本、日期、货币等。正确掌握快速输入数据的方法是制作Excel表格的基础，也是初学者必须了解的内容。

- 填充数据序列的技巧

Excel 2010提供了快速填充数据序列的功能，用于快速输入有规律的数据，如填充等差序列、等比序列和连续数据等。快速填充数据可以通过操作控制柄、对话框和快捷键来完成。

- 编辑数据的技巧

在制作Excel表格时，有很多数据编辑技巧，如在多个工作表中同时输入数据、批量为数据添加计量单位、导入外部数据等。这些技巧可以帮助用户快速输入数据，节省宝贵的时间。

- 设置数据有效性的技巧

设置数据的有效性，既可以通过一定的规则来限制向单元格中输入的内容，也可以有效防止输错数据，将非法的、超出范围的数据醒目地表示出来。

技巧44
输入数据的常用技巧

效果文件：FILES\04\技巧44.xlsx

掌握输入数据的常用技巧，能够帮助Excel初学者快速编辑表格，从而节省时间。在Excel 2010中输入数据的方法如下。

1. 选中要输入数据的单元格，直接输入文本或数字，按【Enter】键确认输入，即可选中并自动激活当前单元格下方的单元格，再次输入文本或数字，如图4-1和图4-2所示。

2. 要在当前单元格右侧的单元格中输入数据，可按下【Tab】键，向右移动以选中单元格，如图4-3所示。要在当前单元格左侧的单元格中输入数据，可按下【Shift】+【Tab】组合键，向左移动以选中单元格。

图4-1

图4-2

图4-3

3. 若要向多个单元格中输入相同的数据，可在按下【Ctrl】键的同时选中多个不连续的单元格，如图4-4所示。

4. 在其中输入数据并按下【Ctrl】+【Enter】组合键，即可在选中的多个单元格中输入相同的数据，如图4-5所示。

图4-4

图4-5

提示

　　如果用户需要选择连续的单元格区域，可以在按下【Shift】键的同时进行选择。

技巧45

设置竖排数据

效果文件：FILES\04\技巧45.xlsx

一般情况下，在单元格中输入的数据都是横向排列的，若用户希望数据竖向排列，可通过下面的操作步骤进行设置。

方法1：通过"方向"按钮设置

1. 选中要设置竖排数据的单元格，如单元格A1，依次单击"开始"选项卡"对齐方式"组中的"方向"、"竖排文字"选项，如图4-6所示。

2. 完成以上操作后，单元格A1的显示效果如图4-7所示。

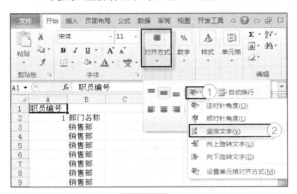

图4-6

图4-7

方法2：通过"设置单元格格式"对话框设置

1. 选中要设置竖排数据的单元格，单击鼠标右键，在弹出的菜单中选择"设置单元格格式"选项，如图4-8所示。

2. 在打开的"设置单元格格式"对话框中选择"对齐"选项卡，在"方向"选项区设置文本竖排，如图4-9所示。

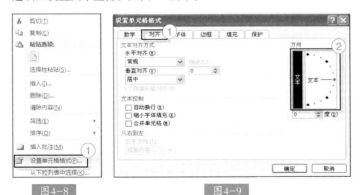

图4-8　　　　　　　　图4-9

3. 单击"确定"按钮，单元格A1中的文本会以竖排显示。

技巧46
快速输入上次输入的数据

效果文件：FILES\04\技巧46.xlsx

如果用户想在单元格中快速输入在上一个单元格中输入的数据，可通过下面的方法操作。

1. 在单元格C3中输入数据"25000"，如图4-10所示。

2. 按下【Enter】键，选择当前单元格下方的单元格，按下【Ctrl】+【D】组合键，即可快速输入在上个一单元格中输入的数据。按照此方法，可以在下面的单元格中重复输入该数据，如图4-11所示。

图4-10　　　　图4-11

技巧47
输入货币符号

效果文件：FILES\04\技巧47.xlsx

用户在工作表中经常需要输入带有货币符号的数据。快速输入各种不同货币符号的具体操作步骤如下。

1. 选择要操作的单元格后单击鼠标右键，在弹出的菜单中选择"设置单元格格式"命令，打开"设置单元格格式"对话框。

2. 选择"数字"选项卡，在"分类"列表框中选择"货币"选项，在"货币符号"下拉列表中选择适当的选项，如图4-12所示。

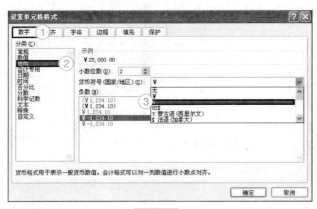

图4-12

3．单击"确定"按钮完成操作，即可将选中单元格中的数据设置为相应的货币格式，如图4-13所示。

图4-13

提示

　　如果要删除货币格式，可将单元格格式更改为"常规"或其他格式。

📖 技巧48
快速输入指定类型的日期数据

在单元格中输入某种可以识别的日期数据后，单元格格式会自动更改为某种内置的日期格式。例如，输入"12-5-26"这种形式的数据，Excel 2010会自动将其转换成"2012-5-26"这种日期型数据，如图4-14所示。

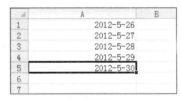

图4-14

要使输入的日期自动转换成指定的日期形式，可通过如下方法操作。

1．选择要设置日期格式的单元格或单元格区域后单击鼠标右键，在弹出的菜单中选择"设置单元格格式"命令，打开"设置单元格格式"对话框。

2．选择"数字"选项卡，在"分类"列表框中选择"日期"选项，在"类型"下拉列表中选择适当的日期格式，如图4-15所示。

图4-15

3．单击"确定"按钮，选定的单元格或单元格区域中的"*XX-X-XX*"格式的数据，即可自动转换为选择的日期类型，如图4-16所示。

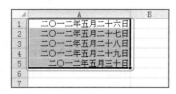

图4-16

📖 技巧49
自定义输入日期的类型

> 效果文件：FILES\04\技巧49.xlsx

如果在"设置单元格格式"对话框的日期类型下拉列表中没有需要的日期类型，用户可以自定义符合要求的日期类型，具体操作步骤如下。

1．选择要设置日期格式的单元格后单击鼠标右键，在弹出的菜单中选择"设置单元格格式"命令，打开"设置单元格格式"对话框。在"数字"选项卡的"分类"列表框中选择"自定义"选项，在"类型"文本框中输入日期类型"m.d"，如图4-17所示。

2．单击"确定"按钮，在选定的单元格中输入"12-5-26"，按【Enter】键，单元格中的数据会自动显示为"5.26"，如图4-18所示。

图4-17

图4-18

技巧50
快速输入当前的日期与时间

要想快速输入系统当前日期，只需选中相应的单元格，按下【Ctrl】+【;】组合键即可；要想快速输入系统当前时间，只需选中相应的单元格，按下【Ctrl】+【Shift】+【;】组合键即可。

技巧51
在同一单元格中同时输入日期和时间

如果要在同一单元格中同时输入日期和时间，则需要用空格分隔。如果输入的是12小时制的时间，则需要在时间后输入一个空格，并输入"AM"或"PM"。

如果输入的日期和时间为2010年3月1日的上午10点，则应输入"10-3-1 10:00AM"；如果输入的日期和时间为2010年3月1日的晚上10点，则应输入"10-3-1 10:00PM"，如图4-19所示。

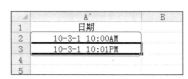

图4-19

技巧52
快速输入人民币大写数据

效果文件：FILES\04\技巧52.xlsx

要想在单元格中快速输入人民币大写数据，可以先输入人民币小写数据，再将其转换为人民币大写数据，具体操作步骤如下。

1. 选择要操作的单元格后单击鼠标右键，在弹出的菜单中选择"设置单元格格式"命令，打开"设置单元格格式"对话框。在"数字"选项卡的"分类"列表框中选择"特殊"选项，在"类型"列表框中选择"中文大写数字"选项，如图4-20所示。

2. 单击"确定"按钮，单元格中数字的显示效果如图4-21所示。

图4-20　　　　　　　　　　　　　图4-21

3. 如果要在人民币大写数据后显示"元整"字样，可在"分类"列表框中选择"自定义"选项，并在右侧的"类型"文本框中添加""元整""字样，如图4-22所示。

4. 单击"确定"按钮，显示效果如图4-23所示。

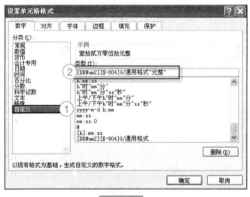

图4-22　　　　　　　　　　　　　图4-23

> 提示
>
> 　在"类型"文本框中添加"元整"字样时，双引号应在英文状态下输入。

📖 技巧53
快速输入分数

在单元格中输入分数时，不能按照常规方式操作。例如，输入"6/7"后按

【Enter】键，Excel 2010会将输入的数据自动转换成日期格式。在单元格中输入"06/7"，如图4-24所示，按下【Ctrl】+【Enter】组合键，即可显示正常的分数形式，如图4-25所示。

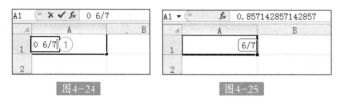

图4-24　　　　　　　　图4-25

技巧54
添加千位分隔符

在建立表格时，为数据添加千位分隔符可以帮助表格读者更清楚地了解数据的大小——特别是对一些较大的数据。下面介绍两种添加千位分隔符的方法。

方法1：通过"设置单元格格式"对话框添加

选择要操作的单元格后单击鼠标右键，在弹出的菜单中选择"设置单元格格式"选项，打开"设置单元格格式"对话框。在"数字"选项卡的"分类"列表框中选择"数值"选项，然后勾选"使用千位分隔符"复选框，如图4-26所示。

图4-26

方法2：通过"千位分隔样式"按钮添加

选中要添加千位分隔符的单元格区域，单击"开始"选项卡"数字"组中的"千位分隔样式"按钮，如图4-27所示，单元格中的数字快速添加了千位分隔符，如图4-28所示。

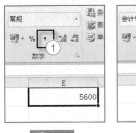

图4-27　　　　　　　图4-28

📖 技巧55

批量转换日期格式

效果文件：FILES\04\技巧55.xlsx

要想向表格中输入大量日期型数据，可先在单元格中输入常规型数据，再参照如下方法将其转换为日期格式。

1. 选中要转换为日期格式的单元格或单元格区域，单击"数据"选项卡 "数据工具"组中的"分列"按钮，如图4-29所示。

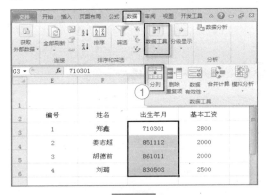

图4-29

2. 在"文本分列向导"对话框中选中"固定宽度"单选按钮，然后单击"下一步"按钮，如图4-30所示。

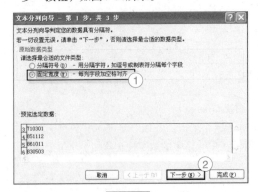

图4-30

3. 在弹出的"第2步"对话框中保持默认设置不变，单击"下一步"按钮，如图4-31所示。

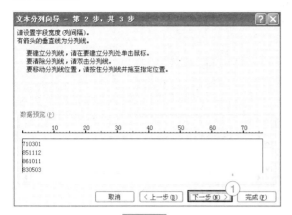

图4-31

4. 在弹出的"第3步"对话框中选中"日期"单选按钮，在其后面的下拉列表框中选择"YMD"选项，如图4-32所示。

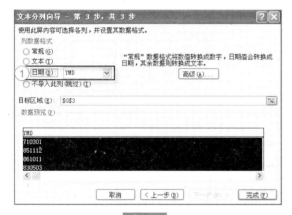

图4-32

5. 单击"完成"按钮，返回工作表界面，可以看到选定单元格区域中的数据已经转换为日期格式，如图4-33所示。

编号	姓名	出生年月	基本工资
1	郑鑫	1971-3-1	2800
2	姜志超	1985-11-12	2000
3	胡德前	1986-10-11	2000
4	刘璐	1983-5-3	2500

图4-33

📖 技巧56
输入邮政编码格式的数据

在Excel中，邮政编码也是一种特殊格式的数据。通过下面的设置，输入时可自动将数据转换为邮政编码格式。

1. 选择要操作的单元格后单击鼠标右键，在弹出的菜单中选择"设置单元格格式"命令，打开"设置单元格格式"对话框。在"数字"选项卡的"分类"列表框中选择"特殊"选项，在右侧的"类型"列表框中选择"邮政编码"选项，如图4-34所示。

2. 单击"确定"按钮，在单元格中输入数据后按下【Enter】键，即可自动将数据转换成邮政编码格式，如图4-35所示。

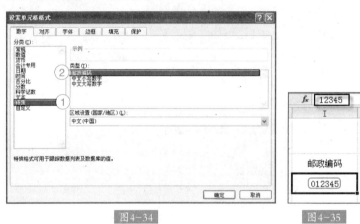

图4-34　　　　　　　　　　　图4-35

📖 技巧57
单引号的应用技巧

在Excel中，单引号有着特殊的应用。在输入的数据前添加"'"，可实现特殊的功能。

1. 通常在单元格中输入一个以数字"0"开头的数字时，Excel会自动将前面的数字"0"删除，只保留后面的数字。如果希望保留开头的数字"0"，可以在数字"0"前面添加一个单引号。例如，输入"'01"，按下【Enter】键，即可保留开头的数字"0"，如图4-36所示。

2. 通常在单元格中输入数字时，按下【Enter】键后，数字默认保持右对齐。如果希望输入的数字像文本那样保持左对齐，可在输入的数字前面添加一个单引号，输入效果如图4-37所示。

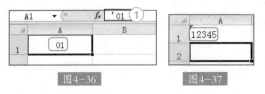

图4-36　　　　　　图4-37

技巧58

快速输入以数字"0"开头的数字

与"技巧57"中介绍的利用单引号实现的方法不同，这里介绍另一种可以输入以数字"0"开头的数字的方法。

在单元格中输入"="0123456""（其中，数字前后的双引号必须在英文状态下输入，否则Excel无法识别输入的数据），按下【Enter】键，即可看到单元格中保留了开头的数字"0"，如图4-38所示。

图4-38

技巧59

自动设置小数位

更改Excel 2010的默认属性，使工作表中的所有数字都包含小数位，具体操作步骤如下。

1. 在"文件"选项卡的左侧列表中单击"选项"按钮。

2. 在"Excel选项"对话框的左侧列表中选择"高级"选项，在右侧"编辑选项"选项区勾选"自动插入小数点"复选框，在"位数"设置框中设置小数位数，如图4-39所示。

3. 单击"确定"按钮，返回工作表界面。此时在工作表中输入数字后，Excel 2010将默认为数字保留小数点后两位，如图4-40所示。

图4-39

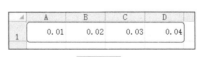

图4-40

提示

设置自动插入小数位数后，工作表中输入的数字会自动除以一个数并添加相应位数的小数。例如，小数位数为2，将自动除以100并添加两位小数；小数位数为1，将自动除以10并添加一位小数。

技巧60
快速输入15位以上的数字

在Excel 2010中输入多于15位的数字时，15位以后的部分无法显示，如图4-41所示。当输入如身份证号码这样的长数据时，可以按以下步骤操作。

E	F	G	H	I
编号	姓名	出生年月	基本工资	身份证号码
1	郑鑫	1971-3-1	2800	1.23457E+14
2	姜志超	1985-11-12	2000	
3	胡德前	1986-10-11	2000	
4	刘璐	1983-5-3	2500	

图4-41

1. 选择要操作的单元格后单击鼠标右键，在弹出的菜单中选择"设置单元格格式"命令，打开 "设置单元格格式"对话框。在"数字"选项卡的"分类"列表框中选择"自定义"选项，然后在右侧的"类型"文本框中输入字符 "@"，如图4-42所示。

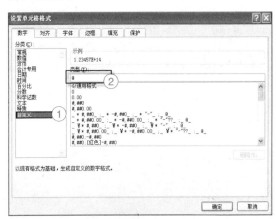

图4-42

2. 单击"确定"按钮，双击单元格后按下【Enter】键，即可看到单元格中完整显示了全部数字，如图4-43所示。

E	F	G	H	I
编号	姓名	出生年月	基本工资	身份证号码
1	郑鑫	1971-3-1	2800	123456789101234
2	姜志超	1985-11-12	2000	
3	胡德前	1986-10-11	2000	
4	刘璐	1983-5-3	2500	

图4-43

技巧61
自动输入重复数据

在Excel 2010中输入数据时，若输入的内容是前面单元格中已经输入的，则会自动填充重复数据。例如，在单元格中输入文字"工"，会自动显示前面输入过的文字"程部"，此时按下【Enter】键，即可自动输入"工程部"，如图4-44所示。

编号	姓名	出生年月	基本工资	身份证号码	部门
1	郑鑫	1971-3-1	2800	123456789101234	工程部
2	姜志超	1985-11-12	2000	123456789101234	工程部
3	胡德前	1986-10-11	2000	123456789101234	
4	刘璐	1983-5-3	2500	123456789101234	

图4-44

技巧62
输入网址和电子邮件地址

如果直接在单元格中输入网址和电子邮件地址，无论输入完成后是否按下了【Enter】键，Excel 2010在默认情况下都会将其自动设置为超链接格式。如果想取消网址或电子邮件地址的超链接格式，有以下3种方法。

方法1：通过右键菜单取消

在单元格上单击鼠标右键，选择"取消超链接"选项，如图4-45所示。

方法2：通过输入空格取消

在单元格中的网址或电子邮件地址前添加一个空格，如图4-46所示。

图4-45

图4-46

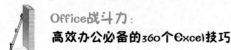

方法3：通过快捷键取消

在单元格中输入网址或电子邮件地址后按下【Ctrl】+【Z】组合键，撤销一次操作。

📖 技巧63
关闭自动输入重复数据功能

若用户在输入内容时不希望在单元格中看到输入过的数据的提示，可以关闭自动输入重复数据功能，具体操作步骤如下。

1. 在"文件"选项卡的左侧列表中选择"单击"选项。

2. 在"Excel选项"对话框的左侧列表中单击"高级"选项，在右侧的"编辑选项"选项区取消"为单元格值启用记忆式键入"复选框的勾选，如图4-47所示。

图4-47

3. 单击"确定"按钮返回工作表界面，再次输入时，Excel 2010不会自动提示前面输入过的数据。

📖 技巧64
启动自动填充柄功能

在Excel 2010中，可以通过自动填充柄实现数据的快速填充，但需要事先启动该功能，具体操作步骤如下。

1. 在"Excel选项"对话框中单击左侧列表中的"高级"选项，在右侧的"编辑选项"选项区勾选"启用填充柄和单元格拖放功能"复选框，如图4-48所示。

图4-48

2. 单击"确定"按钮，即可启动自动填充柄功能。

技巧65

填充重复数据和连续数据

效果文件：FILES\04\技巧65.xlsx

启用自动填充柄功能后，就可利用填充柄在连续单元格中填充相同的数据和连续的数据了，具体操作步骤如下。

1. 在相应的单元格中输入数据，例如在单元格G3中输入"3000"，将鼠标放置在单元格边框的右下角，鼠标指针将显示为如图4-49所示的形状。

图4-49

2. 按住鼠标，拖动到合适的位置后释放，即可重复填充单元格G3中的数据，如图4-50所示。

3. 如果要填充连续数据，可在按住【Ctrl】键的同时拖动鼠标，如图4-51所示。

图4-50　　　　　　图4-51

技巧66
快速填充等差序列

如果要输入的数据是以等差序列排列的，可以通过"序列"对话框和鼠标快速填充数据，具体操作步骤如下。

方法1：通过"序列"对话框填充

1. 在单元格G2中输入数据，选中要填充等差序列的单元格区域，单击"开始"选项卡"编辑"组中的"填充"下拉按钮，在展开的列表中选择"系列"选项，如图4-52所示。

图4-52

2．此时将弹出"序列"对话框。在"序列产生在"选项区选中"列"单选按钮，在"类型"选项区选中"等差序列"单选按钮，在"步长值"文本框中输入"10"，如图4-53所示。

3．单击"确定"按钮，返回工作表界面，可以看到单元格区域中填充的等差序列，如图4-54所示。

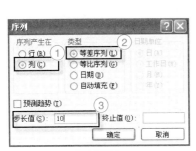

图4-53

图4-54

方法2：通过鼠标填充

1．在单元格G2、单元格G3中分别输入成等差序列的数据"3000"、"3010"，选中单元格G2、单元格G3，并将鼠标指针放置在单元格区域的右下角，鼠标指针将显示为如图4-55所示的形状。

2．按住鼠标并拖动到合适的位置后释放，即可填充等差序列，如图4-56所示。

图4-55

图4-56

📖 技巧67

快速填充等比序列

利用"序列"对话框还可以快速填充等比序列，具体操作步骤如下。

1．在相应的单元格中输入数据后，选中要填充等比序列的单元格区域，单击"开始"选项卡"编辑"组中的"填充"下拉按钮，在展开的列表中选择"系列"选项。

2．此时将弹出"序列"对话框。在"序列产生在"选项区选中"列"单选按钮，在"类型"选项区选中"等比序列"单选按钮，在"步长值"文本框中输入"4"，如图4-57所示。

3．单击"确定"按钮，即可看到选定单元格区域中填充的等比序列，如图4-58所示。

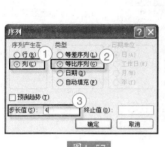

图4-57

图4-58

技巧68
自定义填充序列

在Excel 2010中，除了可以使用"序列"对话框填充等差、等比等特殊数据序列，还可以自定义填充序列，从而更方便、快速地输入特定的数据序列。自定义填充序列的具体操作步骤如下。

1．在要设置自定义填充的单元格中输入数据。在"Excel选项"对话框的左侧列表中选择"高级"选项，在右侧"常规"选项区单击"编辑自定义列表"按钮，如图4-59所示。

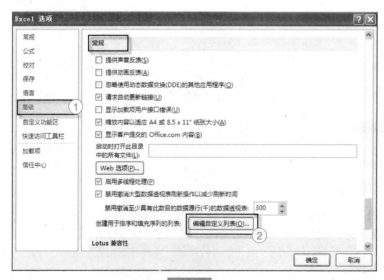

图4-59

2. 在"自定义序列"对话框的"输入序列"列表框中输入要自定义的序列，单击"添加"按钮，将其添加到左侧的"自定义序列"列表框中，如图4-60所示。

图4-60

3. 单击"确定"按钮关闭所有对话框，返回工作表界面，选中单元格D2并将鼠标移动到其右下角，当鼠标指针显示为"+"状时按住鼠标向下拖动，即可自动填充设置的序列，如图4-61所示。

图4-61

🔖 技巧69

在工作表之间复制数据

效果文件：FILES\04\技巧69.xlsx

如果需要将一个工作表中的全部或部分数据复制到同个一工作簿的另一个工作表中，可以通过如下两种方法实现。

方法1：通过"复制"和"粘贴"功能复制数据

1. 选中工作表"Sheet1"中要复制的单元格区域，单击鼠标右键，在弹出的菜单中选择"复制"选项。

2. 切换到工作表"Sheet2"，在任一单元格上单击鼠标右键，在弹出的菜单中选择"粘贴"选项，即可将从工作表"Sheet1"中复制的单元格区域粘贴到工作表"Sheet2"中。

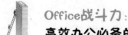
方法2：通过创建组工作表复制数据

1. 在工作表"Sheet1"中选中要复制的单元格区域，在按住【Ctrl】键的同时单击工作表标签"Sheet2"，然后单击"开始"选项卡 "编辑"组中的"填充"下拉按钮，在展开的列表中选择"成组工作表"选项，如图4-62所示。

2. 在弹出的"填充成组工作表"对话框中选中"全部"单选按钮，如图4-63所示。

图4-62

图4-63

3. 单击"确定"按钮，此时，工作表"Sheet1"中的所有数据将在工作表"Sheet2"中显示出来。

4. 如果要取消工作表的成组状态，可在工作表标签上单击鼠标右键，在弹出的菜单中选择"取消组合工作表"选项，如图4-64所示。

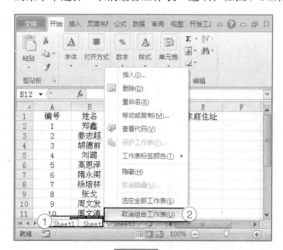

图4-64

技巧70
不带格式填充数据

使用自动填充柄填充数据时，如果单元格带有某种格式，可以进行不带格式的填充，其设置方法如下。

选中带有格式的单元格，将鼠标指针放置在单元格的右下角，按住鼠标，拖动到合适的位置释放。单击"自动填充选项"下拉按钮，在展开的列表中选中"不带格式填充"单选按钮，即可填充不带格式的数据序列，如图4-65所示。

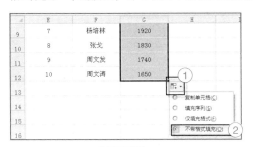

图4-65

技巧71
自动填充表格字段的标题

效果文件：FILES\04\技巧71.xlsx

在Excel 2010中为数据区域创建表格后，可自动填充表格字段的标题，具体操作步骤如下。

1．选中要创建为表格的单元格区域，单击"插入"选项卡"表格"组中的"表格"按钮，如图4-66所示。

2．在弹出的"创建表"对话框中保持默认设置不变，如图4-67所示。

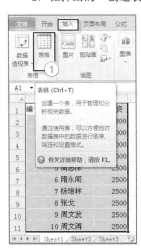

图4-66

图4-67

3．单击“确定”按钮，即可将选定的单元格区域创建为表格，如图4-68所示。

4．此时，在表格右侧的列中输入任意数据，按下【Enter】键，将自动填充表格的字段标题，如图4-69所示。

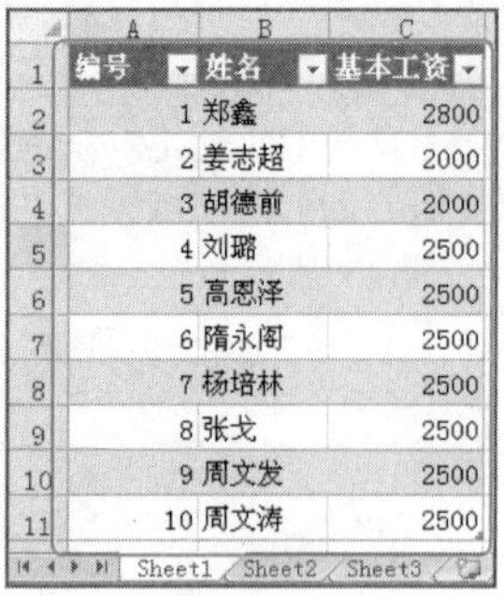

编号	姓名	基本工资
1	郑鑫	2800
2	姜志超	2000
3	胡德前	2000
4	刘璐	2500
5	高恩泽	2500
6	隋永阁	2500
7	杨培林	2500
8	张戈	2500
9	周文发	2500
10	周文涛	2500

图4-68

编号	姓名	基本工资	列1
1	郑鑫	2800	北京
2	姜志超	2000	
3	胡德前	2000	
4	刘璐	2500	
5	高恩泽	2500	
6	隋永阁	2500	
7	杨培林	2500	
8	张戈	2500	
9	周文发	2500	
10	周文涛	2500	

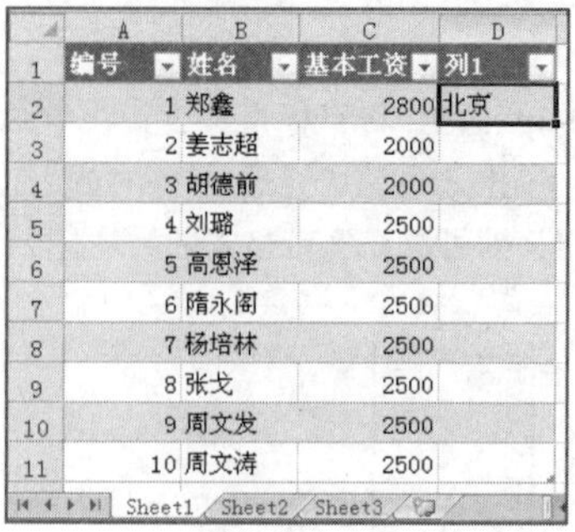

图4-69

技巧72

设置自动更正选项

要想实现在表格中输入数据时自动填充表格字段标题这一功能，需要设置自动更正选项，具体操作步骤如下。

1．打开“Excel选项”对话框，在左侧列表中选择“校对”选项，单击右侧“自动更正选项”选项区中的“自动更正选项”按钮，如图4-70所示。

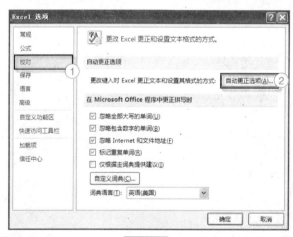

图4-70

2．在弹出的“自动更正”对话框中选择“键入时自动套用格式”选项卡，在其中勾选“在表中包含新行和列”复选框，如图4-71所示。、

图4-71

📖 技巧73
自动填充公式的计算结果

效果文件：FILES\04\技巧73.xlsx

在为单元格区域中的数据创建表格之后，若在某一字段标题下的单元格中输入公式后按【Enter】键，即可在该字段标题包含的所有单元格中自动填充公式的计算结果，具体操作步骤如下。

1. 选中单元格E2，输入公式"=B2+C2+D2"并按【Enter】键，得到该公式的计算结果，如图4-72所示。

E2	fx	=B2+C2+D2 ①		
	A	B	C	D	E
	产品名称	1月份	2月份	3月份	第一季度
1					
2	拖鞋	500	600	600	1700
3	皮鞋	1000	800	800	
4	凉鞋	20	200	300	
5					

图4-72

2. 将鼠标放置到单元格E2的右下角，当鼠标指针显示呈"+"状时按住鼠标并拖动至单元格E4，则会在单元格E3、单元格E4中按照单元格E2中的公式自动填充计算结果，如图4-73所示。

E2	fx	=B2+C2+D2		
	A	B	C	D	E
	产品名称	1月份	2月份	3月份	第一季度
1					
2	拖鞋	500	600	600	1700
3	皮鞋	1000	800	800	2600
4	凉鞋	20	200	300	520
5					

图4-73

📖 技巧74

快速移动或复制单元格

在Excel 2010中可以直接拖动鼠标快速移动或复制单元格，而不必使用"复制"、"剪切"选项。使用鼠标移动和复制单元格的具体操作步骤如下。

1. 选中要移动的单元格或单元格区域，如单元格区域C1:C11，将鼠标指针放置在单元格区域的边框处，当显示为如图4-74所示的形状时按住鼠标并拖动到合适的位置释放，即可移动该单元格区域，如图4-75所示。

图4-74

图4-75

2. 选中要复制的单元格区域，将鼠标指针放置在单元格区域的边框处，在按下【Ctrl】键的同时按住鼠标并拖动到合适的位置，如图4-76所示。释放鼠标，即可复制该单元格区域中的数据，如图4-77所示。

图4-76

图4-77

📖 技巧75

在同一行或同一列中复制数据

要在同一行或同一列中输入相同的数据，可先在第一个单元格中输入数据，再快速复制数据，具体操作步骤如下。

1. 在单元格区域C1:C11中输入数据后选中单元格区域C1:D11，如图4-78所示。

2. 按下【Ctrl】+【R】组合键，即可快速地将单元格区域C1:C11中的数据复制到单元格区域D1:D11中，如图4-79所示。

图4-78　　　　　　　　　图4-79

3．要将数据快速复制到不连续的单元格中，可在按下【Ctrl】键的同时选择单元格，如图4-80所示。

4．按下【Ctrl】+【D】组合键，即可将单元格C2中的数据复制到这些不连续的单元格中，如图4-81所示。

图4-80　　　　　　　图4-81

技巧76

选择文本型数据

要想快速选择工作表中的文本型数据，具体操作步骤如下。

1．打开一个工作表，将鼠标定位在单元格A1处。按下【F5】键，打开"定位"对话框，单击"定位条件"按钮，如图4-82所示。

2．在打开的"定位条件"对话框中选中"常量"单选按钮，取消"数字"、"逻辑值"和"错误"复选框的勾选，如图4-83所示。

图4-82　　　　　　　图4-83

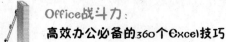

3. 单击"确定"按钮，返回工作表界面，将选中工作表中所有包含文本型数据的单元格，如图4-84所示。

产品名称	1月份	2月份	3月份	第一季度
拖鞋	500	600	600	1700
皮鞋	1000	800	800	2600
凉鞋	20	200	300	520

图4-84

技巧77
选择数据区域

除了拖动鼠标选择工作表中的数据区域外，还有一种选择方法，操作步骤如下。

1. 打开一张工作表，单击数据区域中任一个单元格，按下【F5】键，在弹出的"定位"对话框中单击"定位条件"按钮，打开"定位条件"对话框，在其中选中"当前区域"单选按钮，如图4-85所示。

2. 单击"确定"按钮，即可选中工作表中的当前数据区域，如图4-86所示。

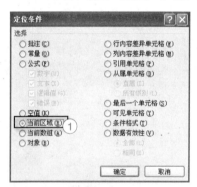

图4-85   图4-86

> 提示
> 这种方法比较适合选择大范围的数据区域。

技巧78
快速插入单元格数据

要想在工作表中快速插入单元格或单元格区域，可参照如下两种方法进行操作。

方法1：拖动鼠标插入

1. 选择工作表中的单元格区域，在按下【Shift】键的同时按住鼠标并拖动到合适的位置，如图4-87所示。

2. 释放鼠标，即可在列D前插入该单元格区域，如图4-88所示。

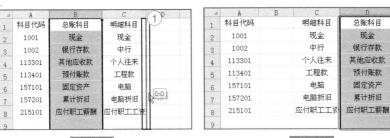

图4-87　　　　　　　　　图4-88

方法2：利用功能区中的"插入复制的单元格"选项插入

选择单元格区域，按下【Ctrl】+【C】组合键复制单元格区域。在要粘贴单元格区域的位置单击"开始"选项卡 "单元格"组中的"插入"下拉按钮，在展开的列表中选择"插入复制的单元格"选项，如图4-89所示。

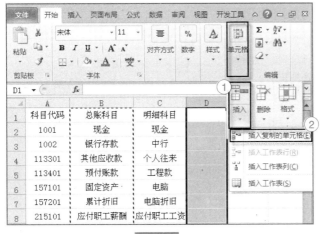

图4-89

📖 技巧79
为数据批量添加计量单位

> 效果文件：FILES\04\技巧79.xlsx

要想批量为工作表中的数据添加计量单位，具体操作步骤如下。

1. 选中要添加计量单位的单元格区域，单击鼠标右键，在弹出的菜单中选择"设置单元格格式"选项，即可打开"设置单元格格式"对话框。在"数字"选项卡的"分类"列表框中选择"自定义"选项，在右侧的"类型"列表框中选择"0"选项，在对应的文本框中输入 ""元""，如图4-90所示。

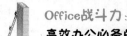

图4-90

2．单击"确定"按钮，即可为选中单元格区域中的数据批量添加单位
"元"，如图4-91所示。

图4-91

📖 技巧80
在多个工作表中同时输入相同的数据

效果文件：FILES\04\技巧80.xlsx

在同一个工作簿的多个工作表中同时输入相同的数据，操作步骤如下。

1．打开一个工作簿，在按下【Ctrl】键的同时单击工作簿中的3个工作表标
签，将这3个工作表组合起来，在工作表"Sheet1"的单元格A1中输入如图4-92所
示的数据。

2．分别单击工作表标签"Sheet2"和"Sheet3"，即可看到单元格A1中都显示
了输入的数据，如图4-93所示。

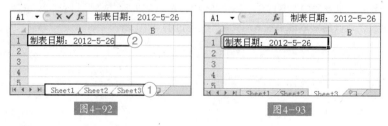

图4-92 图4-93

技巧81
隐藏单元格中的数据

效果文件：FILES\04\技巧81.xlsx

对于工作表中含有重要数据的单元格，用户可以将其隐藏起来，避免他人看到，具体操作步骤如下。

1. 选择要隐藏的单元格或单元格区域，如图4-94所示。

	A	B	C	D	E	F
1	代码	部门	姓名	基础工资	绩效工资	功工资
2	9	供应科	董凤茹	1300	2548	150
3	10	供应科	文亚平	1900	2321	100
4	11	供应科	吴斌	1600	2254	100
5	12	供应科	夏艳东	1000	2558	100
6	13	供应科	邢国稳	1200	2565	50
7	14	财务部	宣文霞	1400	2793	50
8	15	财务部	姚晖	1400	2765	50
9	16	财务部	曾刚	1400	2891	50
10	17	财务部	紫薇	1300	2862	50
11	18	质控部	吕方	1600	2880	50
12	19	质控部	钟跃民	1600	3102	50

图4-94

2. 单击鼠标右键，在弹出的菜单中选择"设置单元格格式"选项，打开"设置单元格格式"对话框。在"数字"选项卡的"分类"列表框中选择"自定义"选项，并在右侧的"类型"文本输入框中输入";;;"，如图4-95所示。

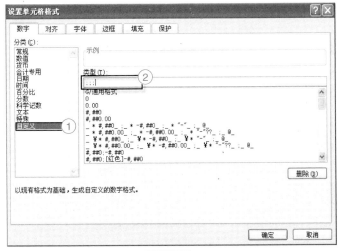

图4-95

3. 单击"确定"按钮，可以看到单元格区域中的数据被隐藏了，如图4-96所示。

图4-96

技巧82

删除数据

在输入数据的过程中，有时需要对一些多余或错误的数据进行删除。删除数据时，可通过如下方法进行操作。

方法1：通过【Backspace】键删除

选中要删除数据的单元格，按【Backspace】键将其删除。该键用于删除光标前面的数据，而且只能删除当前单元格中的数据。

方法2：通过【Delete】键删除

选中要删除数据的单元格或单元格区域，按下【Delete】键，即可将其中的数据全部删除。该键删除的是光标后面的数据。

技巧83

复制数据时保留原单元格中的数据

一般情况下，在将某一单元格中的数据复制到另一单元格时，该单元格中的数据就会被覆盖。保留原单元格中数据的具体操作步骤如下。

1. 选择要复制的单元格或单元格区域，按下【Ctrl】+【C】组合键复制数据，然后选中要粘贴数据的单元格区域，如图4-97所示。

2. 按下【Ctrl】+【Shift】+【=】组合键，在弹出的"插入粘贴"对话框中选中"活动单元格右移"单选按钮，如图4-98所示。

图4-97　　　　　　图4-98

3. 单击"确定"按钮，工作表中的数据显示如图4-99所示。

	A	B	C	D	E
1	代码	部门	姓名	绩效工资	绩效工资
2	9	供应科	童凤茹	2548	2548
3	10	供应科	文亚平	2321	2321
4	11	供应科	吴斌	2254	2254
5	12	供应科	夏艳东	2558	2558
6	13	供应科	邢国稳	2565	2565
7	14	财务部	宣文霞	2793	2793
8	15	财务部	姚晖	2765	2765
9	16	财务部	曾刚	2891	2891
10	17	财务部	紫薇	2862	2862
11	18	质控部	吕方	2880	2880
12	19	质控部	钟跃民	3102	3102
13					

图4-99

技巧84
使用撤销功能

如果用户已按下【Enter】键确认输入，就不能用删除的方法撤销输入了。这时，可以使用Excel 2010的撤销功能删除输入的数据，恢复到执行错误操作前的状态，具体操作步骤如下。

在某一工作表中输入数据，单击快速访问工具栏"撤销"按钮右侧的下拉按钮，在展开的列表中选择要返回的操作步骤，这里选择"复制单元格"选项，如图4-100所示，工作簿将恢复到复制单元格以前的操作。

图4-100

技巧85
快速恢复操作

在执行撤销操作后，如果希望工作簿恢复到执行撤销操作前的状态，可单击快速访问工具栏"恢复"按钮右侧的下拉按钮，在展开的列表中选择要恢复到的操作步骤，如图4-101所示。

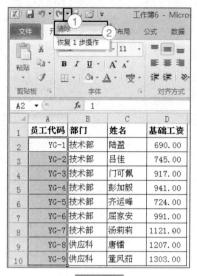

图4-101

技巧86

快速撤销数据的输入操作

在输入数据时，如果用户想删除输入的错误数据，在还未按下【Enter】键确认输入时，可按【Esc】键删除已经输入的数据。

技巧87

通过剪贴板复制数据

在Excel 2010中，剪贴板里保存着用户复制或剪贴的数据。如果想快速粘贴数据，可以打开剪贴板，直接将保存在其中的数据粘贴到工作簿中，具体操作如下。

1. 单击"开始"选项卡"剪贴板"组的 按钮，如图4-102所示。

2. 此时在编辑区左侧将显示"剪贴板"窗格。选中工作表中的单元格E1，在"剪贴板"窗格中选择要粘贴的内容，如图4-103所示。

图4-102   图4-103

3．将该项目粘贴到单元格中的结果如图4-104所示。

	A	B	C	D	E
1	员工代码	部门	姓名	基础工资	技术部
2	YG-1	技术部	陆盈	690.00	
3	YG-2	技术部	吕佳	745.00	
4	YG-3	技术部	门可佩	917.00	
5	YG-4	技术部	彭加毅	941.00	
6	YG-5	技术部	齐运峰	724.00	
7	YG-6	技术部	屈家安	991.00	
8	YG-7	技术部	汤莉莉	1121.00	
9	YG-8	供应科	唐镭	1207.00	
10	YG-9	供应科	童凤茹	1303.00	

图4-104

🔖 技巧88
删除剪贴板中的内容

如果剪贴板中的内容太多，可以删除其中不需要的内容，具体操作步骤如下。

1．单击剪贴板中相应选项右侧的下拉按钮，在展开的列表中选择"删除"选项，如图4-105所示。

2．如果要删除剪贴板中的所有内容，只要单击"剪贴板"窗格中的"全部清空"按钮即可。删除后"剪贴板"窗格的显示结果如图4-106所示。

图4-105　　　　图4-106

🔖 技巧89
设置剪贴板的启动方式

在使用剪贴板时，可根据具体情况选择合适的启动方式，步骤如下。

单击"剪贴板"窗格中的"选项"按钮，在弹出的列表中选择一种方式来启动剪贴板，如图4-107所示。

图4-107

技巧90

快速查找数据

效果文件：FILES\04\技巧90.xlsx

如果工作簿中的数据非常多，要想快速查找需要的数据，可利用"查找和替换"对话框找到数据的具体位置，操作步骤如下。

1．打开一个工作簿，单击"开始"选项卡"编辑"组中的"查找和选择"下拉按钮，在展开的列表中单击"查找"选项，如图4-108所示。

2．此时将弹出"查找和替换"对话框。在"查找"选项卡上单击"选项"按钮，如图4-109所示。

图4-108

图4-109

3．在"查找"选项卡的"查找内容"文本框中输入要查找的内容，并依次设置"范围"、"搜索"等条件，如图4-110所示。

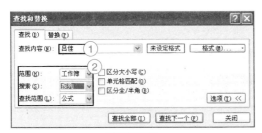

图4-110

4. 单击"查找全部"按钮，查找结果将显示在对话框的下方，如图4-111所示。

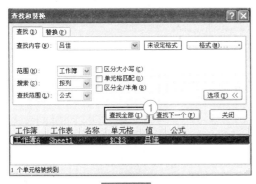

图4-111

技巧91
常用替换技巧

效果文件：FILES\04\技巧91.xlsx

如果要将工作簿中的某些数据全部更改为另一数据，可利用"查找和替换"对话框将其替换，具体操作步骤如下。

1. 打开一个工作簿，单击"开始"选项卡"编辑"组中的"查找和选择"下拉按钮，在展开的列表中单击"替换"选项，如图4-112所示。

2. 在弹出的"查找和替换"对话框中切换到"替换"选项卡，在"查找内容"和"替换为"文本输入框中分别输入要查找和替换的内容，然后单击"查找全部"按钮，如图4-113所示。

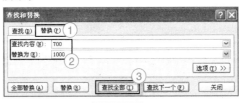

图4-112　　　　　图4-113

3. 此时，在对话框的下方将显示所有符合条件的单元格内容，单击"全部替换"按钮，如图4-114所示。

4. 查找结果全部被替换后，将弹出如图4-115所示的提示对话框。

图4-114

图4-115

技巧92

巧用替换功能

效果文件：FILES\04\技巧92.xlsx

利用替换功能还可以将工作表中的常规型数据转换为日期型数据，具体操作步骤如下。

1. 在单元格中输入一列常规型数据，如图4-116所示。

2. 在"开始"选项卡的"编辑"组中单击"查找和选择"按钮，在其下拉列表中单击"替换"选项。

3. 在弹出的"查找和替换"对话框"替换"选项卡的"查找内容"和"替换为"文本框中输入相应的内容，然后单击"全部替换"按钮，如图4-117所示。

图4-116

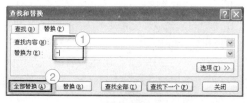

图4-117

4. 替换完成后将弹出如图4-118所示的提示对话框。单击"确定"按钮关闭所有对话框，返回工作表界面，即可看到单元格中的常规型数据已全部转换为日期型数据，如图4-119所示。

图4-118

图4-119

技巧93

导入Word表格数据

> 源 文 件：FILES\04\技巧93.docx
> 效果文件：FILES\04\技巧93.xlsx

在编辑工作表时，可将在Word中创建的表格直接导入Excel中使用，具体操作步骤如下。

1. 选择Word文档中的表格，按【Ctrl】+【C】组合键复制表格，如图4-120所示。

2. 打开一个工作表，选中要粘贴表格的单元格，单击"开始"选项卡"剪贴板"组中的"粘贴"下拉按钮，在展开的列表中单击"选择性粘贴"选项，如图4-121所示。

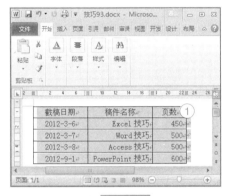

图4-120

图4-121

3. 在打开的"选择性粘贴"对话框的"方式"列表框中选择"文本"选项，如图4-122所示。

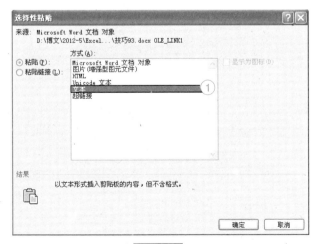

图4-122

4. 单击"确定"按钮，即可将Word表格中的数据导入Excel工作表，如图
4-123所示。

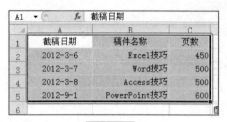

图4-123

技巧94

导入Excel表格数据

效果文件：FILES\04\技巧94.xlsx

在编辑工作表时，如果要将其他工作表中的数据导入当前工作表，可以通过如
下操作实现。

1. 打开要导入数据的工作表并选定数据的存储位置，单击"数据"选项卡
"获取外部数据"组中的"现有连接"按钮，如图4-124所示。

2. 在打开的"现有连接"对话框中单击"浏览更多"按钮，如图4-125
所示。

图4-124

图4-125

3. 在打开的"选取数据源"对话框中选中要使用其数据的工作簿，如图4-126
所示。

图4-126

4．单击"打开"按钮，在打开的"选择表格"对话框中选择要导入的工作表，如图4-127所示。

5．单击"确定"按钮，在"导入数据"对话框中设置数据的放置位置。在这里选中"现有工作表"单选按钮，并保持默认位置不变，如图4-128所示。

图4-127　　　　　　　　　　　图4-128

6．单击"确定"按钮，即可将选中的工作表中的数据导入现有工作表，如图4-129所示。

图4-129

技巧95
导入文本文件数据

> 源 文 件：FILES\04\技巧95.txt
> 效果文件：FILES\04\技巧95.xlsx

要想将文本文件中的数据导入Excel工作表，具体操作步骤如下。

1．打开要导入数据的工作表并选定数据的存储位置，单击"数据"选项卡"获取外部数据"组中的"自文本"按钮，如图4-130所示。

图4-130

2．在打开的"导入文本文件"对话框中找到要导入的文本文件，如图4-131所示。

图4-131

3．单击"导入"按钮，即可打开如图4-132所示的对话框。保持其默认设置不变，单击"下一步"按钮。

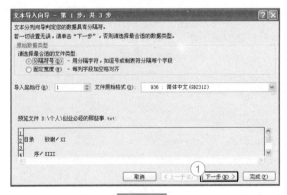

图4-132

4. 在弹出的"第2步"对话框中勾选"分割符号"选项区的"Tab键"复选框，采用该方式对数据源进行分列显示，如图4-133所示。

图4-133

5. 单击"下一步"按钮，保持对话框的默认设置，如图4-134所示。

6. 单击"下一步"按钮，在"导入数据"对话框中设置导入数据的显示位置，如图4-135所示。

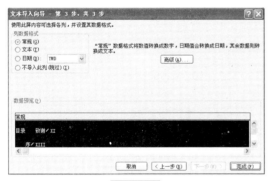

图4-134　　　　　　　　　图4-135

7. 单击"确定"按钮，即可将文本文件中的数据导入Excel工作表，效果如图4-136所示。

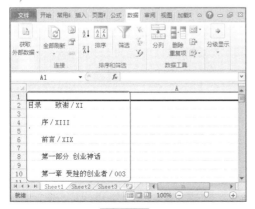

图4-136

83

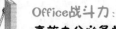

技巧96
导入网页数据

> 效果文件：FILES\04\技巧96.xlsx

要想将网页中的文本或表格等内容导入Excel工作表，具体操作步骤如下。

1. 在要导入数据的工作表中单击"数据"选项卡"获取外部数据"组中的"自网站"按钮，如图4-137所示。

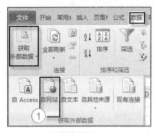

图4-137

2. 在打开的"新建Web查询"对话框上方的"地址"设置框中输入网址，并单击"导入"按钮，如图4-138所示。

图4-138

3. 此时会弹出如图4-139所示的提示对话框。如果不想向工作表导入网站中的数据，可单击"取消"按钮。

4. 在弹出的"导入数据"对话框中设置导入数据的显示位置，如图4-140所示。

图4-139　　　　　　　　图4-140

5. 单击"确定"按钮，即可将网页内容导入工作表，如图4-141所示。

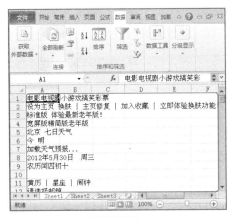

图4-141

📖 技巧97

隔行插入空白行

效果文件：FILES\04\技巧97.xlsx

　　要想在工作表中隔行插入空白行，如图4-142所示，可在按下【Ctrl】键的同时选中第2行至第10行。选中这些行以后，单击"开始"选项卡"单元格"组中的"插入"下拉按钮，在展开的列表中单击"插入工作表行"选项。

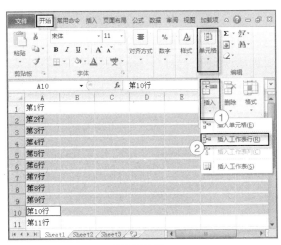

图4-142

　　在工作表中隔行插入空白行的效果如图4-143所示。

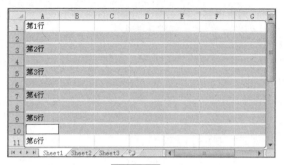

图4-143

技巧98
单元格区域数据的同时运算

效果文件：FILES\04\技巧98.xlsx

如果要对单元格区域中的所有数据同加、同减、同乘或同除某一数值，可以按照以下步骤进行操作。

1．要使单元格区域B2:B8中的每个数据都与单元格E2中的数据进行相加操作，可以先复制单元格E2中的数据，然后选中单元格区域B2:B8，单击"剪贴板"组中的"粘贴"下拉按钮，在展开的列表中单击"选择性粘贴"选项，如图4-144所示。

2．在打开的"选择性粘贴"对话框中选中"运算"选项区的"加"单选按钮，如图4-145所示。

图4-144

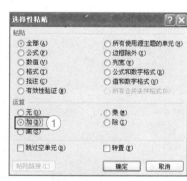

图4-145

3．单击"确定"按钮，单元格区域B2:B8中每个数据的值都增加了1，如图4-146所示。

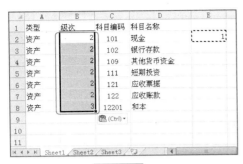

图4-146

技巧99

行列数据转置

效果文件：FILES\04\技巧99.xlsx

如果要将行和列中的数据互换，可按照如下步骤进行操作。

1. 选中要互换的单元格区域A1:D8，按下【Ctrl】+【C】组合键复制单元格区域，在要放置互换数据的位置单击"剪贴板"组中的"粘贴"下拉按钮，在展开的列表中选择"选择性粘贴"选项，如图4-147所示。

2. 在打开的"选择性粘贴"对话框中勾选"转置"复选框，如图4-148所示。

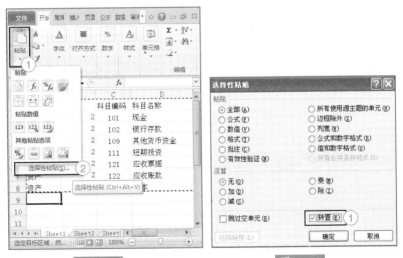

图4-147　　　　　　图4-148

3. 单击"确定"按钮，即可在选定的位置粘贴互换行与列后的数据，如图4-149所示。

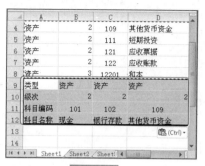

图4-149

🎋 技巧100
轻松删除重复数据

> 效果文件：FILES\04\技巧100.xlsx

如果一个工作表中包含多个重复数据，可以利用下面的方法快速将其删除。

1. 打开一个工作表并选中任意单元格，然后单击"数据"选项卡"数据工具"组中的"删除重复项"按钮，如图4-150所示。

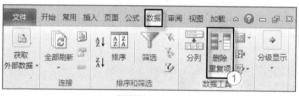

图4-150

2. 此时将打开"删除重复项"对话框。在"列"列表框中勾选"科目编码"复选框，如图4-151所示。

3. 单击"确定"按钮，系统会自动删除重复的数据，并弹出如图4-152所示的提示对话框。

图4-151

图4-152

4．单击"确定"按钮，可看到工作表 "科目编码"列中的重复数据已经删除，如图4-153所示。

	A	B	C	D
1	类型	级次	科目编码	科目名称
2	资产	1	101	现金
3	资产	1	102	银行存款
4	资产	1	109	其他货币资金
5	资产	1	111	短期投资
6	资产	1	121	应收票据
7	资产	1	122	应收账款
8				
9				

图4-153

📖 技巧101

删除工作表中的所有内容

要想快速删除工作表中的所有内容，可以直接单击行号和列号的交叉位置处如图4-154所示的按钮，选中工作表中的所有内容，按下【Del】键，如图4-155所示。

	A	B	C	D
1	类型	级次	科目编码	科目名称
2	资产	2	101	现金
3	资产	2	102	银行存款
4	资产	2	109	其他货币资金
5	资产	2	111	短期投资
6	资产	2	121	应收票据
7	资产	2	122	应收账款
8	资产	3	12201	和本
9				
10				

图4-154

	A	B	C	D
1				
2				
3				
4				
5				
6				
7				
8				
9				
10				

图4-155

📖 技巧102

禁止输入重复数据

效果文件：FILES\04\技巧102.xlsx

在制作表格时，有些内容是唯一的。为了防止输入重复数据，可通过设置数据有效性来避免这种情况的发生。禁止输入重复数据的具体操作步骤如下。

1．选择要禁止输入重复数据的单元格区域，单击"数据"选项卡"数据工具"组中的"数据有效性"下拉按钮，在展开的列表中单击"数据有效性"选项，如图4-156所示。

图4-156

2. 此时将弹出"数据有效性"对话框。在"设置"选项卡的"允许"下拉列表中选择"自定义"选项，在"公式"文本框中输入公式"=COUNTIF(A: A, A2)=1"，如图4-157所示。

3. 切换至"出错警告"选项卡，在"标题"文本框中输入出错时显示的提示对话框的标题"错误提示"，在"错误信息"文本框中输入"重复数据"字样，如图4-158所示。

图4-157

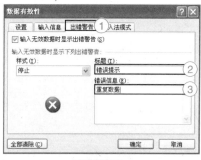

图4-158

4. 单击"确定"按钮，此后，向指定单元格区域输入重复数据时，即可弹出"错误提示"对话框，禁止用户在其中输入重复数据，如图4-159所示。

图4-159

技巧103

限制输入的数值

效果文件：FILES\04\技巧103.xlsx

如果要限制单元格中输入的数值的大小，也可以通过"数据有效性"对话框进行设置，具体操作步骤如下。

1. 选中要限制数值的单元格区域，单击"数据"选项卡"数据工具"组中的"数据有效性"按钮，打开"数据有效性"对话框。

2. 在"设置"选项卡的"允许"下拉列表中选择"小数"选项，在"数据"下拉列表中选择"介于"选项，在"最小值"和"最大值"文本框中分别输入允许的数值范围，如图4-160所示。

3. 单击"确定"按钮，此后向指定单元格区域输入设置范围外的数值，如 –1 或2.1，并按下【Enter】键时，会弹出如图4-161所示的提示对话框。

图4-160

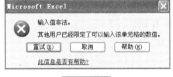

图4-161

技巧104

限制单元格中文本的长度

效果文件：FILES\04\技巧104.xlsx

在"数据有效性"对话框中限制文本长度的具体操作步骤如下。

1. 选中要限制文本长度的单元格区域，单击"数据"选项卡"数据工具"组中的"数据有效性"按钮，打开"数据有效性"对话框。

2. 在"设置"选项卡的"允许"下拉列表中选择"文本长度"选项，在"数据"下拉列表中选择"介于"选项，在"最小值"和"最大值"文本框中分别输入允许的文本长度，如图4-162所示。

3. 单击"确定"按钮，此后向指定单元格区域输入不在文本长度限制范围内的数据并按下【Enter】键时，会弹出如图4-163所示的提示对话框。

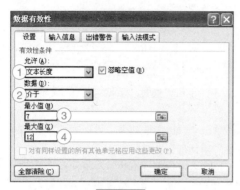

图4-162

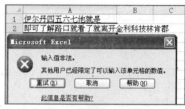

图4-163

📖 技巧105
设置输入信息

> 效果文件：FILES\04\技巧105.xlsx

通过"数据有效性"对话框，可以设置在单元格中输入数据时显示提示用户输入数据的信息，具体操作步骤如下。

1. 选中要设置输入信息的单元格区域，单击"数据"选项卡"数据工具"组中的"数据有效性"按钮，打开"数据有效性"对话框。

2. 选择"输入信息"选项卡，在其中的"标题"和"输入信息"文本框中输入如图4-164所示的信息。

3. 单击"确定"按钮，此后单击单元格区域中的任意一个单元格时，即可在其旁边显示设置的提示信息，如图4-165所示。

图4-164

图4-165

📖 技巧106
设置出错警告

> 效果文件：FILES\04\技巧106.xlsx

在"数据有效性"对话框中可以设置出错警告，即当在单元格中输入不符合有效性条件的数据时可弹出出错警告。例如，设置单元格区域中只能输入整数，如果输入小数则弹出提示对话框，具体操作步骤如下。

1．选中要设置输入信息的单元格区域，单击"数据"选项卡"数据工具"组中的"数据有效性"按钮，打开"数据有效性"对话框。

2．选择"设置"选项卡，在"允许"下拉列表中选择"整数"选项，在"数据"下拉列表中选择"介于"选项，在"最小值"和"最大值"文本框中分别输入允许的数值范围，如图4-166所示。

3．切换至"出错警告"选项卡，在"样式"下拉列表中选择一种适合的样式，在"标题"和"错误信息"文本框中分别输入如图4-165所示的提示信息。

图4-166

图4-167

4．单击"确定"按钮，当用户在受限制的单元格区域内输入小数时，会弹出如图4-168所示的提示对话框。

图4-168

技巧107
在单元格中添加下拉列表

效果文件：FILES\04\技巧107.xlsx

在制作Excel工作表时，如果希望使某一列中的数据可以通过下拉列表选择，而不是手动输入，具体操作步骤如下。

1．选中要设置输入信息的单元格区域，单击"数据"选项卡"数据工具"组中的"数据有效性"按钮，打开"数据有效性"对话框。

2．选择"设置"选项卡，在"允许"下拉列表中选择"序列"选项，然后单击"来源"文本框右侧的折叠按钮，如图4-169所示。

3．在弹出"数据有效性"对话框时选择要添加到下拉列表框中的数据，如图4-170所示。

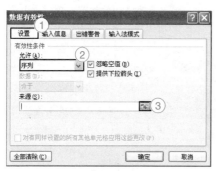

图4-169

图4-170

4．再次单击折叠按钮返回"数据有效性"对话框，然后单击"确定"按钮。此后，单击单元格区域B2:B7的任意一个单元格时都会出现下拉列表按钮，单击该按钮后，可以在下拉列表框中选择相应的数据，如图4-171所示。

图4-171

技巧108
通过定义名称创建下拉列表

效果文件：FILES\04\技巧108.xlsx

通过定义名称创建下拉列表框的具体操作步骤如下。

1．选中要定义名称的数据区域，如选择"户籍所在地"列中的单元格区域D2:D11，单击"公式"选项卡"定义的名称"组中的"定义名称"下拉按钮，在展开的列表中选择"定义名称"选项，如图4-172所示。

2．打开"新建名称"对话框，在"名称"文本框中输入为单元格区域创建的名称"户籍"，如图4-173所示。

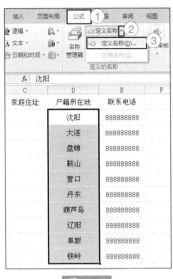

图4-172   图4-173

3. 单击"确定"按钮关闭对话框。在工作表中选择要添加下拉列表的单元格区域C2:C11,单击"数据"选项卡"数据工具"组中的"数据有效性"按钮,打开"数据有效性"对话框。

4. 在"设置"选项卡的"允许"下拉列表中选择"序列"选项,在"来源"文本框中输入"=户籍",如图4-174所示。

5. 单击"确定"按钮完成设置。单击单元格区域C2:C11中的任意单元格,即可从展开的下拉列表中选择家庭住址,如图4-175所示。

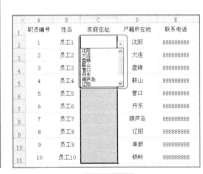

图4-174   图4-175

📖 技巧109

查找具有数据有效性设置的单元格

如果需要更新的工作表是从他人处得到的,或者工作表很大,记不清在哪些单

元格中添加了数据有效性规则，可通过以下操作轻松找到工作表中具有数据有效性设置的单元格。

1. 打开工作表，按【Ctrl】+【A】组合键选择全部单元格，在"开始"选项卡的"编辑"组中单击"查找和选择"下拉按钮，在展开的列表中单击"定位条件"选项，如图4-176所示。

2. 在打开的"定位条件"对话框中选中"数据有效性"单选按钮，如图4-177所示。

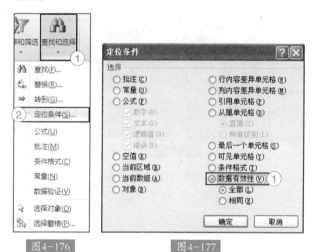

图4-176   图4-177

3. 单击"确定"按钮，工作表中设置了数据有效性的单元格将被突出显示，如图4-178所示。

图4-178

技巧110

取消已经设置的数据范围限制

单击"数据有效性"对话框"设置"选项卡中的"全部清除"按钮，即可清除包括数据范围限制在内的所有单元格格式，如图4-179所示。

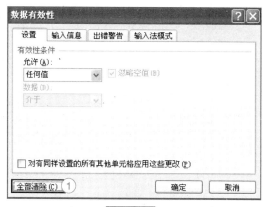

图4-179

技巧111

圈释无效数据

在"数据有效性"对话框中为数据设置了有效范围后，当输入的数据不在这个范围内时，虽然会弹出提示信息，但仍可以正常输入无效数据。这时，利用"圈释无效数据"选项可将其中的无效数据标识出来。

打开设置了数据有效性的工作表，单击"数据"选项卡上的"数据有效性"下拉按钮，在展开的列表中单击"圈释无效数据"选项，如图4-180所示。此时，工作表中的无效数据即用红色的线圈标出，如图4-181所示。

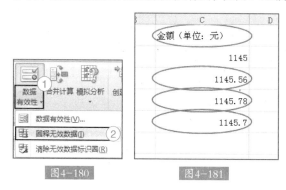

图4-180   图4-181

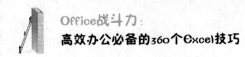

📖 技巧112
取消圈释无效数据的标识

要想取消圈释无效数据的标识，只要直接单击"数据有效性"下拉列表中的
"清除圈释无效数据标识圈"选项即可，如图4-182所示。

图4-182

单元格格式的设置技巧　第5章

在制作表格时，为了使表格更美观、更便于查找数据，可以根据实际需要为单元格设置格式。

单元格格式设置包括字体设置、对齐方式设置、单元格样式设置和条件格式设置等，只有熟悉有关单元格的各种格式设置操作，才能制作出高质量的表格。

单元格格式设置中隐藏着很多非常实用的操作技巧，例如使用上标和下标轻松输入斜线表头文本、使用格式刷快速对齐文本、在工作簿之间复制单元格样式以及使用关键字设置单元格样式等。

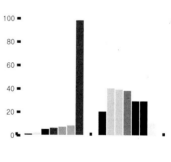

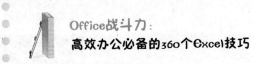
📖 技巧113
使用"字体"组快速更改字体

在制作Excel工作表时，如果要更改某单元格或单元格区域中的字体，可以通过"开始"选项卡的"字体"组实现，具体操作方法如下。

选中要更改字体的单元格或单元格区域，单击"开始"选项卡"字体"组中的"字体"下拉按钮，如图5-1所示，在展开的列表中选择一种需要的字体。

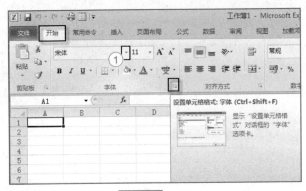

图5-1

📖 技巧114
使用浮动工具栏快速更改字号

使用浮动工具栏也可以快速更改文本的字号，步骤如下。

选择需要修改设置的单元格，单击鼠标右键，即可显示浮动工具栏。单击浮动工具栏"字号"设置框右侧的下拉按钮，在展开的列表中选择合适的字号，如图5-2所示。

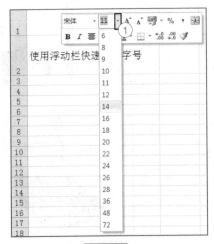

图5-2

技巧115

使用浮动工具栏快速更改字体

如果用户需要对某单元格中的字体进行设置，只要选中该单元格并单击鼠标右键，然后单击浮动工具栏"字体"设置框右侧的下拉按钮，在展开的列表中选择合适的字体即可，如图5-3所示。

图5-3

技巧116

快速增大或减小字号

要想快速增大或减小文本字号，还可以使用"字体"组中的相应按钮进行设置。

选中要更改字号的单元格或单元格区域，单击"字体"组中的"增大字号"或"减小字号"按钮，即可快速增大或减小字号，如图5-4所示。

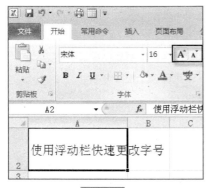

图5-4

101

技巧117
快速更改字形

除了可以使用"字体"组中的相应按钮将文本设置为加粗、倾斜等样式，还可以通过组合快捷键来快速更改字形。

1. 按【Ctrl】+【I】组合键可以设置文本为倾斜样式，如图5-5所示。
2. 按【Ctrl】+【B】组合键可以设置文本为加粗样式，如图5-6所示。

图5-5

图5-6

技巧118
快速更改文本颜色

有时，为了使工作表更美观，或者使某单元格或单元格区域中的文本变得醒目，常常需要更改文本的颜色，使其区别于其他文本。更改文本颜色的具体操作步骤如下。

1. 选中要更改文本颜色的单元格或单元格区域，单击"字体"组中的"字体颜色"下拉按钮，在色板中单击色块，即可将文本快速更改为相应的颜色，如图5-7所示。

2. 如果色板中没有用户需要的颜色，可以单击"其他颜色"选项，打开"颜色"对话框，选择"自定义"选项卡，在"颜色模式"下拉列表中选择一种颜色模式，在对应的数值框中输入各颜色的数值，如图5-8所示。单击"确定"按钮，文本的颜色即可更改为用户自定义的颜色。

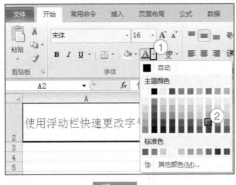

图5-7

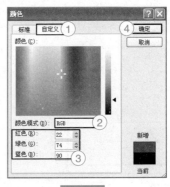

图5-8

技巧119
为单元格数据添加下划线

> 效果文件：FILES\05\技巧119.xlsx

在Excel 2010中，可以为单元格中的数据添加下划线或双下划线，具体操作方法如下。

选择要添加下划线的单元格区域，单击"字体"组中的"下划线"下拉按钮，在展开的列表中选择要添加的下划线样式即可，如图5-9所示。

图5-9

技巧120
为单元格数据添加删除线

> 效果文件：FILES\05\技巧120.xlsx

对于单元格中的一些无用的数据或需要删除的数据，可先用删除线标出，具体操作步骤如下。

1. 选中要添加删除线的数据单元格，按下【Ctrl】+【1】组合键，打开"设置单元格格式"对话框。在"字体"选项卡的"特殊效果"选项区勾选"删除线"复选框，如图5-10所示。

图5-10

2．单击"确定"按钮，即可看到单元格中的数据已经添加了删除线，如图5-11所示。

图5-11

📖 技巧121
为单元格添加边框

在打印工作表时，工作表中的网格线不会打印出来。为单元格添加边框后，打印出来的工作表就会以表格形式显示，具体操作步骤如下。

选中要添加边框的单元格，单击"开始"选项卡"字体"组中的"边框"下拉按钮，在展开的列表中选择一种边框效果，如图5-12所示，单元格即显示为相应的边框效果。

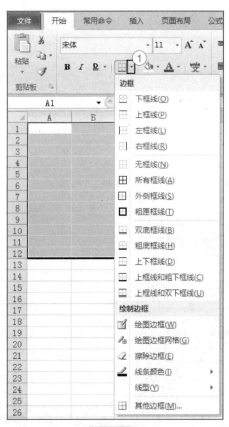

图5-12

技巧122
快速设置所有单元格边框

效果文件：FILES\05\技巧122.xlsx

要想快速设置所有单元格边框，可先按下【Ctrl】+【A】组合键选中所有单元格，再单击"开始"选项卡"字体"组中的"边框"下拉按钮，在展开的列表中选择一种边框效果，本技巧中选择"所有框线"效果。

添加"所有框线"的效果如图5-13所示。

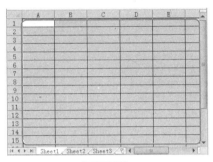

图5-13

技巧123
手动绘制单元格边框

除了可以利用"边框"下拉列表中的边框效果选项为单元格添加边框，还可以根据需要手动绘制边框，具体操作方法如下。

1. 单击"开始"选项卡"字体"组中的"边框"下拉按钮，在展开列表的"绘制边框"组中选择"绘图边框"选项，如图5-14所示。

2. 此时光标会变成铅笔状。将鼠标移至要添加边框的单元格区域，按下鼠标并拖动以绘制边框，如图5-15所示。

图5-14

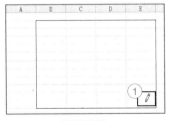

图5-15

技巧124
为表格添加斜线表头

效果文件：FILES\05\技巧124.xlsx

在Excel 2010中手动绘制斜线表头的具体操作步骤如下。

1. 在"边框"下拉列表中选择"绘图边框"选项，当光标变成铅笔状时，在要添加斜线表头的单元格上按住鼠标，从左上角向右下角拖动，即可添加斜线表头，如图5-16所示。

图5-16

2. 如果不想手动绘制斜线表头，可按【Ctrl】+【1】组合键打开"设置单元格格式"对话框，然后切换至"边框"选项卡并单击斜线按钮，如图5-17所示。单击"确定"按钮，即可在单元格中添加斜线表头。

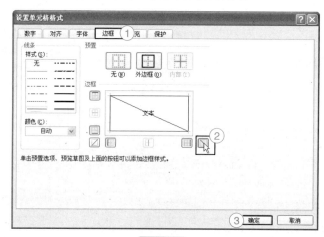

图5-17

技巧125
轻松在斜线表头内输入文本

效果文件：FILES\05\技巧125.xlsx

添加斜线表头后，要想在斜线的上下两侧输入文本，需要掌握一定的技巧，具体操作步骤如下。

在添加了斜线表头的单元格中输入位于斜线上方的文本"金额"，然后按下【Alt】+【Enter】组合键，在斜线下方输入文本"日期"。如果输入文本后的单元格列宽或行高不合适，可以对其进行调整，效果如图5-18所示。

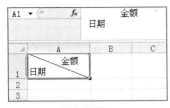

图5-18

技巧126
使用上标和下标输入斜线表头文本

效果文件：FILES\05\技巧126.xlsx

如果用户觉得"技巧125"中为斜线表头添加文本的方法不容易操作，还可以利用Excel 2010的上标和下标功能为其添加文本，具体操作步骤如下。

1. 在表头单元格中输入要添加的文本"日期"、"金额"（注意：要先输入显示在斜线下方的文字，后输入显示在斜线上方的文字），如图5-19所示。

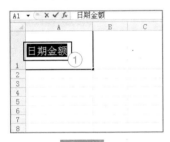

图5-19

2. 选中显示在斜线上方的文字"金额"，按下【Ctrl】+【1】组合键打开"设置单元格格式"对话框，勾选"特殊效果"选项区中的"上标"复选框，如图5-20所示。

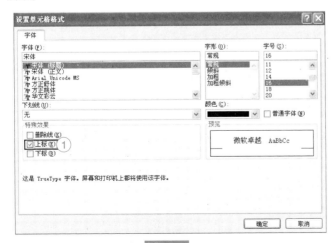

图5-20

3. 单击"确定"按钮，即可看到设置为上标的文本"金额"效果如图5-21所示。选中要显示在斜线下方的文字"日期"，按下【Ctrl】+【1】组合键打开"设置单元格格式"对话框，勾选"特殊效果"选项区中的"下标"复选框，单击"确定"按钮。在单元格中调整文本的字号、单元格的行高和列宽，并在"日期"和"金额"之间添加空格键进行调整，效果如图5-22所示。

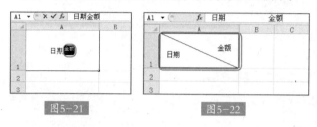

图5-21   图5-22

📖技巧127

快速美化单元格边框

效果文件：FILES\05\技巧127.xlsx

在默认情况下，为单元格添加的边框是黑色的实线。但实际上，用户可以根据自己的喜好将边框更改为不同颜色的虚线、实线等，以美化单元格边框。

美化单元格边框的具体操作步骤如下。

1. 选中要添加边框的单元格区域，按下【Ctrl】+【1】组合键打开"设置单元格格式"对话框。选择"边框"选项卡，在"线条"选项区的"样式"列表框中选择一种线条样式，单击"颜色"下拉按钮，在展开的列表中选择一种颜色，在"预置"选项区单击"外边框"按钮，为单元格区域添加外边框，如图5-23所示。

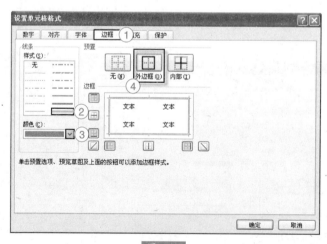

图5-23

2. 单击"确定"按钮，即可看到为单元格区域添加外边框的效果，如图5-24所示。

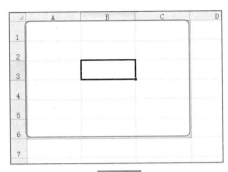

图5-24

3．如果要为内部的单元格设置边框效果，可在"设置单元格格式"对话框中进行设置。重复以上第2步操作，在"预置"选项区单击"内部"按钮，为单元格区域添加内边框，如图5-25所示。

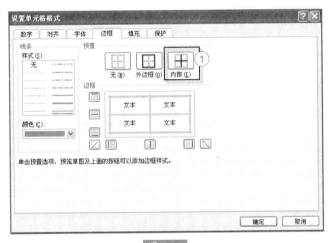

图5-25

4．单击"确定"按钮，在单元格区域添加内边框的效果如图5-26所示。

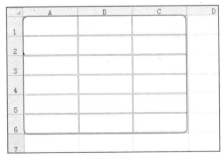

图5-26

技巧128
为单元格添加背景颜色

为了美化单元格，可以为其添加背景颜色。例如，可以为表格的标题区设置背景颜色，使其区别于其他单元格，以便查看数据。

为单元格添加背景颜色的方法非常简单，只需选中要设置背景颜色的单元格或单元格区域，单击"开始"选项卡"字体"组中的"填充颜色"下拉按钮，在展开的色板中单击相应的颜色选项即可，如图5-27所示。

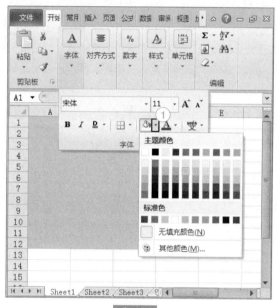

图5-27

技巧129
快速删除单元格边框

要想快速删除单元格边框，可先选中带边框的单元格区域，然后单击"开始"选项卡"字体"组中的"边框"下拉按钮，在展开的列表中选择"无边框"选项，以删除单元格边框，返回单元格的原始状态，如图5-28所示。

图5-28

💾 技巧130

为单元格添加背景图案

效果文件：FILES\05\技巧130.xlsx

为单元格添加背景图案的具体操作步骤如下。

1. 选中要设置背景的单元格，按下【Ctrl】+【1】组合键，打开"设置单元格格式"对话框。切换到"填充"选项卡，在"图案颜色"下拉列表中选择一种颜色，并在"图案样式"下拉列表中选择合适的样式，如图5-29所示。

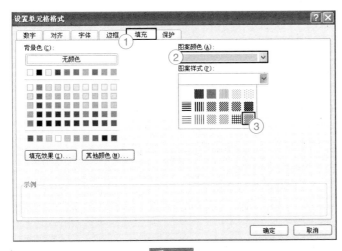

图5-29

2. 单击"确定"按钮，可以看到相应单元格区域的背景已显示为设置的背景图案，如图5-30所示。

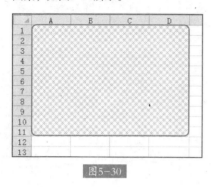

图5-30

技巧131
恢复系统默认的字体格式

在制作表格时，常常会更改字体格式，以满足不同的需求。将字体格式恢复到系统默认状态的具体操作步骤如下。

1. 选中要恢复为默认字体的单元格区域，按下【Ctrl】+【1】组合键，打开"设置单元格格式"对话框，选择"字体"选项卡，在其中勾选"颜色"下拉列表框右侧的"普通字体"复选框，如图5-31所示。

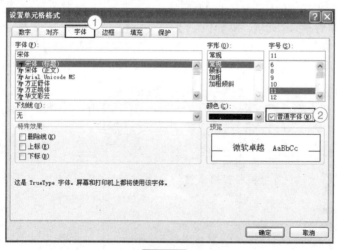

图5-31

2. 单击"确定"按钮，则相应单元格区域中文本的字体格式会恢复到系统默认状态。

技巧132
为单元格中的文本添加拼音

效果文件：FILES\05\技巧132.xlsx

对在单元格中输入的文本，用户还可以为其添加拼音，以方便阅读，具体操作步骤如下。

1. 选中要添加拼音的文本所在的单元格，单击"开始"选项卡"字体"组中的"显示或隐藏拼音字段"下拉按钮，在展开的列表中单击"编辑拼音"选项，如图5-32所示。

2. 此时相应单元格中的文本会显示为绿色，在其上方会出现一个方框。在方框中输入文本的拼音，如图5-33所示。

图5-32

图5-33

3. 按下【Enter】键确认输入。若文本上方不显示输入的拼音，只要单击"显示或隐藏拼音字段"下拉按钮，在展开的列表中单击"显示拼音字段"选项，即可在文本上方显示拼音，如图5-34所示。

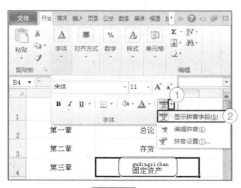

图5-34

提示

如果输入的拼音不能与文本一一对应，用户可以调整单元格的列宽，并在文本中插入空格，以调整文字间距。

📖 技巧133
快速更改拼音属性

效果文件：FILES\05\技巧133.xlsx

用户可以根据需要更改拼音的字体、字号、字形、颜色等属性，具体操作步骤如下。

1. 选中要更改拼音属性的单元格，单击"开始"选项卡"字体"组中的"显示或隐藏拼音字段"下拉按钮，在展开的列表中单击"拼音设置"选项，打开"拼音属性"对话框。

2. 在"设置"选项卡上选中"对齐"选项区的"分散对齐"单选按钮，如图5-35所示。

3. 在"字体"选项卡上对字体、字形、字号、颜色等进行设置，如图5-36所示。

图5-35

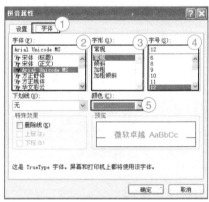
图5-36

4. 单击"确定"按钮，所做的修改将应用到选中的单元格，如图5-37所示。

图5-37

📖 技巧134
快速水平对齐文本

默认情况下，在单元格中输入文本并按下【Enter】键后，文本会自动左对齐。水平对齐文本分为左对齐、居中对齐和右对齐3种。如果要将文本设置为其他水平对齐方式，可选中要更改对齐方式的单元格或单元格区域，例如B2:B9，单击"开始"选项卡"对齐方式"组中的"居中"按钮，选中的单元格区域中的文本将以水平居中的方式对齐，如图5-38所示；选中单元格区域C2:C9，单击"开始"选项卡"对齐方式"组中的"文本右对齐"按钮，单元格区域中的文本即可在水平方向上靠右对齐，如图5-39所示。

图5-38

图5-39

技巧135
快速垂直对齐文本

在默认情况下，单元格中的文本在垂直方向上会自动居中对齐。垂直对齐文本分为顶端对齐、垂直居中对齐和底端对齐3种方式。要想将文本设置为其他垂直对齐方式，可以按照如下步骤进行操作。

选中要设置垂直对齐方式的文本所在的单元格，单击"开始"选项卡"对齐方式"组中的"顶端对齐"按钮，此时原来居中对齐的文本就会显示为顶端对齐，如图5-40所示。如果单击"对齐方式"组中的"底端对齐"按钮，则选中的文本将显示为底端对齐，如图5-41所示。

图5-40

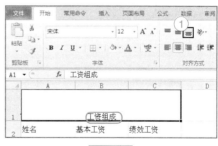
图5-41

技巧136
快速居中对齐工作表内容

要想将整个工作表快速设置为居中对齐，可按下【Ctrl】+【A】组合键选中整个

工作表，然后单击"对齐方式"组中的"居中"按钮，如图5-42所示。单击"对齐方式"组中的"垂直居中"按钮，整个工作表会以垂直居中对齐的方式显示，如图5-43所示。

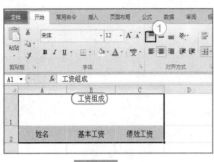

图5-42

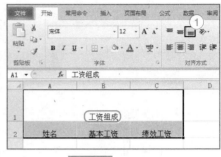

图5-43

📖 技巧137

巧妙调整"姓名"列

在创建表格时，由于"姓名"列中名字的字数不一样，有的是三个汉字，有的是两个汉字，所以在对单元格设置居中对齐时，该列中的文本显示可能不整齐、不美观。如果在单元格中插入空格，一个一个地调整，会浪费很多时间。要想解决这个问题，用户可以按照以下步骤进行操作。

1. 选中工作表中的"姓名"列，按下【Ctrl】+【1】组合键，打开"设置单元格格式"对话框。在"文本对齐方式"选项区的"水平对齐"下拉列表中选择"分散对齐（缩进）"选项，如图5-44所示。

2. 单击"确定"按钮，即可看到"姓名"列中的文本分散对齐，显得整齐、统一了，如图5-45所示。

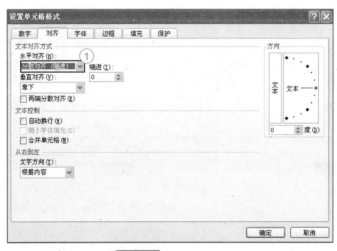

图5-44

图5-45

技巧138
使用格式刷快速对齐文本

如果要将一个单元格中的格式（如字体、字号、对齐方式等）复制到另一个单元格中，可利用"格式刷"按钮进行操作。例如，要将"姓名"列中对齐文本的分散对齐格式复制到"家庭住址"列中，可按照如下步骤操作。

1. 选中"姓名"列中的任意单元格，单击"开始"选项卡"剪贴板"组中的"格式刷"按钮，如图5-46所示。

2. 将鼠标移动到"家庭住址"列上，光标将显示为如图5-47所示的形状。

图5-46

图5-47

3. 按住鼠标并拖动，即可将"姓名"列的分散对齐格式复制到相应的单元格中，如图5-48所示。

图5-48

技巧139
缩进单元格数据

除了可以在"设置单元格格式"对话框中设置文本缩进方式，用户还可以通过下面的方法设置文本缩进方式。

1. 选中左对齐的单元格区域，单击"开始"选项卡"对齐方式"组中的"增加缩进量"按钮，如图5-49所示。

　　2. 可以看到，单元格区域中的文本向右缩进了2个字符，如图5-50所示。

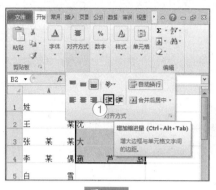

图5-49

图5-50

> **提示**
>
> 　　要想减少单元格文本的缩进量，只要在选中单元格区域后单击"开始"选项卡"对齐方式"组中的"减少缩进量"按钮即可。

🔖 技巧140
单元格的合并和居中

　　在单元格中输入数据时，如果一个单元格无法完全容纳输入的内容，可将多个单元格进行合并，使输入的内容居中显示。合并单元格的具体操作步骤如下。

　　1. 选中要合并的单元格区域，如图5-51所示，按下【Ctrl】+【1】组合键，打开"设置单元格格式"对话框。

　　2. 切换至"对齐"选项卡，在"文本对齐方式"选项区的"水平对齐"和"垂直对齐"下拉列表中都选择"居中"选项，并勾选"合并单元格"复选框，如图5-52所示。

图5-51

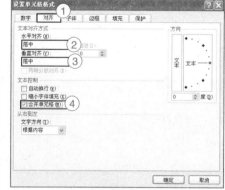

图5-52

3. 单击"确定"按钮，即可看到选中的单元格已经合并为一个单元格，且单元格中的文本居中显示，如图5-53所示。

图5-53

提示

　　用户也可在选中要合并的单元格后，单击"对齐方式"组中的"合并后居中"按钮，以合并并居中单元格，如图5-54所示。

图5-54

📖 技巧141
多行多个单元格的合并

　　如果要一次合并位于多行的多个单元格，既可以逐一对这些单元格进行操作，也可以一次性合并单元格，步骤如下。

　　如果要合并位于行7、行9、行11的多个单元格，可在按下【Ctrl】键的同时选中这些单元格，单击"开始"选项卡"对齐方式"组中的"合并后居中"下拉按钮，在展开的列表中单击"跨越合并"选项，如图5-55所示。可以看到，选中的位于不同行的多个单元格已经合并，如图5-56所示。

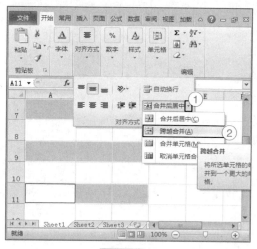

图5-55

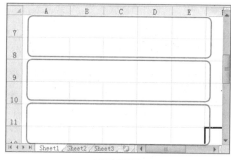

图5-56

📖 技巧142
合并单元格时保留所有数据

效果文件：FILES\05\技巧142.xlsx

在Excel 2010中，如果要合并含有数据的多个单元格（单击"合并后居中"按钮），则会弹出如图5-57所示的提示对话框，提示用户合并后的单元格只保留所选区域左上角单元格中的数据。

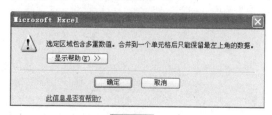

图5-57

要想使合并后的单元格保留合并前的所有数据，具体操作步骤如下。

1. 若要合并"1月"列中包含数据的多个单元格，可在其右侧插入一个空白列，然后分别选中与"1月"列中要合并单元格数据相同的单元格，单击"开始"选项卡"对齐方式"组中的"合并后居中"按钮，如图5-58所示。

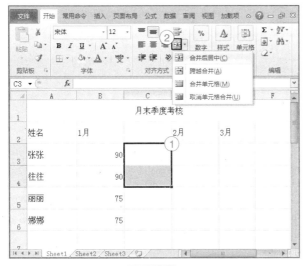

图5-58

2. 选中合并后的空白列中的单元格，单击"开始"选项卡"剪贴板"组中的"格式刷"按钮，执行如图5-59所示的操作，完成效果如图5-60所示。

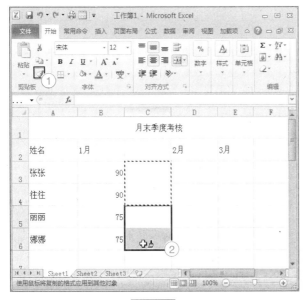

图5-59

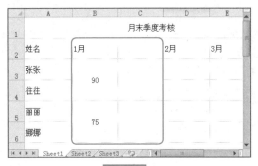

图5-60

📖 技巧143
划分数据等级

> 效果文件：FILES\05\技巧143.xlsx

对于一个包含多个数据列的工作表而言，用户如果希望单元格中的数据能够按照不同的标准划分为不同的等级，以区分它们的大小，可以通过在"单元格样式"下拉列表中选择不同的选项来实现。例如，对一个包含多个职员工资的工作表，要想将职员的基本工资划分为不同的等级，并用不同的颜色标记出来，具体操作步骤如下。

1. 在工作表中选中"金额"列工资在1500元（含1500元）以上的单元格，单击"开始"选项卡"样式"组中的"单元格样式"下拉按钮，在展开的列表中选择"差"选项，如图5-61所示。

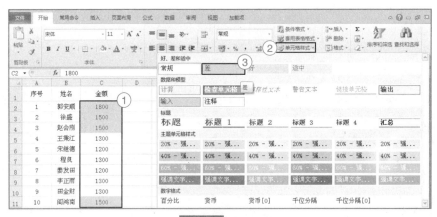

图5-61

2．此时，选中的单元格会应用设置的单元格样式，以粉红色标记符合条件的单元格，如图5-62所示。

图5-62

3．选中"金额"列中工资为1300元的单元格，然后选择"适中"单元格样式。应用该样式的效果如图5-63所示。

4．选中"金额"列中工资为1200元的单元格，然后选择"好"单元格样式。应用该样式的效果如图5-64所示。

图5-63　　　　　　　　图5-64

技巧144
设置注释文本的样式

如果一个工作表中某单元格的内容属于注释文本，也可以为注释文本设置特殊样式，使其区别于其他数据。设置注释文本样式的具体操作步骤如下。

选中工作表中需要设置为注释的单元格，单击"开始"选项卡"样式"组中的"单元格样式"下拉按钮，在展开的列表中选择"数据和模型"选项区的"注释"选项，如图5-65所示，选中的单元格将应用选择的单元格样式，以淡黄色标记。

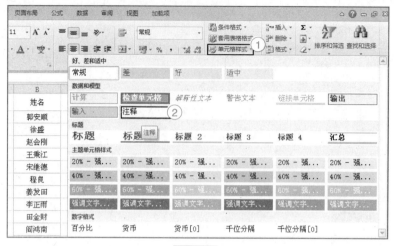

图5-65

技巧145
设置数据为货币样式

对于工作表中的"数字"数据，有时需要为它们添加货币符号。在数据量不大的情况下，可以一个一个添加。但如果数据量很大，这种方法就非常浪费时间。这里介绍一种快速添加货币样式的方法，具体操作步骤如下。

选中工作表中需要设置货币样式的单元格，单击"开始"选项卡"样式"组中的"单元格样式"下拉按钮，在展开的列表中选择"数字格式"选项区的"货币"选项，如图5-66所示，选中的单元格将应用"货币"样式。

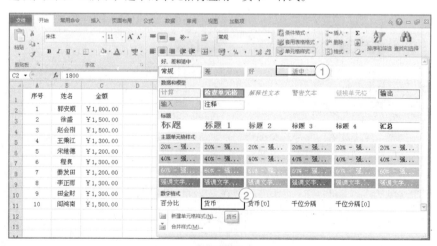

图5-66

技巧146
在工作簿之间复制单元格样式

在Excel 2010中，用户可以将一个工作簿中的单元格样式复制到另一个工作簿中，而不必重复创建单元格样式，这不仅可以节省时间，还可以扩大样式的使用范围。在工作簿之间复制单元格样式的具体操作步骤如下。

1. 打开要复制的单元格样式所在的原工作簿和目标工作簿，在目标工作簿中单击"开始"选项卡"样式"组中的"单元格样式"下拉按钮，在展开的列表中选择"合并样式"选项，如图5-67所示。

2. 在打开的"合并样式"对话框的"合并样式来源"列表框中选择要复制的单元格样式所在的工作簿，如图5-68所示。

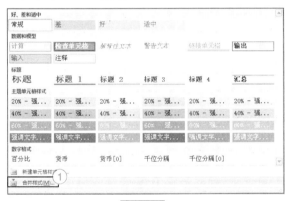

图5-67

图5-68

3. 单击"确定"按钮。再次单击目标工作簿的"单元格样式"下拉按钮，在展开的列表中可以看到增加的"自定义"选项组，如图5-69所示。该选项组所对应的样式就是原工作簿中的单元格样式，单击"样式1"选项即可快速应用该样式。

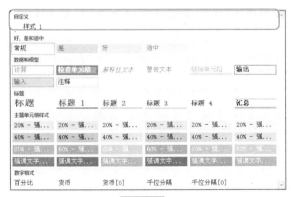

图5-69

技巧147
设置表格格式

效果文件：FILES\05\技巧147.xlsx

Excel 2010提供了多种漂亮的表格格式。在创建表格时，为了美化工作表，可以为其添加表格格式。设置表格格式的具体操作步骤如下。

1. 选中工作表中要添加表格格式的数据区域，单击"开始"选项卡"样式"组中的"套用表格格式"下拉按钮，在展开的列表中选择一种表格格式，如图5-70所示。

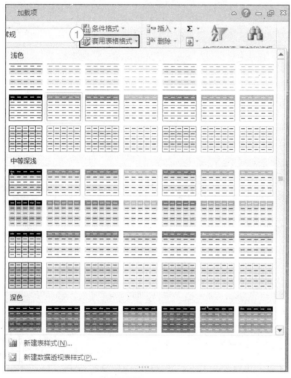

图5-70

2. 在"套用表格式"对话框的"表数据的来源"文本框中会显示选择的数据区域。如果要更改选择的数据区域，可单击文本框右侧的展开按钮，在工作表中重新选择数据区域，并取消"表包含标题"复选框的勾选，如图5-71所示。

3. 单击"确定"按钮，数据区域应用表格格式的效果如图5-72所示。

图5-72

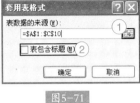

图5-71

技巧148

使用隐藏方法巧妙删除标题行

如果不想在表格中显示标题行，可以采用如下方法巧妙地删除它。

1. 应用表格格式后，工作表功能区会自动激活"表格工具–设计"选项卡，如图5-73所示。如果要删除标题行，需要先取消勾选"表格工具–设计"选项卡"表格样式选项"组中的"标题行"复选框。

2. 选中标题行，单击鼠标右键，在弹出的菜单中选择"删除"选项以删除该行，效果如图5-74所示。

图5-73

图5-74

技巧149
先转换为普通区域再删除标题行

用户可以先将表格转换为普通区域，再按照删除普通行的办法删除标题行，具体操作步骤如下。

1．选中表格中的任意单元格，单击“表格工具-设计”选项卡“工具”组中的“转换为区域”选项，如图5-75所示。

2．此时将弹出如图5-76所示的提示对话框。单击“是”按钮，即可将该表格转换为普通区域。

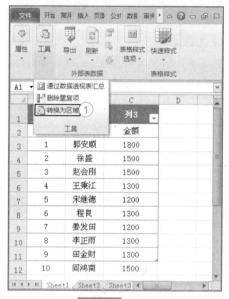

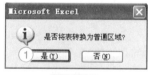

图5-75

图5-76

3．此时，可以看到标题行的下拉按钮消失了。选中该标题行，单击鼠标右键，在弹出的菜单中选择“删除”选项删除该行，效果如图5-77所示。

序号	姓名	金额
1	郭安顺	1800
2	徐盛	1500
3	赵会刚	1500
4	王秉江	1300
5	宋继德	1200
6	程良	1300
7	姜发田	1200
8	李正雨	1300
9	田金财	1300
10	阎鸿南	1500

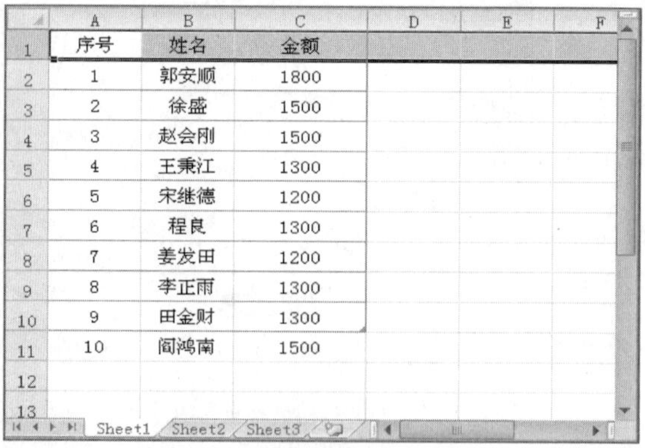

图5-77

技巧150
快速扩展已套用格式的表格

套用格式后的表格可以轻松扩展，进而向其中添加新的数据。快速扩展已套用格式表格的具体操作步骤如下。

1. 在表格的任意单元格上单击鼠标（除最后一行的最后一个单元格外），将鼠标放置在表格的右下角，光标会显示为如图5-78所示的形状。

2. 如果要向下扩展表格，可按住鼠标向下拖动到合适的位置释放，此时，添加的行会自动使用表格套用的格式，如图5-79所示。

图5-78

图5-79

技巧151
使用"大于"和"小于"条件格式

效果文件：FILES\05\技巧151.xlsx

在单元格条件格式的突出显示单元格规则中，可以设置将满足某一规则的单元格突出显示出来，如"大于"或"小于"，具体操作步骤如下。

1. 选中要设置条件格式的单元格区域，单击"开始"选项卡"样式"组中的"条件格式"下拉按钮，在展开的列表中依次单击"突出显示单元格规则"、"小于"选项，如图5-80所示。

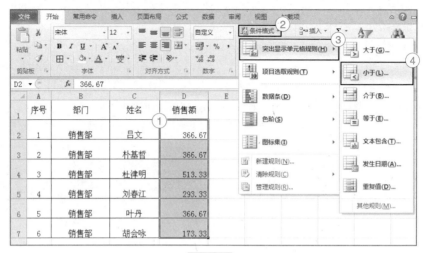

图5-80

2．在"小于"对话框"为小于以下值的单元格设置格式"文本框中输入作为特定值的数值，这里设置单元格值小于300，在右侧的"设置为"下拉列表中选择一种单元格样式，如图5-81所示。

图5-81

3．单击"确定"按钮，即可看到所选单元格区域中满足条件的单元格都显示为红色。

4．再次选中单元格区域，依次选择"条件格式"下拉列表中的"突出显示单元格规则"、"大于"选项，在"大于"对话框中按照上述第2步的方法进行设置，如图5-82所示。

图5-82

5．单击"确定"按钮，即可看到选中的单元格区域中满足条件的单元格都显示为绿色，如图5-83所示。

图5-83

📖 技巧152
使用"等于"条件格式

效果文件：FILES\05\技巧152.xlsx

使用等于条件格式可标记表格中与特定数值相等的单元格，操作步骤如下。

1. 选中要设置条件格式的单元格区域，单击"条件格式"下拉按钮，在展开的列表中依次选择"突出显示单元格规则"、"等于"选项，如图5-84所示。

2. 打开"等于"对话框，单击文本框右侧的选择按钮，在表格中选择要作为特定值的单元格，如图5-85所示。

图5-84

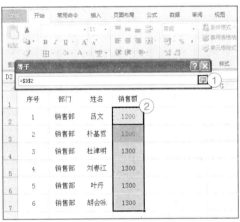

图5-85

3. 再次单击选择按钮返回"等于"对话框，在右侧的"设置为"下拉列表中选择"自定义格式"选项，如图5-86所示。

131

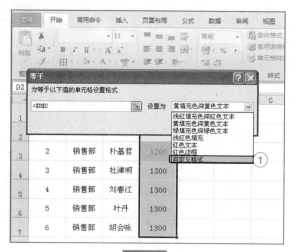

图5-86

4. 在"设置单元格格式"对话框中单击"字体"选项卡上的"颜色"下拉按钮，在弹出的色板中选择一种颜色，如图5-87所示。

图5-87

5. 选择"填充"选项卡，在"背景色"选项区中选择一种颜色，如图5-88所示。

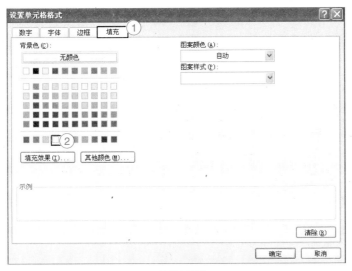

图5-88

6．单击"确定"按钮返回"等于"对话框。单击"确定"按钮，即可看到单元格区域中符合条件的单元格按照设置的格式标出，如图5-89所示。

图5-89

技巧153
使用"介于"条件格式

效果文件：FILES\05\技巧153.xlsx

使用"介于"条件格式，可以标出表格中某一数据范围内的所有单元格，具体操作步骤如下。

1．在工作表中选择要设置条件格式的单元格区域，单击"条件格式"下拉按钮，在展开的列表中依次选择"突出显示单元格规则"、"介于"选项，打开"介于"对话框，在两个文本框中输入要设置的数据范围，在右侧的"设置为"下拉列表中选择一种单元格样式，如图5-90所示。

2．单击"确定"按钮，即可看到工作表中处于这一数据范围的单元格被标出，如图5-91所示。

图5-90

图5-91

📖 技巧154
使用关键字设置单元格样式

效果文件：FILES\05\技巧154.xlsx

在Excel 2010中，可以使用关键字将某一数据区域中符合条件的单元格标出，也就是以某单元格内容为关键字，在表格中查找是否有包含该关键字的内容，具体操作步骤如下。

1．在工作表中选择要设置条件格式的单元格区域，单击"条件格式"下拉按钮，在展开的列表中依次选择"突出显示单元格规则"、"文本包含"选项，打开"文本中包含"对话框，在文本框中输入关键字，在右侧的"设置为"下拉列表中选择一种单元格样式，如图5-92所示。

2．单击"确定"按钮，选中的单元格区域中包含该关键字的单元格会被标出，如图5-93所示。

图5-92

图5-93

📖 技巧155
使用日期设置单元格样式

效果文件：FILES\05\技巧155.xlsx

工作表中存在日期格式的数据。要想快速标出符合条件的日期（假设当前日期为2012年6月10日），具体操作步骤如下。

1．选择要设置条件格式的单元格区域，单击"条件格式"下拉按钮，在展开的列表中依次选择"突出显示单元格规则"、"发生日期"选项，打开"发生日期"对话框，在左侧的下拉列表中选择要标记的日期，如"本月"，在右侧的"设置为"下拉列表中选择一种单元格样式，如图5-94所示。

2．单击"确定"按钮，则选中的单元格区域中日期在"本月"的单元格会以红色标出，如图5-95所示。

图5-94

	A	B	C	D	E
1	序号	部门	姓名	销售额	月份
2	1	销售部	吕文	1200	2012-4-1
3	2	销售部	朴基哲	1200	2012-5-1
4	3	销售部	杜津明	1300	2012-5-5
5	4	销售部	刘春江	1400	2012-6-1
6	5	销售部	叶丹	1500	2012-4-2
7	6	销售部	胡会咏	1300	2012-4-3

图5-95

> 提示
>
> 这里的日期以系统当前日期为准。

📖 技巧156
快速标记重复数据

效果文件：FILES\05\技巧156.xlsx

如果数据区域中包含重复的数据，可以使用条件格式将它们标出，具体操作步骤如下。

1．选择要设置条件格式的单元格区域，单击"条件格式"下拉按钮，在展开的列表中依次选择"突出显示单元格规则"、"重复值"选项，打开"重复值"对话框，在左侧的下拉列表中选择"重复"选项，在右侧的"设置为"下拉列表中选择一种单元格格式，如图5-96所示。

2．单击"确定"按钮，则选中的单元格区域中所有重复的数据都将以绿色标出，如图5-97所示。

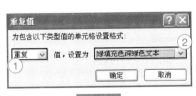

图5-96

	A	B	C	D	E
1	序号	部门	姓名	销售额	月份
2	1	销售部	吕文	1200	2012-4-1
3	2	销售部	朴基哲	1200	2012-5-1
4	3	销售部	杜津明	1300	2012-5-1
5	4	销售部	刘春江	1400	2012-6-1
6	5	销售部	叶丹	1500	2012-4-2
7	6	销售部	胡会咏	1300	2012-4-3

图5-97

技巧157
使用项目特定范围设置单元格样式

效果文件：FILES\05\技巧157.xlsx

如果要标记数据区域中处于特定范围的单元格，例如要标记值最大的项或值最小的项，可以使用条件格式进行设置，具体操作步骤如下。

1．选择要设置条件格式的单元格区域，单击"条件格式"下拉按钮，在展开的列表中依次选择"项目选取规则"、"值最大的10项"选项，如图5-98所示。

2．打开"10个最大的项"对话框，在左侧数值框中输入要显示的符合条件的单元格数目"10"，并在右侧的"设置为"下拉列表中选择一种单元格样式，如图5-99所示。

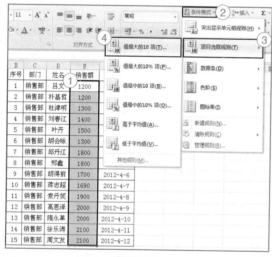

图5-98

图5-99

3．单击"确定"按钮，则在选中的单元格区域中会以黄色标出值最大的10个单元格，如图5-100所示。

4．再次选中单元格区域，单击"条件格式"下拉按钮，在展开的列表中依次选择"项目选取规则"、"值最小的10项"选项。

5．打开"10个最小的项"对话框，在左侧数值框中输入要显示的符合条件的单元格数目"4"，并在右侧的"设置为"下拉列表中选择一种单元格样式，如图5-101所示。

	B	C	D	E	F
1	序号	部门	姓名	销售额	月份
2	1	销售部	吕文	1200	2012-4-1
3	2	销售部	朴基哲	1200	2012-5-1
4	3	销售部	杜津明	1300	2012-5-5
5	4	销售部	刘春江	1400	2012-6-1
6	5	销售部	叶丹	1500	2012-4-2
7	6	销售部	胡会咏	1300	2012-4-3
8	7	销售部	邱丹江	1800	2012-4-4
9	8	销售部	郑鑫	1800	2012-4-5
10	9	销售部	胡得前	1700	2012-4-6
11	10	销售部	蒋志超	1690	2012-4-7
12	11	销售部	索丹妮	1900	2012-4-8
13	12	销售部	高恩泽	2000	2012-4-9
14	13	销售部	隋永革	2000	2012-4-10
15	14	销售部	徐乐涛	2100	2012-4-11
16	15	销售部	周文发	2100	2012-4-12

图5-100

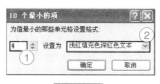

图5-101

6. 单击"确定"按钮，则选中的单元格区域中会以浅红色标出值最小的4项，如图5-102所示。

	B	C	D	E	F
1	序号	部门	姓名	销售额	月份
2	1	销售部	吕文	1200	2012-4-1
3	2	销售部	朴基哲	1200	2012-5-1
4	3	销售部	杜津明	1300	2012-5-5
5	4	销售部	刘春江	1400	2012-6-1
6	5	销售部	叶丹	1500	2012-4-2
7	6	销售部	胡会咏	1300	2012-4-3
8	7	销售部	邱丹江	1800	2012-4-4
9	8	销售部	郑鑫	1800	2012-4-5
10	9	销售部	胡得前	1700	2012-4-6
11	10	销售部	蒋志超	1690	2012-4-7
12	11	销售部	索丹妮	1900	2012-4-8
13	12	销售部	高恩泽	2000	2012-4-9
14	13	销售部	隋永革	2000	2012-4-10
15	14	销售部	徐乐涛	2100	2012-4-11
16	15	销售部	周文发	2100	2012-4-12

图5-102

📖 技巧158
使用项目百分比设置单元格样式

效果文件：FILES\05\技巧158.xlsx

表格中的某个数据区域包含百分比。要想标出符合条件的单元格，具体操作步骤如下。

1. 选中包含百分比的单元格区域，单击"条件格式"下拉按钮，在展开的列表中依次选择"项目选取规则"、"值最大的10%项"选项，打开"10%最大的值"对话框，在左侧的数值框中输入要标记的单元格比例，在右侧的"设置为"下拉列表中选择一种单元格样式，如图5-103所示。

2. 单击"确定"按钮，则选中的单元格区域中会以浅红色标出满足条件的单元格，如图5-104所示。

图5-103

	A	B	C	D	E	F
1	序号	部门	姓名	销售额	百分比	月份
2	1	销售部	吕文	1200	4.80%	2012-4-1
3	2	销售部	朴基哲	1200	4.80%	2012-5-1
4	3	销售部	杜津明	1300	5.20%	2012-5-5
5	4	销售部	刘春江	1400	5.60%	2012-6-1
6	5	销售部	叶丹	1500	6.00%	2012-4-2
7	6	销售部	胡会咏	1300	5.20%	2012-4-3
8	7	销售部	邱丹江	1800	7.20%	2012-4-4
9	8	销售部	郑鑫	1800	7.20%	2012-4-5
10	9	销售部	胡得前	1700	6.80%	2012-4-6
11	10	销售部	蒋志超	1690	6.76%	2012-4-7
12	11	销售部	索丹妮	1900	7.60%	2012-4-8
13	12	销售部	高恩泽	2000	8.00%	2012-4-9
14	13	销售部	隋永革	2000	8.00%	2012-4-10
15	14	销售部	徐乐涛	2100	8.40%	2012-4-11
16	15	销售部	周文发	2100	8.40%	2012-4-12

图5-104

技巧159
使用项目平均值设置单元格样式

效果文件：FILES\05\技巧159.xlsx

使用条件格式时，Excel 2010会自动判断符合条件的单元格，例如高于平均值的项目、低于平均值的项目等，并将它们标出。使用项目平均值设置单元格样式的具体操作步骤如下。

1．选中要设置条件格式的单元格区域，单击"条件格式"下拉按钮，在展开的列表中依次选择"项目选取规则"、"高于平均值"选项，打开"高于平均值"对话框，在"设置为"下拉列表中选择一种单元格样式，如图5-105所示。

2．单击"确定"按钮，即可自动查找单元格区域中高于平均值的单元格，并将它们以浅红色标出，如图5-106所示。

图5-105

	A	B	C	D	E	F
1	序号	部门	姓名	销售额	百分比	月份
2	1	销售部	吕文	1200	4.80%	2012-4-1
3	2	销售部	朴基哲	1200	4.80%	2012-5-1
4	3	销售部	杜津明	1300	5.20%	2012-5-5
5	4	销售部	刘春江	1400	5.60%	2012-6-1
6	5	销售部	叶丹	1500	6.00%	2012-4-2
7	6	销售部	胡会咏	1300	5.20%	2012-4-3
8	7	销售部	邱丹江	1800	7.20%	2012-4-4
9	8	销售部	郑鑫	1800	7.20%	2012-4-5
10	9	销售部	胡得前	1700	6.80%	2012-4-6
11	10	销售部	蒋志超	1690	6.76%	2012-4-7
12	11	销售部	索丹妮	1900	7.60%	2012-4-8
13	12	销售部	高恩泽	2000	8.00%	2012-4-9
14	13	销售部	隋永革	2000	8.00%	2012-4-10
15	14	销售部	徐乐涛	2100	8.40%	2012-4-11
16	15	销售部	周文发	2100	8.40%	2012-4-12

图5-106

技巧160
使用数据条显示数据

效果文件：FILES\05\技巧160.xlsx

数据条可以帮助用户了解选中单元格区域中数据的大小。数据条的长度代表单元格中数值的大小，在默认状态下，"数据条"条件格式会将选中单元格区域中的最大值显示为最长的柱线，将最小值显示为最短的柱线。使用数据条显示数据大小的具体操作步骤如下。

选中要设置条件格式的单元格区域，单击"条件格式"下拉按钮，在展开的列表中选择"数据条"选项，然后在"渐变填充"选项区选择一种填充方式，如图5-107所示。此时即可看到选中的单元格区域根据数据的大小填充了不同长度的柱线，其中值最大的单元格的柱线最长，第二大的其次，以此类推，如图5-108所示。

图5-107　　　　　　　　　　　　　　图5-108

技巧161
使用三色刻度显示数据

效果文件：FILES\05\技巧161.xlsx

在Excel 2010中，可以利用三色刻度以多种颜色的深浅程度来标记符合条件的单元格，利用颜色的深浅表示数据值的大小，从而直观地对标记单元格中的数据进行对比。

使用三色刻度来显示数据的具体操作步骤如下。

1. 选中要设置条件格式的单元格区域，单击"条件格式"下拉按钮，在展开的列表中依次选择"色阶"、"其他规则"选项，如图5-109所示。

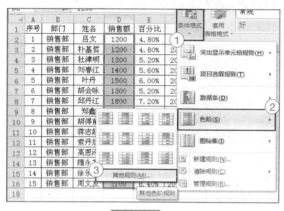

图5-109

2. 在"新建格式规则"对话框的"选择规则类型"列表框中选择"基于各自值设置所有单元格的格式"选项，在"格式样式"下拉列表中选择"三色刻度"选项，在"颜色"下拉列表中分别设置"最小值"、"中间值"和"最大值"所对应的颜色，如图5-110所示。

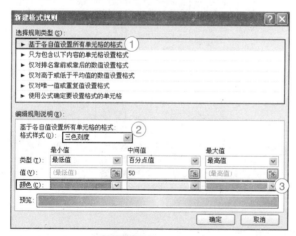

图5-110

3. 单击"确定"按钮，则选中单元格区域中的最大值、中间值和最小值会分别以所设置的颜色标出，如图5-111所示。

	A	B	C	D	E	F
1	序号	部门	姓名	销售额	百分比	月份
2	1	销售部	吕文	1200	4.80%	2012-4-1
3	2	销售部	朴基哲	1200	4.80%	2012-5-1
4	3	销售部	杜津明	1300	5.20%	2012-5-5
5	4	销售部	刘春江	1400	5.60%	2012-6-1
6	5	销售部	叶丹	1500	6.00%	2012-4-2
7	6	销售部	胡会咏	1300	5.20%	2012-4-3
8	7	销售部	邱丹江	1800	7.20%	2012-4-4
9	8	销售部	郑鑫	1800	7.20%	2012-4-5
10	9	销售部	胡得前	1700	6.80%	2012-4-6
11	10	销售部	蒋志超	1690	6.76%	2012-4-7
12	11	销售部	索丹妮	1900	7.60%	2012-4-8
13	12	销售部	高恩泽	2000	8.00%	2012-4-9
14	13	销售部	隋永革	2000	8.00%	2012-4-10
15	14	销售部	徐乐涛	2100	8.40%	2012-4-11
16	15	销售部	周文发	2100	8.40%	2012-4-12

图5-111

技巧162

使用图标集标注单元格数据

效果文件：FILES\05\技巧162.xlsx

在Excel 2010中，使用图标集可以为数据添加注释。默认情况下，系统将根据单元格区域的数值分布情况自动应用图标，每一个图标代表一个值的范围。

使用图标集标注单元格数据的具体操作方法如下。

方法1：使用自动图标集

选择要标记的单元格区域，在"条件格式"下拉列表中单击"图标集"选项，在弹出的图标集中选择一种图标样式，如图5-112所示。此时，Excel 2010会根据自动判断规则为每个选中的单元格分配图标。

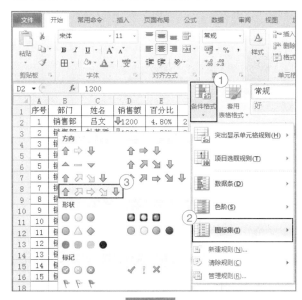

图5-112

141

方法2：手动设置图标集规则

直接选择一种图标集，虽然可以轻松地标记不同范围的值，但有时不一定能满足实际需要。用户可以手动设置规则来标记满足条件的数据。

1. 选中要设置条件格式的单元格区域，在"条件格式"下拉列表中依次单击"图标集"、"其他规则"选项，打开"新建格式规则"对话框，在"图标样式"下拉列表中选择一种图标集，在"类型"下拉列表中选择"数字"选项，在其左侧的"值"文本框中设置数值处在不同范围时的标记，如图5-113所示。

图5-113

2. 单击"确定"按钮，将根据设置的规则显示标记，如图5-114所示。

	A	B	C	D	E	F
1	序号	部门	姓名	销售额	百分比	月份
2	1	销售部	吕文	1200	4.80%	2012-4-1
3	2	销售部	朴基哲	1200	4.80%	2012-5-1
4	3	销售部	杜津明	1300	5.20%	2012-5-5
5	4	销售部	刘春江	1400	5.60%	2012-6-1
6	5	销售部	叶丹	1500	6.00%	2012-4-2
7	6	销售部	胡会咏	1300	5.20%	2012-4-3
8	7	销售部	邱丹江	1800	7.20%	2012-4-4
9	8	销售部	郑鑫	1800	7.20%	2012-4-5
10	9	销售部	胡得前	1700	6.80%	2012-4-6
11	10	销售部	蒋志超	1690	6.76%	2012-4-7
12	11	销售部	索丹妮	1900	7.60%	2012-4-8
13	12	销售部	高恩泽	2000	8.00%	2012-4-9
14	13	销售部	隋永革	2000	8.00%	2012-4-10
15	14	销售部	徐乐涛	2100	8.40%	2012-4-11
16	15	销售部	周文发	2100	8.40%	2012-4-12

图5-114

技巧163
单元格隔行着色巧设置

效果文件：FILES\05\技巧163.xlsx

在Excel 2010中浏览一个大数据量的工作表时，有时会发生看错行的现象。如果能隔行填充颜色，就可以在一定程度上避免这种问题。通过设置逻辑公式可以指定格式设置条件，为单元格隔行填充颜色，具体操作步骤如下。

1．选择要设置隔行着色的数据区域，单击"开始"选项卡"样式"组中的"条件格式"下拉按钮，在展开的列表中选择"新建规则"选项，如图5-115所示。

2．打开"新建格式规则"对话框，在"选择规则类型"列表框中选择"使用公式确定要设置格式的单元格"选项，并在"为符合此公式的值设置格式"文本框中输入公式"=MOD(ROW(), 2)=0"，如图5-116所示。

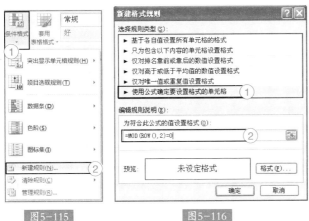

图5-115　　　　　图5-116

3．单击对话框下方的"格式"按钮，即可打开"设置单元格格式"对话框。选择"填充"选项卡，在"背景色"选项区中选择一种颜色，如图5-117所示。

图5-117

143

4. 依次单击"确定"按钮，关闭所有对话框，即可看到数据区域的隔行着色效果，如图5-118所示。

	A	B	C	D	E	F
1	序号	部门	姓名	销售额	百分比	月份
2	1	销售部	吕文	1200	4.80%	2012-4-1
3	2	销售部	朴基哲	1200	4.80%	2012-5-1
4	3	销售部	杜津明	1300	5.20%	2012-5-5
5	4	销售部	刘春江	1400	5.60%	2012-6-1
6	5	销售部	叶丹	1500	6.00%	2012-4-2
7	6	销售部	胡会咏	1300	5.20%	2012-4-3
8	7	销售部	邱丹江	1800	7.20%	2012-4-4
9	8	销售部	郑鑫	1800	7.20%	2012-4-5
10	9	销售部	胡得前	1700	6.80%	2012-4-6
11	10	销售部	蒋志超	1690	6.76%	2012-4-7
12	11	销售部	索丹妮	1900	7.60%	2012-4-8
13	12	销售部	高恩泽	2000	8.00%	2012-4-9
14	13	销售部	隋永革	2000	8.00%	2012-4-10
15	14	销售部	徐乐涛	2100	8.40%	2012-4-11
16	15	销售部	周文发	2100	8.40%	2012-4-12

图5-118

技巧164
保持单元格的隔行着色效果

效果文件：FILES\05\技巧164.xlsx

对数据区域执行某些操作，如筛选操作时，隔行着色效果就会出现错误。如果要在任何情况下都保持数据区域的隔行着色效果，可以通过下面的操作实现。

1. 选择要设置隔行着色效果的数据区域，在"开始"选项卡"样式"组的"条件格式"下拉列表中选择"管理规则"选项，打开"条件格式规则管理器"对话框，如图5-119所示。

图5-119

2. 单击"新建规则"按钮，打开"新建格式规则"对话框，在"选择规则类型"列表框中选择"使用公式确定要设置格式的单元格"选项，在"为符合此公式的值设置格式"文本框中输入公式"=MOD(SUBTOTAL(3, B$2:B2), 2)=1"，如图5-120所示。

图5-120

3．单击"确定"按钮，在"设置单元格格式"对话框中选择一种填充颜色。单击"确定"按钮，返回"条件格式规则管理器"对话框，即可看到刚才设置的内容，如图5-121所示。

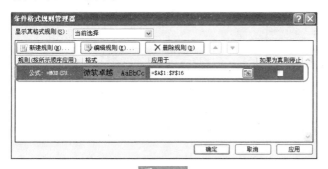

图5-121

4．单击"确定"按钮，数据区域的显示效果如图5-122所示。

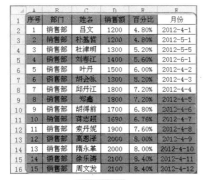

图5-122

技巧165
设置表格的立体效果

效果文件：FILES\05\技巧165.xlsx

如果想制作具有立体效果的表格，可以使用单元格条件格式中的"公式"条件实现，具体操作步骤如下。

1. 选择要设置立体效果的数据区域，在"条件格式"下拉列表中单击"新建规则"选项，打开"新建格式规则"对话框，在"选择规则类型"列表框中选择"使用公式确定要设置格式的单元格"选项，在"为符合此公式的值设置格式"文本框中输入公式 "=OR(AND(MOD(ROW(), 2)=0, MOD(COLUMN(), 2)=1), AND(MOD(ROW(), 2)=1, MOD(COLUMN(), 2)=0))"，如图5−123所示。

2. 单击"格式"按钮，打开"设置单元格格式"对话框，切换至"边框"选项卡，在"颜色"下拉列表中选择一种边框颜色，在"预置"选项区单击"外边框"按钮，如图5−124所示。

图5−123

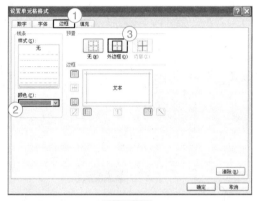

图5−124

3. 选择"填充"选项卡，在"背景色"选项区选择一种颜色作为单元格的背景色，如图5−125所示。依次单击"确定"按钮关闭所有对话框，将设置的样式应用到数据区域，效果如图5−126所示。

图5−125

	A	B	C	D
1	第一季度销售情况			
2	产品名	一月份销售额	二月份销售额	三月份销售额
3	手机	￥40,000.00	￥50,000.00	￥70,000.00
4	电脑	￥45,000.00	￥30,000.00	￥60,000.00
5	相机	￥60,000.00	￥80,000.00	￥90,000.00

图5−126

技巧166

快速标识所有错误值

效果文件：FILES\05\技巧166.xlsx

在一个工作表中，如果某单元格中的数据引用自另一工作表或通过公式计算得到，那么，当原始工作表中的数据发生变化或公式中的某一条件缺少时，会导致该单元格数据不可用，显示错误值标识，如图5-127所示。

	A	B	C	D	E	F
1	姓名	基本工资	医保	社保	失业	应领工资
2	郭安顺	2100	37.22	104	13	#REF!
3	徐盛	1500	37.22			#REF!
4	赵会刚	1500	37.22	104	13	#REF!
5	王秉江	1300	37.22	104	13	#REF!
6	宋继德	1200	37.22	104	13	#REF!
7	程良	1300	37.22	104	13	#REF!

图5-127

快速标识工作表中所有错误值的具体操作步骤如下。

1. 选中错误值所在的单元格区域，单击"条件格式"下拉列表中的"新建规则"选项，打开"新建格式规则"对话框。在"选择规则类型"列表框中选择"只为包含以下内容的单元格设置格式"选项，在"只为满足以下条件的单元格设置格式"选项区的第一个下拉列表中选择"错误"选项，如图5-128所示。

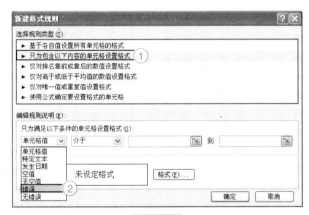

图5-128

2. 单击"格式"按钮，打开"设置单元格格式"对话框，在"填充"选项卡中选择一种颜色，如图5-129所示。依次单击"确定"按钮，关闭所有对话框，即可看到相应单元格区域中的错误值都被标出，如图5-130所示。

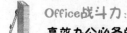

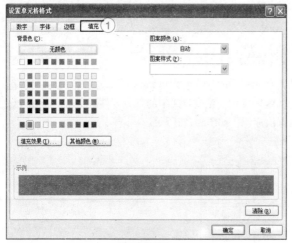

图5-129

	A	B	C	D	E	F
1	姓名	基本工资	医保	社保	失业	应领工资
2	郭安顺	2100	37.22	104	13	#REF!
3	徐盛	1500	37.22			#REF!
4	赵会刚	1500	37.22	104	13	#REF!
5	王秉江	1300	37.22	104	13	#REF!
6	宋继德	1200	37.22	104	13	#REF!
7	程良	1300	37.22	104	13	#REF!

图5-130

📖 技巧167
标记目标值

> 效果文件：FILES\05\技巧167.xlsx

使用条件格式还可以查找目标数据，具体操作步骤如下。

1. 在单元格区域下方添加"目标值"行，选中单元格区域后单击"条件格式"下拉列表中的"新建规则"选项，打开"新建格式规则"对话框，在"选择规则类型"列表框中选择"使用公式确定要设置格式的单元格"选项，在"为符合此公式的值设置格式"文本框中输入公式"=MATCH(B3, $B$7:$D$7, 0)"。单击"格式"按钮，打开"设置单元格格式"对话框，在"填充"选项卡的"背景色"选项区选择一种颜色，如图5-131所示。

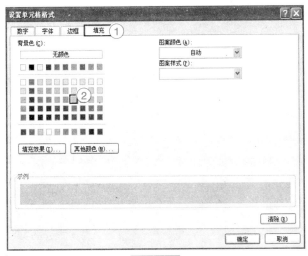

图5-131

2. 单击"确定"按钮，返回"编辑格式规划"对话框，如图5-132所示。

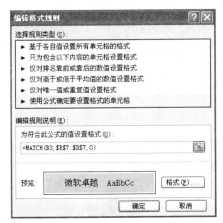

图5-132

3. 单击"确定"按钮，即可看到数据区域中标出了所有满足条件的单元格，如图5-133所示。

	A	B	C	D
1	第一季度销售情况			
2	产品名	一月份销售额	二月份销售额	三月份销售额
3	手机	40000	50000	70000
4	电脑	45000	30000	60000
5	相机	60000	80000	90000
6				
7	目标值	45000	30000	60000

图5-133

第6章 图形和图表的应用技巧

在Excel 2010中，图形和图表的突出功能是使数据更形象。

Excel 2010 "插入" 选项卡的 "插图" 组提供了多种图形和图表，单击相应选项，即可在工作表中插入需要的图形或图表。图形和图表不仅可以使表格数据更形象，还可以展示统计信息的属性（时间属性、数量属性等），特别是图表功能，可以将抽象而枯燥的数据直观地表示出来，清楚地表现各种数据的走向、趋势以及数据间的差异，方便对数据进行分析和处理。

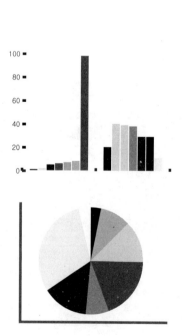

技巧168

在工作表中快速创建图形

效果文件：FILES\06\技巧168.xlsx

Excel 2010提供了多种形状供用户选择，如线条、矩形、基本形状、箭头总汇、公式形状、流程图、星与旗帜和标注等，使用它们可以制作一些简单的流程图。

在工作表中创建图形的方法非常简单，具体如下。

1. 选中要插入图形的工作表，在功能区中选择"插入"选项卡，单击"插图"组中的"形状"按钮，在展开的列表中选择要插入的图形，如图6-1所示。

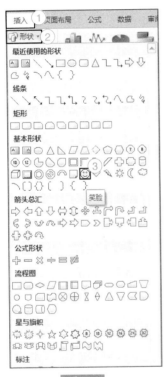

图6-1

2. 单击该图形按钮，即可在工作表中插入相应的图形，如图6-2所示。

3. 在图形中单击并拖曳鼠标，直至达到合适的大小后松开鼠标，效果如图6-3所示。

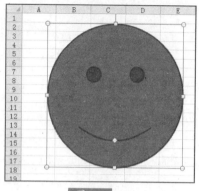

图6-2

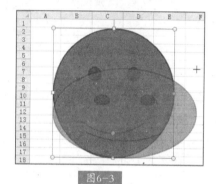

图6-3

💜 技巧169
快速设置图形样式

> 效果文件：FILES\06\技巧169.xlsx

在工作表中创建图形后，可以根据需要为图形设置样式，如设置轮廓颜色、填充颜色、阴影或三维效果等，具体操作步骤如下。

1. 在工作表中创建图形后选中图形，功能区会自动激活"绘图工具-格式"选项卡，如图6-4所示。

图6-4

2. 单击"形状填充"下拉按钮，选择"主题"区域的"水绿色，强调文字颜色5，淡色60%"选项，然后依次选择"渐变"、"变体-线性向左"选项，如图6-5所示，以实现渐变效果。

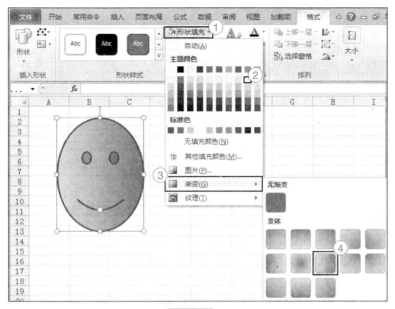

图6-5

3. 单击"形状轮廓"下拉按钮，选择"主题颜色"区域的"黑色，文字1"选项，如图6-6所示。

图6-6

4. 单击"形状效果"按钮，依次选择"发光"、"发光变体–强调文字颜色1，11pt发光"选项，如图6-7所示。

操作完成后，图形显示效果如图6-8所示。

153

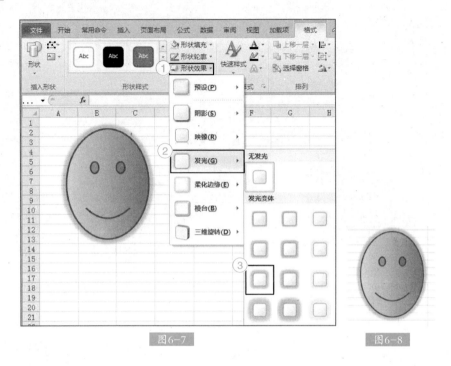

图6-7

图6-8

技巧170

自定义图形格式

效果文件：FILES\06\技巧170.xlsx

要想让创建的图形更加醒目，可以在"设置形状格式"对话框中自定义图形提示，例如设置图形的阴影、三维效果等，具体操作步骤如下。

1. 在工作表中创建图形后，在图形上单击鼠标右键，从弹出的菜单中选择"设置形状格式"选项，如图6-9所示。

图6-9

2．此时将弹出"设置形状格式"对话框。选择"阴影"选项卡，在右侧的"预设"下拉列表中选择"内部-内部左下角"选项，如图6-10所示，设置完成后单击"关闭"按钮。

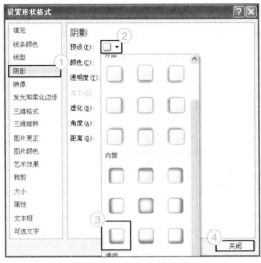

图6-10

3．右键单击插入的图形，在弹出的菜单中选择"设置形状格式"选项，将弹出"设置形状格式"对话框。选择"三维格式"选项卡，在右侧"棱台"选项区的"顶端"下拉列表中选择"棱台-圆"选项，如图6-11所示，设置完成后单击"关闭"按钮。

图6-11

4. 右键单击插入的图形,在弹出的菜单中选择"设置形状格式"选项,将弹出"设置形状格式"对话框。选择"三维旋转"选项卡,在右侧的"预设"下拉列表中选择"透视–适度宽松透视"选项,如图6-12所示,设置完成后单击"关闭"按钮,图形显示效果如图6-13所示。

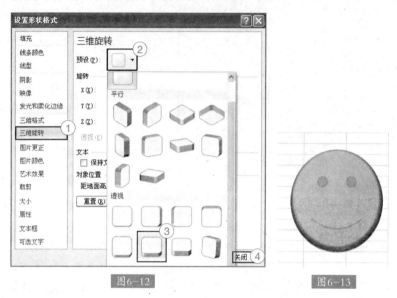

图6–12　　　　　　　　　　　　　　　　　　图6–13

📖 技巧171
调整图形位置

> 效果文件:FILES\06\技巧171.xlsx

如果在工作表中创建了多个图形,还可以根据要得到的效果调整图形的位置,例如顶端对齐、底端对齐、左对齐、右对齐等,具体操作步骤如下。

1. 在工作表中创建图形后,在按下【Ctrl】键的同时依次选中各个图形。双击选中的图形,切换到"绘图工具–格式"选项卡,依次选择"排列"组中的"对齐"、"垂直居中"选项,如图6-14所示。

2. 选择完成后,图形排列如图6-15所示。

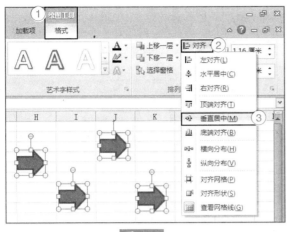

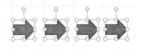

图6-14

图6-15

3. 在箭头图形的上方创建一个长方形图形。在长方形图形上单击鼠标右键，从弹出的菜单中依次选择"置于底层"、"置于底层"选项，如图6-16所示。

将长方形图形置于所有图形底层的效果如图6-17所示。

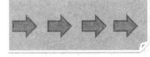

图6-16

图6-17

技巧172
组合多个图形

效果文件：FILES\06\技巧172.xlsx

如果在工作表中创建了多个图形对象，且希望保持它们的位置和大小相对固定，也就是说，可以同时移动这些图形并调整它们的大小。这时，可以将它们组合在一起，成为一个图形。

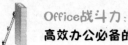

　　具体设置方法为：在按下【Ctrl】键的同时选中要组合的所有图形，依次单击"绘图工具-格式"选项卡"排列"组中的"组合"、"组合"选项，如图6-18所示。此时，选中的图形将组合成一个图形，如图6-19所示。

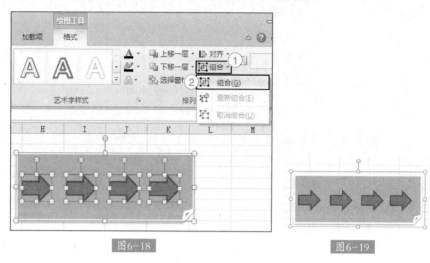

图6-18　　　　　　　　　　　　　　图6-19

技巧173

拆分组合图形

　　对于组合对象，也可以拆分开来，重新进行定位或取舍。

　　如果要拆分组合图形，可以选中该图形，然后单击"绘图工具-格式"选项卡"排列"组中的"组合"下拉按钮，在展开的列表中单击"取消组合"选项，如图6-20所示。此时，组合图形已经被拆分为一个个独立的图形，如图6-21所示。

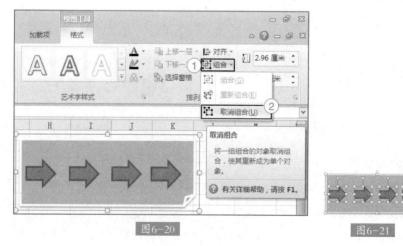

图6-20　　　　　　　　　　　　　　图6-21

通过在组合图形上单击鼠标右键，从弹出的菜单中依次选择"组合"、"取消组合"选项，也可以拆分组合图形，如图6-22所示。

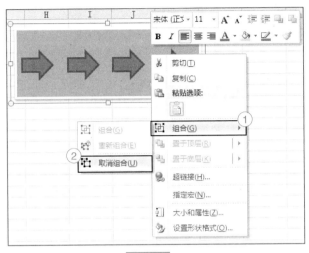

图6-22

📖 技巧174

创建SmartArt图形

SmartArt图形是信息和观点的视觉表示形式，通过它可以快速、有效地传达信息。Excel 2010提供的SmartArt图形样式包括列表、流程、循环、层次结构、关系、矩阵和棱锥图等，用户可根据需要在工作表中创建SmartArt图形。

创建SmartArt图形的方法如下。

1．在工作表中选择任意单元格，然后单击"插入"选项卡"插图"组中的"SmartArt"按钮，如图6-23所示。

图6-23

2．在"选择SmartArt图形"对话框的左侧列表中选择需要的图形类型，如"列表"，在中间的列表框中选择要创建的SmartArt图形样式，如图6-24所示。

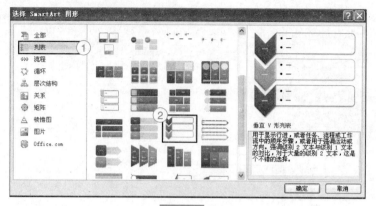

图6-24

3. 单击"确定"按钮，即可在工作表中插入SmartArt图形，如图6-25所示。

图6-25

> 提示
>
> 不同类型的SmartArt图形的功能也不相同，具体说明如表6-1所示。

表6-1

组成类型	功能说明
全部	SmartArt图形可用的所有布局都会显示在"全部"类型中
列表	如果想使项目符号文字更加醒目，轻松地将文字转换为可以着色、设定尺寸以及使用视觉效果或动画强调的形状，可以使用"列表"类型中的布局，通过强调其重要性的各种颜色的形状使显示的要点更直观、更具影响力。"列表"布局对不遵循分步或有序流程的信息进行分组。与"流程"布局不同，"列表"布局通常不包含箭头或方向流
流程	"流程"类型中的布局通常包含一个方向流，用来对流程或工作流中的步骤或阶段进行解释。例如，完成某项任务的有序步骤，开发某个产品的一般阶段、时间线或计划。如果希望展示如何按部就班地完成步骤或经过若干阶段来产生某一结果，可以使用"流程"布局。"流程"布局可用来展示垂直步骤、水平步骤或蛇形组合中的流程

组成类型	功能说明
循环	"循环"类型中的布局通常用来对循环流程或重复性流程进行解释。可以使用"循环"布局展示产品或动物的生命周期、教学周期、重复性或正在进行的流程（例如网站的连续编写和发布周期）或者某个员工的年度目标和业绩审查周期
层次结构	"层次结构"类型中最常用的布局就是公司组织结构图。"层次结构"布局还可用于展示决策树或产品系列
关系	"关系"类型中的布局用于展示各部分之间非渐进的非层次关系，通常用于说明两组或更多组事物之间的概念关系或联系。"关系"布局的典型实示例是维恩图、目标布局和射线布局。维恩图用于展示区域或概念如何重叠以及如何集中在一个中心交点处；目标布局用于展示包含关系；射线布局用于展示与中心核心或概念之间的关系
矩阵	"矩阵"类型中的布局通常用于对信息进行分类。而且，这些布局是二维布局，用于显示各部分与整体或与中心概念之间的关系。如果要展示4个或更少的要点以及大量的文字，"矩阵"布局是一个不错的选择
棱锥图	"棱锥图"类型中的布局通常为向上发展的比例关系或层次关系，适合表现需要自上而下或自下而上展示的信息

📖 技巧175

设置SmartArt图形

效果文件：FILES\06\技巧175.xlsx

在工作表中插入的SmartArt图形是可以编辑的，如设置其形状、艺术字样式、排列和大小等，具体操作步骤如下。

1. 单击垂直曲形列表中的第一个文本框，插入光标，输入文本"艺术类"，如图6-26所示。按照同样的方法，在其他两个文本框中分别输入文本"电子商务"和"机电一体化"，效果如图6-27所示。

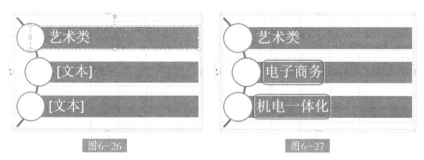

图6-26　　　　　　　　　　图6-27

2. 选中该SmartArt图形，单击"SmartArt工具-设计"选项卡"SmartArt样式"组中的"SmartArt图形的总体外观样式"下拉按钮，在展开的列表中选择一种样式，如图6-28所示。

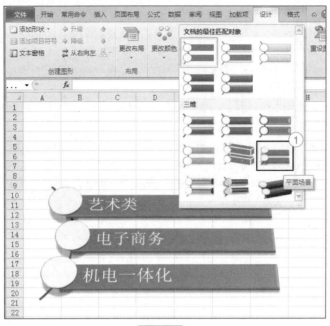

图6-28

3．应用选择的外观样式后，单击"SmartArt样式"组中的"更改颜色"按钮，在展开的列表中选择一种颜色，如图6-29所示。

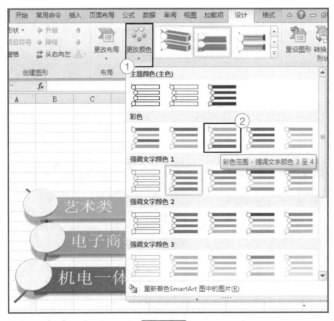

图6-29

4．要想在该SmartArt图形中再添加一个形状，可选中SmartArt图形，单击鼠标右键，在弹出的菜单中依次选择"添加形状"、"在后面添加形状"选项，如图6-30所示。按照上述方法在该形状的"文本"位置输入文本"语言文学类"，效果如图6-31所示。

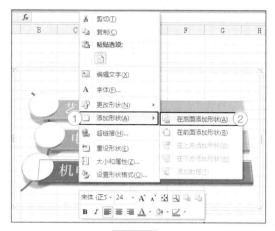

图6-30

图6-31

💿 技巧176

给表格"拍照片"

> 效果文件：FILES\06\技巧176.xlsx

在使用Excel 2010时，如果需要在一个页面中同步显示另一个页面的内容，可以使用"照相机"功能。该功能不仅可以同步显示表格中的数据，而且连编排的格式也可以同时反映出来——只需要先把要使用的内容通过这个功能"照"下来，再粘贴到需要的地方即可，具体操作步骤如下。

1．将"照相机"功能放到快速访问工具栏上。打开"Excel选项"对话框，在左侧列表中选择"快速访问工具栏"选项，在"从下列位置选择命令"下拉列表中选择"所有命令"选项，在下方的列表中选择"照相机"选项，单击"添加"按钮，将其添加到右侧的列表框中，如图6-32所示。

图6-32

2. 单击"确定"按钮，即可看到快速访问工具栏中添加的"照相机"按钮。选中要"拍照"的数据区域，单击"照相机"按钮，如图6-33所示。

图6-33

3．打开要粘贴数据的工作表并拖动鼠标，即可将“照”下来的数据以“图片”的形式粘贴到该工作表中，如图6-34所示。

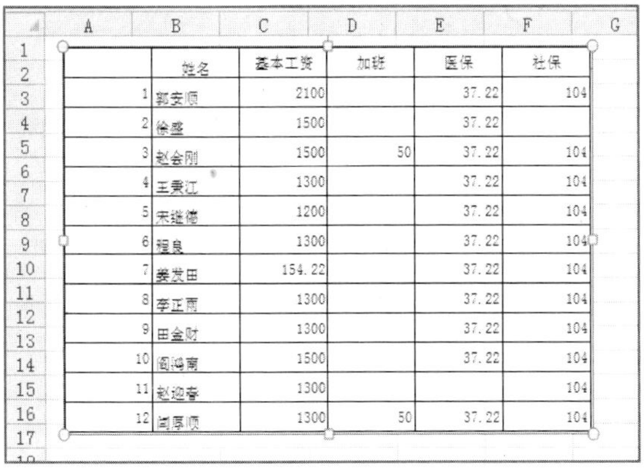

	姓名	基本工资	加班	医保	社保
1	郭安顺	2100		37.22	104
2	徐盛	1500		37.22	
3	赵会刚	1500	50	37.22	104
4	王秉江	1300		37.22	104
5	宋继德	1200		37.22	104
6	程良	1300		37.22	104
7	姜发田	154.22		37.22	104
8	李正雨	1300		37.22	104
9	田金财	1300		37.22	104
10	阎鸿南	1500		37.22	104
11	赵迎春	1300			104
12	闫厚顺	1300	50	37.22	104

图6-34

4．如果更改了原表格中的内容，则粘贴到另一个工作表中的“图片”上的数据也会随之更改。如图6-35所示，将单元格A1中的内容更改为“序号”，则所对应“图片”中的内容也会自动更改，效果如图6-36所示。

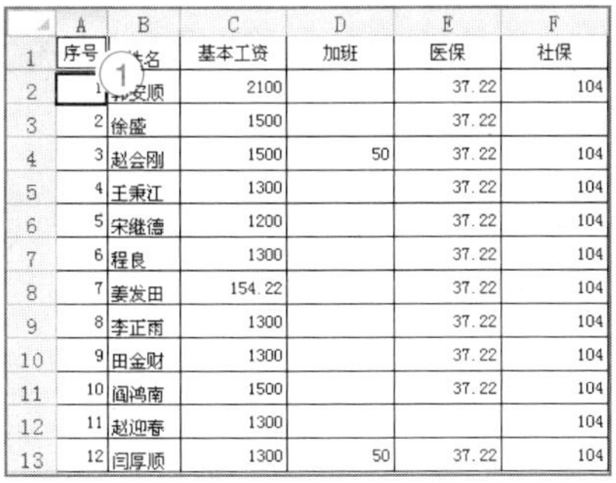

序号	姓名	基本工资	加班	医保	社保
1	郭安顺	2100		37.22	104
2	徐盛	1500		37.22	
3	赵会刚	1500	50	37.22	104
4	王秉江	1300		37.22	104
5	宋继德	1200		37.22	104
6	程良	1300		37.22	104
7	姜发田	154.22		37.22	104
8	李正雨	1300		37.22	104
9	田金财	1300		37.22	104
10	阎鸿南	1500		37.22	104
11	赵迎春	1300			104
12	闫厚顺	1300	50	37.22	104

图6-35

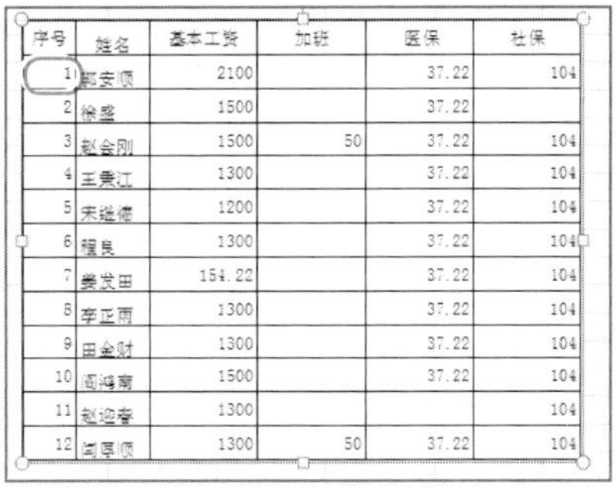

序号	姓名	基本工资	加班	医保	社保
1	郭安顺	2100		37.22	104
2	徐盛	1500		37.22	
3	赵会刚	1500	50	37.22	104
4	王秉江	1300		37.22	104
5	宋继德	1200		37.22	104
6	程良	1300		37.22	104
7	姜发田	154.22		37.22	104
8	李正雨	1300		37.22	104
9	田金财	1300		37.22	104
10	阎鸿南	1500		37.22	104
11	赵迎春	1300			104
12	闫厚顺	1300	50	37.22	104

图6-36

技巧177

快速创建图表

效果文件：FILES\06\技巧177.xlsx

在Excel 2010中，图表包括柱形图、折线图、饼图、条形图、面积图、散点图和其他图表等。每种类型的图表都有各自的特点。在工作表中输入数据后，可以使用图表展示数据的特征，但首先要根据数据的特点向工作表中插入相应类型的图表。

快速创建图表的具体操作方法为：选择创建图表所需数据的单元格区域，依次单击“插入”选项卡“图表”组中的“柱形图”、“二维柱形图-簇状柱形图”选项，如图6-37所示。此时，工作表中便插入了选择的柱形图，如图6-38所示。

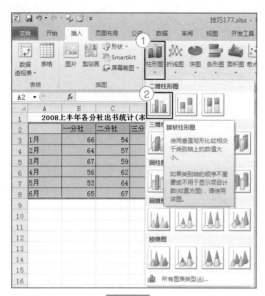

图6-37

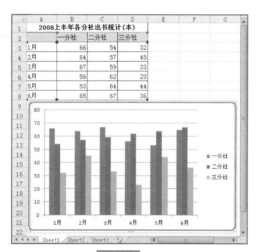

图6-38

> **提示**
>
> 　　选择单元格区域时不要选择标题行,如本技巧中的第一行"2008年上半年
> 各分社出书统计(本)",否则图表将出现错误。

📖 技巧178
为不连续的数据区域创建图表

效果文件：FILES\06\技巧178.xlsx

在Excel 2010中，可以为连续的数据区域创建图表，也可以为不连续的数据区域创建图表，以达到对两组或三组数据进行比较的目的。

按住【Ctrl】键选中不连续的数据区域，如单元格区域A2:B8和单元格区域D2:D8，依次单击"插入"选项卡"图表"组中的"柱形图"、"三维柱形图–三维簇状柱形图"选项，如图6–39所示。此时，工作表汇总创建了不包含"二分社"列的图表，如图6–40所示。

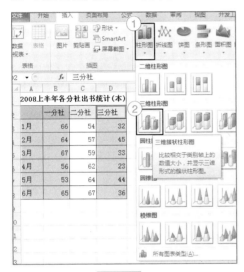

图6–39

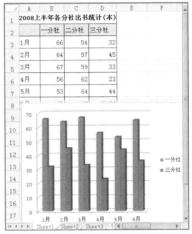

图6–40

📖 技巧179
更改现有图表类型

效果文件：FILES\06\技巧179.xlsx

在建立图表后，如果感觉图表类型不利于展示数据，可快速更改其类型，具体操作方法如下。

1. 打开已经创建的图表，依次单击"插入"选项卡"图表"组中的"折线图"、"二维折线图–折线图"选项，如图6–41所示。

2. 选择新的图表类型后，原来的图表将被替换，如图6–42所示。

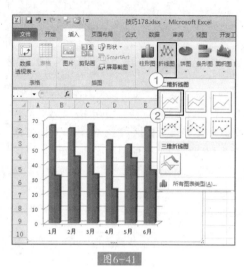

图6-41

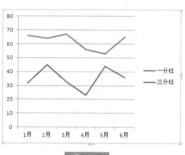

图6-42

> **提示**
>
> 　更改图表类型的方法很多：可以在选择图表后单击鼠标右键，在弹出的菜单中选择"更改图表类型"选项；可以切换到"图表工具-设计"选项卡，在"类型"组中单击"更改图表类型"选项，在弹出的"更改图表类型"对话框中选择需要更改的图表类型。

技巧180

套用现有图表类型

> 效果文件：FILES\06\技巧180.xlsx

还有一种方法可以更改原始图表的类型，具体如下。

1．选择要套用的图表类型，先要复制套用图表类型的格式。打开已有图表，选择创建好的柱形图，然后切换到"开始"选项卡，在"剪贴板"组中单击"复制"下拉按钮，在展开的列表中选择"复制"选项，如图6-43所示。

2．打开要套用图表类型的工作表，选择已有的折线图，然后依次选择"开始"选项卡"剪贴板"组中的"粘贴"、"选择性粘贴"选项，如图6-44所示。

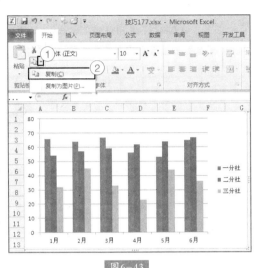

图6-43

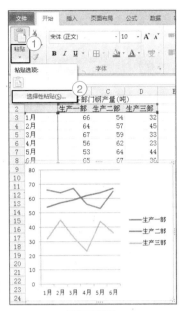

图6-44

3. 在弹出的"选择性粘贴"对话框中选中"格式"按钮，如图6-45所示。

4. 单击"确定"按钮，选中的折线图就套用了柱形图的格式，如图6-46所示。

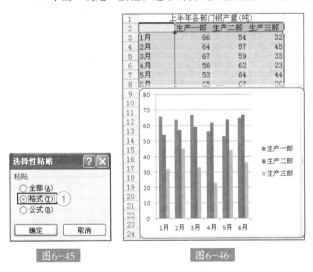

图6-45

图6-46

> **提示**
>
> 　　选择已有柱形图时，要单击柱形图的边缘区域，不能单击内部区域，否则选择的可能是某个区域而不是整个柱形图。
>
> 　　如果套用的图表类型在功能区中存在，也可以直接切换到"插入"选项卡，在"图表"组中进行选择，如选择"柱形图–三维柱形图"选项。这种操作方式比套用图表类型更方便。

📖 技巧181
添加数据到图表中

> 效果文件：FILES\06\技巧181.xlsx

　　如果在表格中输入了新的数据，要将其添加到已经创建的图表中，可按照下面的方法操作。

　　1. 打开要编辑的工作表，选中图表，单击"图表工具–设计"选项卡"数据"组中的"选择数据"按钮，如图6-47所示。

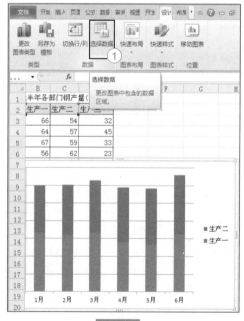

图6-47

　　2. 在弹出的"选择数据源"对话框中单击"图例项（系列）"选项区的"添加"按钮，如图6-48所示。

图6-48

3. 此时将弹出"编辑数据系列"对话框。首先在"系列名称"文本框中输入要添加的数据单元格所在列的名称，然后在"系列值"文本框中输入要添加的数据所在的单元格区域，如图6-49所示。

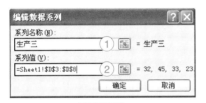

图6-49

提示

（1）要想切换到"图表工具-设计"选项卡，必须先选中图表，否则在功能区中找不到"图表工具-设计"选项卡。

（2）"选择数据源"对话框还可通过选择图表后单击鼠标右键，从弹出的菜单中选择"选择数据"选项的方式打开。

4. 单击"确定"按钮返回"选择数据源"对话框，在"图例项"列表框中选择需要添加的选项，如图6-50所示。

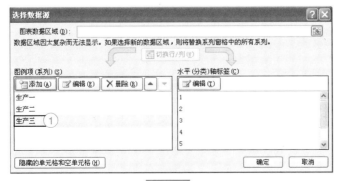

图6-50

171

5. 单击"确定"按钮，就实现了向图表中添加数据，效果如图6-51所示。

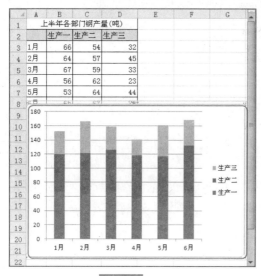

图6-51

技巧182

删除图表中的数据系列

要删除图表中的某个数据系列，可以按照以下步骤操作。

1. 选中图表，单击"图表工具–设计"选项卡"数据"组中的"选择数据"按钮，打开"选择数据源"对话框。选择要删除的数据系列的名称，如"生产三"，单击"删除"按钮，如图6-52所示。

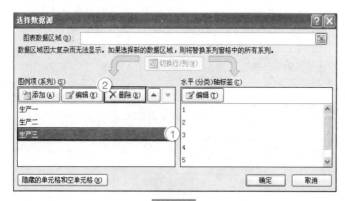

图6-52

2. 此时，图表中的"生产三"数据系列将被删除，如图6-53所示。

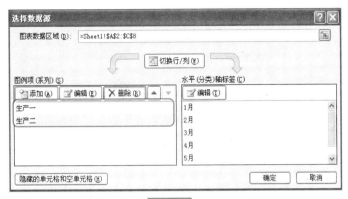

图6-53

3. 原工作表中的图表如图6-54所示，删除"生产三"数据系列后，图表显示如图6-55所示。

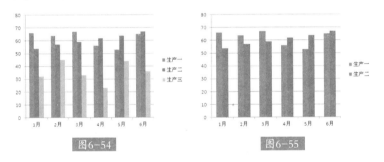

图6-54　　　　　　　　　　图6-55

技巧183
将创建的图表保存为模板

如果用户在日常工作中需要反复使用某个类型的图表，那么将该图表保存为模板，应用起来会更加方便，具体操作步骤如下。

1. 要想将已有图表保存为模板，应先选择该图表，再单击"图表工具-设计"选项卡"类型"组中的"另存为模板"按钮，如图6-56所示。

图6-56

2. 在"保存图表模板"对话框中单击"保存"按钮，如图6-57所示，就将相应图表保存为模板了。

图6-57

3. 此时，单击"图表工具-设计"选项卡"类型"组中的"更改图表类型"按钮，如图6-58所示，在弹出的"更改图表类型"对话框的左侧列表中选择"模板"选项，就可在右侧的"我的模板"栏中看到保存的图表模板了，如图6-59所示。

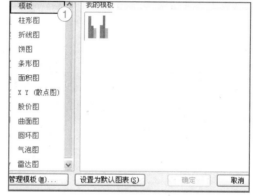

图6-58   图6-59

提示

如需删除已有图表模板，可在"更改图表类型"对话框中单击"管理模板"选项，找到该图表模板直接将其删除。

🔖 技巧184
使用次坐标轴

当一个图表中包含多个数据系列，但是它们之间的值相差很大时，如果使用同一个坐标轴，另一个数据系列的情况就可能表示得很不明显。在这种情况下，可以通过使用次坐标轴来改善该数据系列的显示情况，具体操作步骤如下。

1. 要想使用次坐标轴，应先选择需要使用次坐标轴的单元格区域，如"生产三"数据系列，然后单击鼠标右键，在弹出的菜单中选择"设置数据系列格式"选项，如图6-60所示。

2. 在"设置数据系列格式"对话框的左侧列表中单击"系列选项"选项，在右侧"系列绘制在"选项区选中"次坐标轴"单选按钮，如图6-61所示。

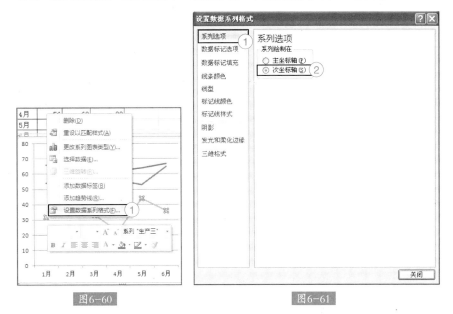

图6-60   图6-61

3. 单击"关闭"按钮，返回工作表界面，即可看到添加了次坐标轴的图表，如图6-62所示。

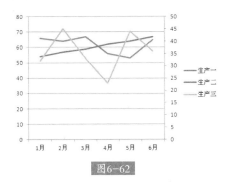

图6-62

技巧185

删除图表中的网格线

效果文件：FILES\06\技巧185.xlsx

默认情况下，创建的图表中会显示网格线。如果要删除网格线，有两种方法。

方法1：使用"网格线"、"主要横网格线"、"无"选项删除

选中图表，依次选择"布局"选项卡"坐标轴"组中的"网格线"、"主要横网格线"、"无"选项，如图6-63所示。

图6-63

删除网格线之后，工作表由如图6-64所示的样子变成了如图6-65所示的样子。

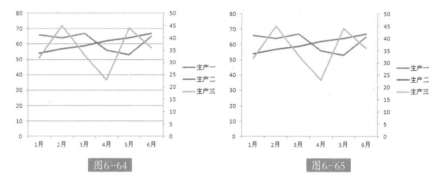

图6-64　　　　　　　　　　　　图6-65

方法2：使用右键菜单删除

选中图表中的网格线，单击鼠标右键，在弹出的菜单中选择"删除"选项，如图6-66所示。

此时，图表显示如图6-67所示。

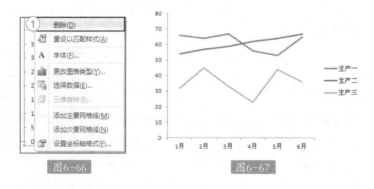

图6-66　　　　　　　　图6-67

技巧186

设置图表的背景颜色

效果文件：FILES\06\技巧186.xlsx

在使用Excel 2010时，用户可以为整个图表区域设置多种背景，如实色背景、渐变背景、纹理背景、图案背景等，方法如下。

1. 选择图表区域，单击鼠标右键，在弹出的菜单中选择"设置图表区域格式"选项，如图6-68所示。

2. 在弹出的"设置图表区格式"对话框的左侧列表中选择"填充"选项，在右侧的"填充"选项区选中"渐变填充"单选按钮，并设置填充颜色，如图6-69所示。

图6-68　　　　　　图6-69

3. 完成设置后，单击"关闭"按钮，即可看到工作表中图表的显示效果如图6-70所示。

4. 如果还需要设置图表中绘图区域的颜色，可在绘图区域单击鼠标右键，从弹出的菜单中选择"设置绘图区格式"选项，如图6-71所示。

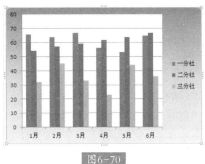

图6-70

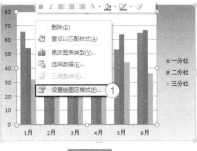

图6-71

5. 在弹出的"设置绘图区格式"对话框的左侧列表中选择"填充"选项，在右侧的"填充"选项区选中"无填充"单选按钮，如图6-72所示。

6. 单击"关闭"按钮，图表显示效果如图6-73所示。

图6-72   图6-73

技巧187

设置坐标轴的颜色

效果文件：FILES\06\技巧187.xlsx

如果要突出显示坐标轴，可以为坐标轴设置颜色，具体操作步骤如下。

1. 在图表的坐标轴位置上单击鼠标右键，在弹出的菜单中选择"设置坐标轴格式"选项，如图6-74所示。

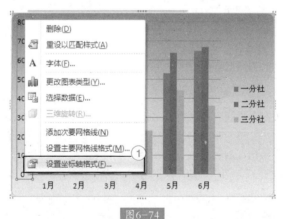

图6-74

2. 此时将打开"设置坐标轴格式"对话框。单击左侧列表中的"线条颜色"选项，在右侧的"线条颜色"选项区选中"实线"单选按钮，在"颜色"下拉列表中选择一种适合的颜色，如图6-75所示。

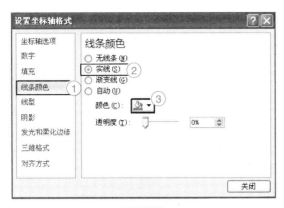

图6-75

3. 如果觉得坐标轴的线条太细，还可以选择"线型"选项，在"线型"选项区中设置"宽度"、"复合类型"等，如图6-76所示。

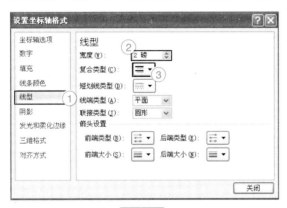

图6-76

4. 完成设置后，单击"关闭"按钮，重复上述步骤来设置横坐标轴的线条样式。设置完成后，图表的显示效果如图6-77所示。

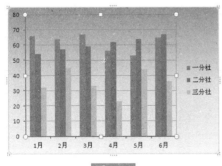

图6-77

技巧188
设置坐标轴的刻度单位

效果文件：FILES\06\技巧188.xlsx

当工作表中的数据范围比较大时，图表中的绘图线也会很长，这将导致图表过大，占用系统空间过多，此时可以通过设置坐标轴的刻度单位来节省空间，具体操作步骤如下。

1．在图表坐标轴的位置上单击鼠标右键，在弹出的菜单中选择"设置坐标轴格式"选项，打开"设置坐标轴格式"对话框。

2．单击"坐标轴选项"选项，在"坐标轴选项"选项区选择"主要刻度单位"选项组中的"固定"单选按钮，在其后的文本框中输入数字"20"，如图6-78所示。

图6-78

3．单击"关闭"按钮，相应图表由如图6-79所示的样子变为如图6-80所示的样子。

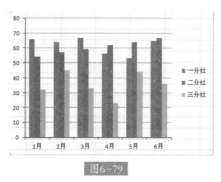

图6-79

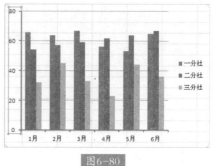

图6-80

技巧189
反转坐标轴的数值次序

效果文件：FILES\06\技巧189.xlsx

当用户需要将图表中纵坐标轴的数值反向排列时，可以按照以下步骤操作。

1. 在图表坐标轴的位置上单击鼠标右键，在弹出的菜单中选择"设置坐标轴格式"选项，打开"设置坐标轴格式"对话框。

2. 单击"坐标轴选项"选项，在"坐标轴选项"选项区勾选"逆序刻度值"复选框，如图6-81所示。

图6-81

3. 单击"关闭"按钮，相应图表由如图6-82所示的样子变为如图6-83所示的样子。

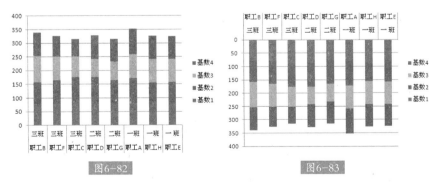

图6-82

图6-83

181

📖 技巧190
获取实时股票行情

> 效果文件：FILES\06\技巧190.xlsx

　　如果用户需要将网站上的数据抄录到工作表中，以便更好地进行评测和分析，例如获取"中国石油"的股票行情，具体操作步骤如下。

　　1. 打开浏览器，复制地址栏中的网址，如图6-84所示。

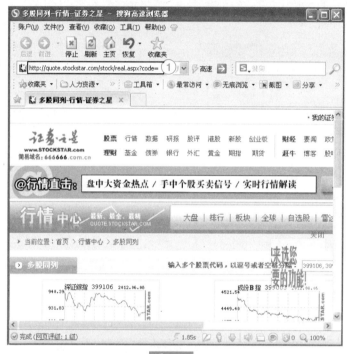

图6-84

　　2. 新建一个空白工作簿，选择"数据"选项卡，在"获取外部数据"组单击"自网站"按钮，如图6-85所示。

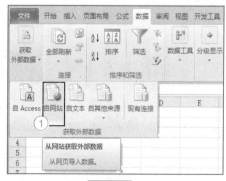

图6-85

3. 在弹出的"新建Web查询"对话框的地址栏中粘贴刚刚复制的网址，单击"转到"按钮，如图6-86所示。

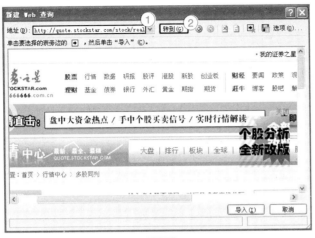

图6-86

4. 单击"新建Web查询"窗口中的"导入"按钮，将弹出如图6-87所示的"Microsoft Excel"对话框。如果用户需要取消操作，只要单击该对话框中的"取消"按钮即可。

5. 在弹出的"导入数据"对话框中选择要插入网站数据的工作表及单元格，例如工作表"Sheet1"中的单元格A1，如图6-88所示。

图6-87　　　　　　　图6-88

6. 单击"确定"按钮，即可看到工作表中导入了网站数据，如图6-89所示。

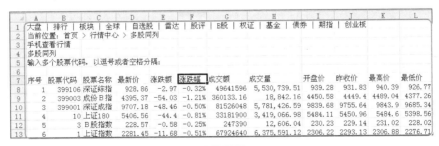

图6-89

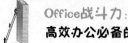
技巧191
重新设置系统默认图表类型

如果系统默认的图表类型不是用户经常使用的图表类型，可以按照下面的步骤重新设置。

1. 选中需要修改的图表，单击鼠标右键，在弹出的菜单中选择"更改图表类型"选项，即可打开"更改图表类型"对话框。

2. 在"更改图表类型"对话框的左侧列表中选择一种需要的图表类型，在右侧图表库中选择一种图表样式，然后单击"设置为默认图表"按钮，即可将所选图表类型设置为系统默认类型，如图6-90所示。

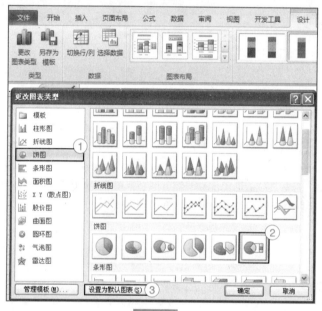

图6-90

技巧192
准确选择图表中的元素

在操作图表时，有时无法准确选择需要的元素，如坐标轴、系列等。下面介绍一种准确选择图表元素的简单方法。

双击图表，使其处于编辑状态，如图6-91所示。利用键盘上的【↑】和【↓】方向键即可选择不同的元素组，利用【←】和【→】方向键即可在同一组元素中进行选择，如图6-92所示。

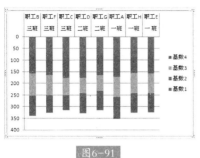

图6-91

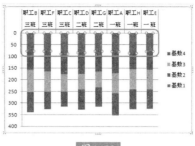

图6-92

技巧193
利用快捷键直接在工作表中插入图表

效果文件：FILES\06\技巧193.xlsx

　　如果要在工作簿中插入一个用于放置图表的独立工作表，可以按照下面的步骤进行操作。

　　打开工作簿，选择要创建图表的单元格，按下【F11】键或【Alt】+【F11】组合键，即可在原工作表前插入一个名为"Chart 数字"的工作表，如图6-93所示。

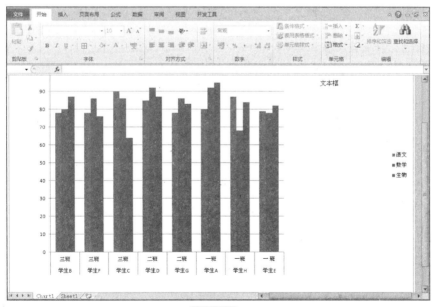

图6-93

技巧194
为图表添加文字说明

效果文件：FILES\06\技巧194.xlsx

在使用Excel 2010的图表功能时，有时为了使图表更加清晰，需要在图表中添加适当的文字说明，具体操作步骤如下。

1. 选中图表区域，单击"插入"选项卡"文本"组中的"文本框"下拉按钮，在展开的列表中选择"横排文本框"选项，如图6-94所示。

2. 在图表的任意位置单击鼠标，即可在图表中添加文本框，进而在文本框中输入说明文字，如图6-95所示。

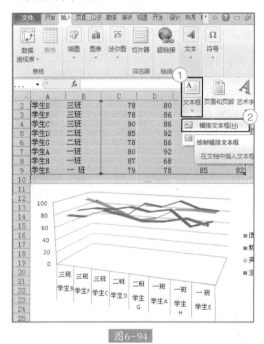

图6-94

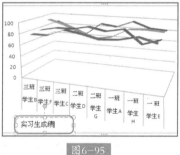

图6-95

技巧195
更改数据标志间的距离

效果文件：FILES\06\技巧195.xlsx

如果需要显示的数据很多，那么图表中数据标志之间的距离就会很小，不方便查看数据之间的差别。此时，可以加大数据标志块之间的距离，具体操作步骤如下。

1. 在图表的数据区域单击鼠标右键，在弹出的菜单中选择"设置数据系列格式"选项，如图6-96所示。

2. 在打开的"设置数据系列格式"对话框的左侧列表中选择"系列选项"选项，在右侧"分类间距"选项区将间距调节到适当的大小，如图6-97所示。

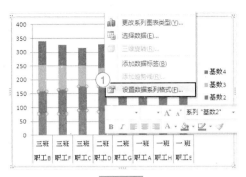

图6-96

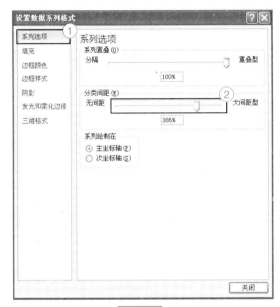

图6-97

3. 单击"关闭"按钮，图表显示如图6-98所示。

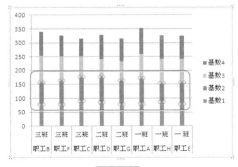

图6-98

技巧196
对齐图表文本

为了让图表显示更美观，可以调整图表中的文本，具体操作步骤如下。

1. 在图表中的文本框上单击鼠标右键，在弹出的菜单中选择"设置图表标题格式"选项，如图6-99所示。

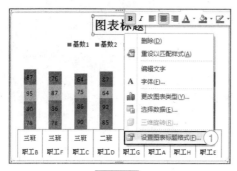

图6-99

2. 在打开的"设置图表标题格式"对话框的左侧列表中单击"对齐方式"选项，在右侧"文字版式"选项区的"文字方向"下拉列表中选择一种样式，如图6-100所示。

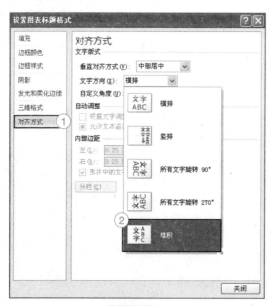

图6-100

3. 单击"关闭"按钮，图表显示如图6-101所示。

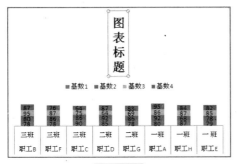

图6-101

技巧197
在图表中添加误差线

效果文件：FILES\06\技巧197.xlsx

误差线是用于显示图表中相对于数据系列的每个数据标记的潜在误差和不确定度的图形线条。误差线分为标准误差线、百分比误差线、标准偏差线等类型。为图表添加误差线的具体操作步骤如下。

1. 选中图表中的数据系列，单击"图表工具-布局"选项卡"分析"组中的"误差线"下拉按钮，在展开的列表中选择"其他误差线选项"选项，如图6-102所示。

图6-102

2. 在打开的"设置误差线格式"对话框的左侧列表中选择"垂直误差线"选项，在右侧的"显示"选项区中保持默认设置，在"误差量"选项区选中"固定值"单选按钮，在对应的文本框中输入允许的误差值"1.0"，如图6-103所示。

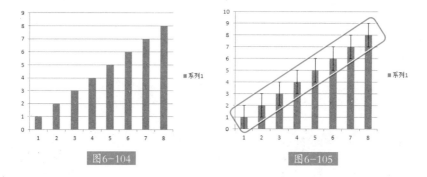

图6-103

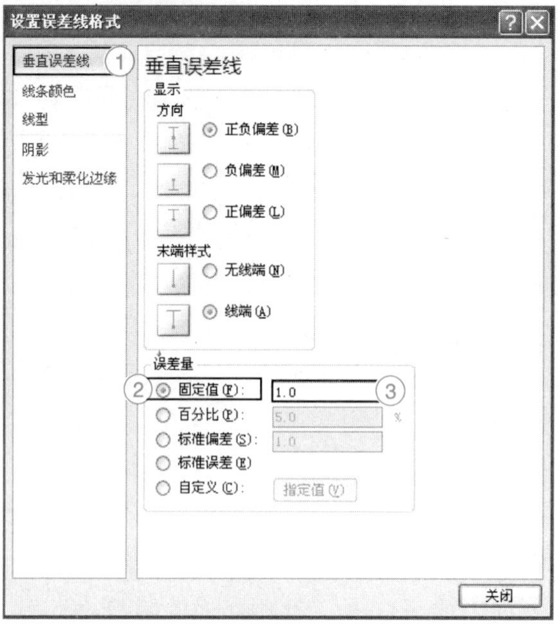

3. 单击"关闭"按钮，即可看到如图6-104所示的图表添加了误差线，变成如图6-105所示的样子。

图6-104

图6-105

技巧198

隐藏图表提示信息

当鼠标停留在图表中的数据项上时，即可显示相应的提示信息，如图6-106所示。如果要隐藏这些提示信息，可以按照下面的方法进行操作。

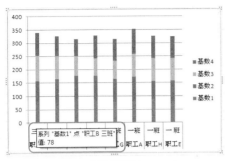

图6-106

1．单击"文件"选项卡左侧列表中的"选项"按钮，如图6-107所示。

2．在打开的"Excel选项"对话框的左侧列表中选择"高级"选项，在右侧的"图表"选项区取消"悬停时显示数据点的值"复选框的勾选，如图6-108所示。

图6-107　　　　　　　图6-108

第7章 公式和函数的应用技巧

公式是一种能让Excel进行计算的表达式，而函数是Excel中预置的公式，是一种在需要时可以直接调用的表达式，它们都可以轻松完成各种复杂的运算。因此，掌握公式和函数的应用技巧，如公式输入技巧、函数输入技巧和函数使用技巧，是非常有必要的。

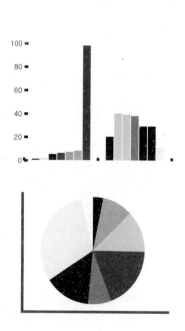

技巧199
快速输入公式

公式必须以"="开始。公式可以在编辑栏中输入，也可以在单元格中直接输入。

方法1：在单元格中输入公式

打开要使用公式的工作簿，这里要计算"分公司1"、"分公司2"的总销售额。选择要输入公式的单元格，如单元格D2，在其中输入公式"=B2+C2"，如图7-1所示。按下【Enter】键，确认输入的公式，即可自动得出结果，如图7-2所示。

所属月份	分公司1	分公司2	总计
1月	30139	45949	=B2+C2
2月	74855	59898	
3月	4129	45747	
4月	1431	1123	
5月	121124	15443	
6月	1245	15741	
7月	2141	13267	
8月	3596	47962	
9月	21779	0	
10月	121479	4874	
11月	123692	218	
12月	41578	56451	

图7-1

所属月份	分公司1	分公司2	总计
1月	30139	45949	76088
2月	74855	59898	
3月	4129	45747	
4月	1431	1123	
5月	121124	15443	
6月	1245	15741	
7月	2141	13267	
8月	3596	47962	
9月	21779	0	
10月	121479	4874	
11月	123692	218	
12月	41578	56451	

图7-2

方法2：在编辑栏中输入公式

要在编辑栏中输入公式，也需要先选中某个单元格，再输入相应的公式。

技巧200
快速显示公式

效果文件：FILES\07\技巧200.xlsx

在单元格中输入公式，得出计算结果后，若需要对公式进行修改，可采用下面的方法。

双击公式所在单元格，即可显示该单元格中的公式，如图7-3所示。如果要显示工作表中的所有公式，只要按下【Ctrl】+【~】组合键即可，如图7-4所示。

所属月份	分公司1	分公司2	总计
1月	30139	45949	76088
2月	74855	59898	134753
3月	4129	45747	49876
4月	1431	11	2554
5月	121124	15443	=B6+C6
6月	1245	15741	16986
7月	2141	13267	15408
8月	3596	47962	51558
9月	21779	0	21779
10月	121479	4874	126353
11月	123692	218	123910
12月	41578	56451	98029

图7-3

所属月份	分公司1	分公司2	总计
1月	30139	45949	=B2+C2
2月	74855	59898	=B3+C3
3月	4129	45747	=B4+C4
4月	1431	1123	=B5+C5
5月	121124	15443	=B6+C6
6月	1245	15741	=B7+C7
7月	2141	13267	=B8+C8
8月	3596	47962	=B9+C9
9月	21779	0	=B10+C10
10月	121479	4874	=B11+C11
11月	123692	218	=B12+C12
12月	41578	56451	=B13+C13

图7-4

除了以上方法外，还可以通过单击"公式"选项卡"公式审核"组中的"显示公式"按钮来显示工作表中的所有公式。

技巧201
取消自动计算

如果在使用填充柄填充公式时不想进行自动计算，可按照如下步骤操作。

1. 单击"公式"选项卡"计算"组中的"计算选项"按钮，在展开的列表中勾选"手动"选项，取消自动计算，如图7-5所示。

2. 保持单元格区域的选中状态，单击"公式"选项卡"计算"组中的"开始计算"按钮，即可得到公式的计算结果，如图7-6所示。

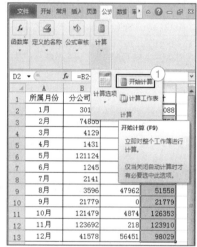

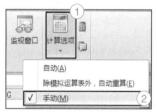

图7-5

图7-6

技巧202
在公式中引用单元格名称

效果文件：FILES\07\技巧202.xlsx

在单元格中输入公式时，还可以通过引用单元格名称得到计算结果。在公式中引用单元格名称的具体操作步骤如下。

1. 打开工作表，选中需要引用到公式中的单元格，在编辑栏中将单元格C3命名为"数量"，如图7-7所示。

2. 重复以上步骤，将单元格D3命名为"单价"。

3. 在单元格E3中输入公式"=数量*单价"，如图7-8所示。

数量 ②	▼	f_x	250	

	A	B	C	D	E
1			销售业绩表		
2	序号	姓名	销售量	售单价	销售金额
3	001	邱丹江	250	380	
4	002	郑鑫	400	380	
5	003	卜景捷	360	380	
6	004	高晓静	290	380	
7	005	高恩泽	400	380	
8	006	隋永革	585	380	
9	007	崔洪亮	340	380	
10	008	杨培林	278	380	

图7-7

SUM	▼	✕ ✓ f_x	=数量*单价	

	A	B	C	D	E
1			销售业绩表		
2	序号	姓名	销售量	销售单价	销售金额
3	001	邱丹江	250	380	=数量*单价
4	002	郑鑫	400	380	
5	003	卜景捷	360	380	
6	004	高晓静	290	380	
7	005	高恩泽	400	380	
8	006	隋永革	585	380	
9	007	崔洪亮	340	380	
10	008	杨培林	278	380	

图7-8

4．按下【Enter】键，即可得到公式的计算结果，如图7-9所示。

	A	B	C	D	E
1			销售业绩表		
2	序号	姓名	销售量	销售单价	销售金额
3	001	邱丹江	250	380	95000
4	002	郑鑫	400	380	
5	003	卜景捷	360	380	
6	004	高晓静	290	380	
7	005	高恩泽	400	380	
8	006	隋永革	585	380	
9	007	崔洪亮	340	380	
10	008	杨培林	278	380	

图7-9

技巧203
为公式定义名称

效果文件：FILES\07\技巧203.xlsx

在Excel 2010中，还可以为公式定义名称。使用公式时直接在单元格中输入公式的名称，效果与在单元格中直接输入公式相同，具体操作步骤如下。

1．打开工作表，选择要输入公式的单元格，单击"公式"选项卡"定义名称"组中的"定义名称"下拉按钮，展开的列表中选择"定义名称"选项，如图7-10所示。

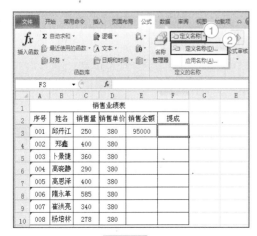

图7-10

2．打开"新建名称"对话框，在"名称"文本框中输入要定义的公式的名称"提成"，在"引用位置"文本框中输入公式"=E3*5%"，如图7-11所示。

图7-11

3．单击"确定"按钮完成公式名称的定义。在单元格F3中输入公式"=提成"，如图7-12所示。

4．按下【Enter】键，即可自动根据创建的公式得到计算结果，如图7-13所示。

图7-12   图7-13

📖 技巧204
启用自动检查规则

在Excel中输入公式时，如果公式的格式或内容有错误会提示用户，但前提是必须启用自动检查规则。启用自动检查规则的具体操作步骤如下。

1．打开一个工作表，单击"文件"选项卡左侧列表中的"选项"按钮，打开"Excel选项"对话框。在左侧列表中选择"公式"选项，在右侧"错误检查"选项区勾选"允许后台错误检查"复选框，在"错误检查规则"选项区根据需要勾选相应的复选框，如图7-14所示。

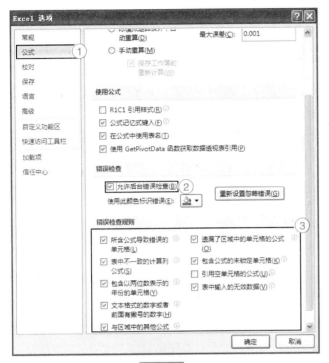

图7-14

技巧205

使用错误检查菜单

启用自动检查规则后，当输入的公式中出现错误时，就会在公式所在单元格左上角显示一个绿色三角形标记，单击该标记，将弹出如图7-15所示的菜单。

图7-15

● 值错误：选择该选项，需要人工验证公式或函数所需的运算符或参数的正确性，且公式引用的单元格中包含有效的数值。

● 关于此错误的帮助：选择该选项，可打开帮助窗口，显示有关错误的帮助。

● 显示计算步骤：选择该选项，可打开"公式求值"对话框，显示该公式的计算步骤。

● 忽略错误：选择该选项，将忽略公式中的错误。

● 在编辑栏中编辑：选择该选项，可直接在编辑栏中对公式进行编辑。

● 错误检查选项：选择该选项，可打开"Excel选项"对话框，设置有关错误检查的规则。

技巧206
监视单元格公式及其计算结果

对于单元格中的公式及其计算结果，可以添加到"监视窗口"对话框中进行监视。"监视窗口"对话框可以锁定某个单元格及其中的公式，即使被监视的单元格不在当前视窗的显示范围内，"监视窗口"对话框仍可显示被监视的单元格的情况，具体操作步骤如下。

1. 打开包含要监视的公式及其计算结果的工作表，单击"公式"选项卡"公式审核"组中的"监视窗口"按钮，如图7-16所示。

2. 在打开的"监视窗口"对话框中单击"添加监视"按钮，如图7-17所示。

图7-16

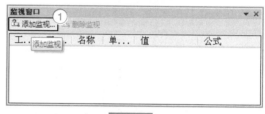

图7-17

3. 打开"添加监视点"对话框，单击"选择您想监视其值的单元格"文本框右侧的折叠按钮，在工作表中选择要监视的公式所在的单元格，如图7-18所示。

图7-18

4. 单击"添加"按钮，即可将选择的单元格添加到"监视窗口"对话框，如图7-19所示。

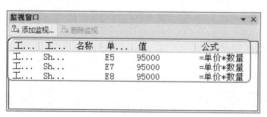

图7-19

技巧207
使用名称管理器管理公式

在Excel 2010中，不仅可以为单元格、单元格区域、图表等对象提供有意义的名称，还可以为公式定义名称。这些名称都可以在"名称管理器"中查看和修改，具体操作步骤如下。

1．打开工作簿，单击"公式"选项卡"定义名称"组中的"名称管理器"按钮，如图7-20所示。

图7-20

2．打开"名称管理器"对话框，可以看到其中显示了当前工作表中创建的所有名称。如果没有定义名称，则列表显示为空，如图7-21所示。

图7-21

3．单击"新建"按钮，打开"新建名称"对话框，在其中为公式或单元格创建新的名称，如图7-22所示。

4．单击"确定"按钮，"名称管理器"对话框中将显示创建的名称，如图7-23所示。

图7-22

图7-23

> 提示
>
> 　　在"名称管理器"对话框中选择任意一个名称，单击"编辑"或"删除"按钮，即可对其进行操作。
>
> 　　如果要对"名称管理器"对话框中的所有名称执行筛选操作，只需单击"筛选"按钮，在展开的列表中选择相应的选项即可。

技巧208
追踪引用单元格

　　在Excel 2010中，使用引用单元格的公式，特别是交叉引用关系很复杂的公式时，检查其准确性或查找其错误根源会很困难。为了方便检查公式，可以使用追踪引用单元格功能，以图形方式显示或追踪公式中引用的所有单元格。

　　具体操作方法为：选中工作表中包含公式的单元格，在这里选中单元格E3，单击"公式"选项卡"公式审核"组中的"追踪引用单元格"按钮，如图7-24所示，即可在工作表中用带箭头的线条标出该公式所引用的所有单元格，如图7-25所示。其中，圆点表示公式所在单元格的起始引用单元格，箭头表示公式所在的单元格，只要双击箭头就可以选中箭头另一端的单元格。

图7-24

图7-25

技巧209
追踪从属单元格

　　在Excel 2010中，还可以追踪从属单元格。从属单元格中包含从其他单元格引用的公式。

　　追踪从属单元格的具体操作方法为：选中工作表中包含公式的单元格，在这里选中单元格D9，单击"公式"选项卡"公式审核"组中的"追踪从属单元格"

按钮，如图7-26所示，即可在工作表中显示活动单元格指向其从属单元格的追踪箭头，如图7-27所示。

图7-26

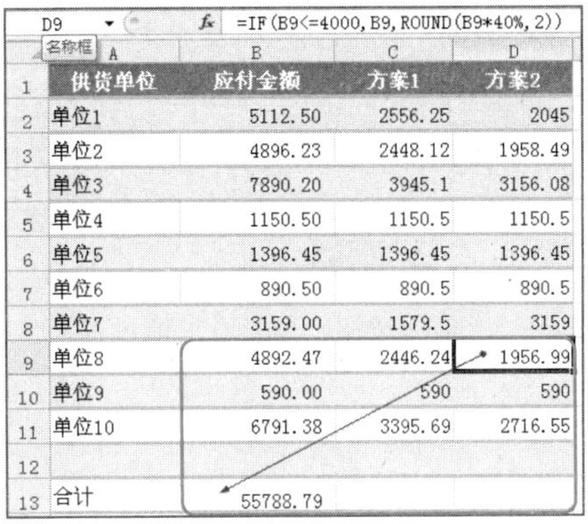

图7-27

技巧210

查看公式求值过程

效果文件：FILES\07\技巧210.xlsx

要想查看公式的求值过程，可以按照如下方法进行操作。

1. 打开工作表，选中要查看的公式所在的单元格，在这里选中单元格D9，单击"公式"选项卡"公式审核"组中的"公式求值"按钮，如图7-28所示。

2. 打开"公式求值"对话框，可以看到其中列出了该公式引用的单元格及其求值公式，如图7-29所示。

图7-28

图7-29

3. 单击"步入"按钮，可按步骤查看公式引用的单元格，如图7-30所示。

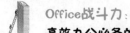

图7-30

4. 单击"求值"按钮，可查看求值过程。

📖 技巧211
单元格引用

单元格引用是一种为了使用某个单元格的公式而对单元格进行标识的方法，而引用单元格是指通过引用标识单元格来快速获取公式并对数据进行计算。单元格引用包括相对引用、绝对引用和混合引用3种方式。

相对引用

相对引用在公式中使用单元格的名称作为变量。如图7-31所示，单元格F5中使用了相对引用公式"=SUM(C5:E5)"。当复制该单元格中的公式，将其粘贴到单元格F6中时，公式中引用的单元格会发生相应的改变，如图7-32所示。

图7-31   图7-32

绝对引用

绝对引用就是对特定位置的单元格的引用，即引用单元格的精确地址。

使用绝对引用的方法是在行号和列号前面加上"$"符号，如"$A4$B4"。在"R1C1"引用样式中，直接在"R"和"C"后面加上行号和列号就可以了。

在如图7-33中所示的工作表中，需要计算图书打折后的价格。单元格C1是折扣率，这是一个不变的数字，可以使用绝对引用。在单元格C6中输入公式"B6-B6*$C$1"，然后拖动单元格C6的句柄至单元格C8，得出其他图书的折扣价。

在单元格D6中输入公式"=B6-B6*C1"，如图7-34所示。这个公式是错误的，因为"C1"是相对引用，虽然能算出单元格D6的值，但其他图书的折扣价计算结果是错误的。

图7-33

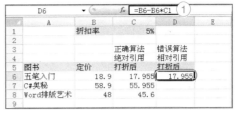

图7-34

拖动单元格D6的句柄至单元格D8，计算其他图书的折扣价，如图7-35所示。

图7-35

混合引用

混合引用就是公式中既有相对引用，又有绝对引用。如果公式所在单元格的位置改变，则相对引用改变，而绝对引用不变。如果多行或多列复制公式，相对引用会自动调整，而绝对引用则不作调整。其实，图7-33中的公式就是混合引用公式。

技巧212
解决"######"错误

当公式中的计算结果太长，单元格容纳不下时，就会显示"######"错误，如图7-36所示。要解决这种问题，可将鼠标放置在该列列标的右侧，当鼠标指针显示为左右方向可拖拽时，按住鼠标向右拖动以调整列宽，使单元格中的计算结果完全显示出来，如图7-37所示。

	A	B	C	D
1	供货单位	应付金额	方案1	方案2
2	单位1	######	2556.25	2045
3	单位2	######	2448.12	1958.49
4	单位3	######	3945.1	3156.08
5	单位4	######	1150.5	1150.5
6	单位5	######	1396.45	1396.45
7	单位6	890.50	890.5	890.5
8	单位7	######	1579.5	3159
9	单位8	######	2446.24	1956.99
10	单位9	590.00	590	590
11	单位10	######	3395.69	2716.55
12				
13	合计	######		

图7-36

	A	B	C	D
1	供货单位	应付金额	方案1	方案2
2	单位1	5112.50	2556.25	2045
3	单位2	4896.23	2448.12	1958.49
4	单位3	7890.20	3945.1	3156.08
5	单位4	1150.50	1150.5	1150.5
6	单位5	1396.45	1396.45	1396.45
7	单位6	890.50	890.5	890.5
8	单位7	3159.00	1579.5	3159
9	单位8	4892.47	2446.24	1956.99
10	单位9	590.00	590	590
11	单位10	6791.38	3395.69	2716.55
12				
13	合计	55788.79		

图7-37

📖 技巧213
解决 "#DIV/0!" 错误

当输入的公式中包含被零除，例如 "=5/0"，或者使用对空白单元格或包含零的单元格引用做除数时，会出现 "#DIV/0!" 错误，如图7-38所示。

图7-38

解决这个问题的方法有以下3种。

● 将除数更改为非零值。

● 将单元格引用更改到另一个单元格；在单元格中输入一个非零值作为除数；在作为除数引用的单元格中输入值 "#N/A"。这样，就会将公式的计算结果从 "#DIV/0!" 更改为 "#N/A"，表示除数不可用。

● 确认函数或公式中的除数不为零或不为空。

📖 技巧214
解决 "#NAME?" 错误

当公式中出现Excel不能识别的名称时，就会显示如图7-39所示的错误。

销售金额	提成
950	#NAME?

图7-39

此外，以下情况也会导致出现 "#NAME?" 错误。

● 使用 "分析工具库" 加载宏部分的函数，而没有安装加载宏。

● 正在使用不存在的名称。

● 名称拼写错误。

● 在公式中使用了禁止使用的标志。

● 函数名称拼写错误。

● 在公式中输入文本时没有使用双引号。

● 漏掉了区域引用中的冒号。

● 引用了其他未包含在单引号中的工作表。

要想解决这些问题，有以下几种方法。

● 安装和加载 "分析工具库" 加载宏。

● 确保使用的名称存在。

- 改正拼写错误。
- 确保在公式中没有使用禁止使用的标志。
- 将公式中的文本用双引号引起来。
- 确保公式中的所有区域引用都使用了冒号。
- 如果公式中引用了其他工作表或工作簿中的值或单元格，且那些工作表或工作簿的名字中包含非字母字符或空格，那么必须用单引号将其引起来。

技巧215
解决 "#VALUE!" 错误

当公式中含有一个错误的参数或运算对象类型时（用来计算的数值或单元格引用），就会出现 "#VALUE!" 错误。

如图7-40所示，单元格D2中的公式存在错误，将公式更改为 "=IF(B2<=4000, B2, ROUND(B2*40%, 2))" 即可解决，如图7-41所示。

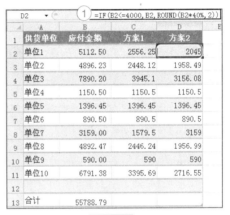

图7-40　　　　　　　　　　　　图7-41

技巧216
解决 "#NULL!" 错误

当公式中使用了不正确的区域运算或不正确的单元格引用时，如指定了两个并不相交的区域的交点，就会出现 "#NULL!" 错误。要解决这种问题，可按照下面的步骤进行操作。

1. 打开工作表，在单元格B13中输入公式 "=SUM(B2:B11 D2:D11)"，按下【Enter】键，会出现 "#NULL!" 错误，如图7-42所示。

2. 查找错误原因，发现在公式中指定了两个并不相交的区域的交点。因此，将公式中引用的两个单元格区域间的空格更改为 "，"，即可得到正确的计算结果，如图7-43所示。

B13		f_x	=SUM(B2:B11 D2:D11)	
	A	B	C	D
1	供货单位	应付金额	方案1	方案2
2	单位1	5112.50	2556.25	2045
3	单位2	4896.23	2448.12	1958.49
4	单位3	7890.20	3945.1	3156.08
5	单位4	1150.50	1150.5	1150.5
6	单位5	1396.45	1396.45	1396.45
7	单位6	890.50	890.5	890.5
8	单位7	3159.00	1579.5	3159
9	单位8	4892.47	2446.24	1956.99
10	单位9	590.00	590	590
11	单位10	6791.38	3395.69	2716.55
12				
13	合计	#NULL!		

图7-42

B13		f_x	=SUM(B2:B11,D2:D11)	
	A	B	C	D
1	供货单位	应付金额	方案1	方案2
2	单位1	5112.50	2556.25	2045
3	单位2	4896.23	2448.12	1958.49
4	单位3	7890.20	3945.1	3156.08
5	单位4	1150.50	1150.5	1150.5
6	单位5	1396.45	1396.45	1396.45
7	单位6	890.50	890.5	890.5
8	单位7	3159.00	1579.5	3159
9	单位8	4892.47	2446.24	1956.99
10	单位9	590.00	590	590
11	单位10	6791.38	3395.69	2716.55
12				
13	合计	55788.79		

图7-43

技巧217
快速掌握运算符

公式中常见的运算符可分为算术运算符、引用运算符、比较运算符和文本运算符。运算符的使用方法如下。

算术运算符

算术运算符用于完成基本的算术运算。常见的算术运算符有"+"、"-"、"*"、"/"等。如图7-44所示，在单元格E12中输入包含算术运算符的公式，可以计算平均值。

引用运算符

引用运算符通常用于单元格的引用，其作用是将单元格区域合并计算。常见的引用运算符包括","、":"和空格。如图7-45所示，在单元格E12中输入的公式可以计算单元格E3、E4、E5、E6、E7、E8、E9、E10中值的和。

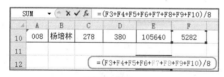

图7-44

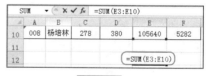

图7-45

引用运算符的含义如下。

● ":"（冒号）：区域运算符，用于引用两个单元格之间（包括这两个单元格在内）的单元格区域。

● ","（逗号）：联合运算符，将多个引用合并为一个引用。

●空格：交叉运算符，产生同时属于两个引用单元格区域的引用。

比较运算符

比较运算符用于数据之间大小关系的比较，其运算结果只有两种，即逻辑值"TRUE"（真）或"FALSE"（假）。常用的比较运算符包括"="（等于）、

"<"（小于）、">"（大于）、"<="（小于等于）、">="（大于等于）、"<>"（不等于）。如图7-46所示，在单元格G10中输入公式"=F10>5000"，按下【Enter】键，即可得到计算结果，如图7-47所示。

图7-46　　　　　　　　　　　　图7-47

文本运算符

文本运算符用于将多个文本连接起来，形成组合文本。文本运算符只有一种，即"&"。如图7-48所示，要将单元格A3与单元格B3中的文本连接起来，只要在单元格G3中输入公式"=A3&B3"，按下【Enter】键即可，计算结果如图7-49所示。

图7-48　　　　　　　　　　　　图7-49

📖 技巧218

运算符的优先级

Excel按照公式中每个运算符的优先级进行计算。在某些情况下，计算次序会影响公式的返回值。运算符的优先级按照从高到低的顺序排列如表7-1所示。

表7-1

优　先　级	运　算　符
1	:（冒号）
2	（空格）
3	,（逗号）
4	%（百分号）
5	^（脱字符）
6	* 或 /（乘号或除号）
7	+ 或 -（加号或减号/负号）
8	&（文本运算符）
9	=、>、<、>=、<=（比较运算符）

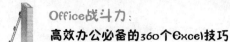

技巧219
AND函数：判定多个条件是否全部成立

效果文件：FILES\07\技巧219.xlsx

格式：

AND(logical1, logical2, …)

参数：

☆logical1：一个待检测的条件，逻辑值是"TRUE"或"FALSE"。

☆logical2：一个待检测的条件，逻辑值是"TRUE"或"FALSE"。待检测的条件个数取值范围为1～255。

对AND函数，当所有参数的逻辑值为真时返回"TRUE"，只要有一个参数的逻辑值为假就返回"FALSE"，如图7-50所示。

B6	fx =AND(B2>60,C2>60)					
	A	B	C	D	E	F
1		语文	数学			
2		80	45			
3		90	82			
4		74	文本			
5	公式	结果	说明			
6	=AND(B2>60,C2>60)	FALSE	B2和C2中有一个不大于60，结果返回FLASE			
7	=AND(B3>60,C3>60)	TRUE	B3和C3都大于60，结果返回TRUE			
8	=AND(B4>60,C4>60)	TRUE	C4中有文本，因此C4被忽略，结果返回TRUE			

图7-50

提示

（1）参数必须是逻辑值"TRUE"或"FALSE"，或者包含逻辑值的数组或引用。如果数组或引用参数中包含文本或空白单元格，这些值将被忽略。

（2）如果指定的单元格区域内包括非逻辑值，AND函数将返回错误值"#VALUE!"。

（3）数组是用于建立可生成多个结果或可对在行和列中排列的一组参数进行运算的单个公式。数组区域共用一个公式。数组常量是用作参数的一组常量。

技巧220
OR函数：指定的任一条件是真即返回真

效果文件：FILES\07\技巧220.xlsx

格式：

OR(logical1, logical2, …)

参数：

☆logical1：一个待检测的条件，逻辑值是"TRUE"或"FALSE"。

☆logical2：一个待检测的条件，逻辑值是"TRUE"或"FALSE"。待检测的条件个数取值范围为1～255。

在OR函数的参数组中，如果任何一个参数的逻辑值为"TRUE"，即返回"TRUE"；如果任何一个参数的逻辑值为"FALSE"，即返回"FALSE"。可以使用OR数组公式来检验数组中是否包含特定的数值，如图7-51所示。

图7-51

> **提示**
>
> （1）参数必须能计算为逻辑值"TRUE"或"FALSE"，或者为包含逻辑值的数组或引用。如果数组或引用参数中包含文本或空白单元格，这些值将被忽略。
>
> ．（2）如果指定区域不包含逻辑值，将返回错误值"#VALUE!"。

技巧221
NOT函数：对参数逻辑求反

效果文件：FILES\07\技巧221.xlsx

格式：

NOT(logical)

参数：

☆logical：一个可以计算出"TRUE"或"FALSE"的逻辑值或逻辑表达式。

NOT函数的功能是对参数值求反。当要确保一个值不等于某一特定值时，可以使用NOT函数。如果逻辑值为"FALSE"，NOT函数返回"TRUE"；如果逻辑值为"TRUE"，NOT函数返回"FALSE"，如图7-52所示。

B4		fx	=NOT(1+1=2)					
	A	B	C	D	E	F	G	
1		65	68					
2		70	45					
3	公式	结果	说明					
4	=NOT(1+1=2)	FALSE	逻辑式1+1=2的值是TRUE，因此返回的是FALSE					
5	=NOT(B1>60)	FALSE	逻辑式B1>60成立，求反后返回FALSE					
6	=NOT(C2>60)	TRUE	逻辑C2>60不成立，求反后返回TRUE					

图7-52

> **提示**
>
> 参数中只有一个"logical"，表示只能有一个逻辑，否则返回错误值。

技巧222

IF函数：根据指定条件返回不同的结果

效果文件：FILES\07\技巧222.xlsx

格式：

IF(logical_test, value_if_true, value_if_false)

参数：

☆logical_test：计算结果为"TRUE"或"FALSE"的任意值或表达式。例如，"A8>60"就是一个逻辑表达式，如果单元格A8中的值大于60，表达式的计算结果为"TRUE"，否则为"FALSE"。

☆value_if_true：logical_test为"TRUE"时返回的值，即逻辑表达式成立时返回的值。例如，如果成绩大于60就是合格，那么合格就是value_if_true。如果不需要处理，则省略此参数。

☆value_if_false：logical_test为"FALSE"时返回的值，即逻辑表达式不成立时返回的值。例如，如果成绩大于60就是合格，那么不大于60的就是不成立，也就是不合格。如果不需要处理，则省略此参数。

IF函数用于根据逻辑表达式判断指定条件。如果条件成立，就返回"TRUE"条件下的指定内容；如果条件不成立，就返回"FALSE"条件下的指定内容。而且，如果"TRUE"或"FALSE"条件中指定了加双引号的文本，则返回文本值。如果只处理"TRUE"或"FALSE"中的任一条件，可以不处理该条件的参数，此时，单元格内返回"0"，如图7-53所示。

B6 ▾	*fx*	=IF(B1>60,"及格","不及格")					
▲	A	B	C	D	E	F	G
1		55	66				
2		60	70				
3							
4							
5	公式	结果	说明				
6	=IF(B1>60,"及格","不及格")	不及格	B1大于60不成立，返回不及格				
7	=IF(C2>=60,IF(C2<80,"良","优"))	良	IF中可嵌套IF，假如C2在60至80间，属于良				
8	=IF(C1>60,,"不及格")	0	省略了条件为真的参数，即不进行处理，返回值为0				
9	=IF(B1>60,"及格",)	0	省略了条件为假的参数，即不进行处理，返回值为0				

图7-53

> **提示**
>
> 在使用嵌套IF函数时，括号一定要匹配。有时会因为漏掉右括号而导致错误。

技巧223

FIND函数：定位字符串中某字符的起始位置

效果文件：FILES\07\技巧223.xlsx

格式：

FIND(find_text, within_text, start_num)

参数：

☆find_text：表示要查找的文本或文本所在的单元格。如果直接输入要查找的文本，需用双引号引起来。如果不加双引号，或者采用全角符号，将返回错误值"#NAME?"。find_text中不能包含任何通配符，否则将返回错误值"#VALUE!"。

☆within_text：包含要查找的文本或文本所在的单元格。如果within_text中没有find_text，则函数FIND将返回错误值"#VALUE!"。

☆start_num：指定要从其开始搜索的字符。within_text的首字符是编号为1的字符。如果省略start_num，则假设其值为1。如果start_num不大于0，则函数FIND将返回错误值"#VALUE?"。

FIND函数用于以字符为单位查找一个文本字符串在另一个字符串中出现的起始位置的编号。根据起始位置编号确定字符或字符串的位置后，就可方便地进行对该字符或字符串的提取、修改和删除等操作了，如图7-54所示。

B6		fx	=FIND("5",C1)				
	A	B	C	D	E	F	G
1		123		456			
2		文本函数 text function					
3							
4							
5	公式	结果	说明				
6	=FIND("5",C1)	2	查找C1中"5"的字符起始位置，默认从头开始查找，结果为2				
7	=FIND("函",B2,2)	3	查找B2中"函"的字符起始位置，从第二个字符开始查找，结果为3				
8	=FIND("function",C2)	6	查找C2中"function"的字符起始位置，结果为6				
9	=FIND("2",B1)	#NAME?	查找出错，使用的是全角引号，返回错误值#NAME?				
10	=FIND("f??ction",C2)	#VALUE!	查找出错，不允许使用通配符"？"，返回错误值#VALUE!				

图7-54

提示

（1）无论默认语言如何设置，FIND函数始终将每个字符（不管是单字节字符还是双字节字符）按1计数。半角数字和字母是单字节字符，全角数字和字母以及汉字是双字节字符。

（2）输入要查找的公式时，应区分大写和小写、全角和半角字符。但是，查找结果不区分这些，而是将单字节字符和双字节字符均作为一个字符来计算。

（3）find_text中不允许使用通配符。

📖 技巧224
SEARCH函数：查找字符串中某字符的起始位置（不区分大小写）

效果文件：FILES\07\技巧224.xlsx

格式：

SEARCH(find_text, within_text, start_num)

参数：

☆find_text：表示要查找的文本或文本所在的单元格。如果直接输入要查找的文本，需用双引号引起来。如果不加双引号，或者采用全角符号，将返回错误值"#NAME?"。find_text中允许包含通配符。

☆within_text：包含要查找的文本或文本所在的单元格。如果within_text中没有find_text，则SEARCH函数将返回错误值"#VALUE!"。

☆start_num：指定开始搜索的字符。within_text中的首字符是编号为1的字符。如果省略start_num，则假设其值为1。如果start_num不大于0，则SEARCH函数将返回错误值"#VALUE?"。

SEARCH函数用于以字符为单位查找一个文本字符串在另一个字符串中出现的起始位置的编号。根据起始位置编号确定字符或字符串的位置后，就可方便地进行对该字符或字符串的提取、修改和删除等操作了，如图7-55所示。

B6	fx	=SEARCH("45",B1)					
	A	B	C	D	E	F	G
1		123456	text function				
2		2*3=6	文本函数				
3							
4							
5	公式	结果	说明				
6	=SEARCH("45",B1)	4	查找B1中"45"的字符起始位置，默认从头开始查找，结果为4				
7	=SEARCH("FUNCTION",C1)	6	查找C1中"FUNCTION"的字符起始位置，不区分大小写，结果为6				
8	=SEARCH("~*",B2)	2	查找B2中"*"的字符起始位置，须在*前加前导符~，结果为2				
9	=SEARCH("??数",C2)	2	使用通配符? 查找"？？数"的字符起始位置，结果为2				
10	=SEARCH("f*n",C1)	6	使用通配符*查找"function"字符起始位置，结果为6				

图7-55

提示

（1）无论默认语言如何设置，SEARCH函数始终将每个字符（不管是单字节字符还是双字节字符）按1计数。半角数字和字母是单字节字符，全角数字和字母以及汉字是双字节字符。

（2）输入要查找的公式时，不区分大写和小写。输入字符或字符串后，不管它在字符串中是大写还是小写，都将返回查找内容第一次出现的位置。SEARCH函数区分全角字符和半角字符。

（3）可以在查找文本中使用通配符"?"（问号）和"*"（星号）。"?"用于匹配任意单个字符；"*"用于匹配任意字符序列。如果要查找问号或星号字符，需要在字符前输入"~"（波形符）。

技巧225

LOWER函数：将文本字符串中的所有大写字母转换为小写字母

效果文件：FILES\07\技巧225.xlsx

格式：

LOWER(text)

参数：

☆text：表示要转换为小写字母的文本。LOWER函数不改变文本中的非字母字符。如果直接指定文本字符串，需对字符串加双引号。如果不加引号，或者采用的是全角符号，将返回错误值"#NAME?"。参数中的英文字符不区分全角和半角。只能输入一个单元格，不能输入单元格区域，否则将返回错误值"#VALUE!"。

LOWER函数用于将一个文本字符串中的所有大写字母转换为小写字母，如图7-56所示。

	A	B	C	D	E	F
B6		=LOWER("ABCD")				
1		ABCD	EXCEL			
2		EXCEL函数	ＥＸＣＥＬ			
5	公式	结果	说明			
6	=LOWER("ABCD")	abcd	将字符串"ABCD"转换为小写，结果为"abcd"			
7	=LOWER(B2)	excel函数	将C1单元格转换为小写，非英文字符原样输出，结果为"excel函数"			
8	=LOWER(C1)	excel	将C2中单元格转换为小写，结果为"excel"			
9	=LOWER(C2)	ｅｘｃｅｌ	将C2中单元格转换为小写，不区分全角，结果是全角小写字符串			
10	=LOWER(ABCD)	#NAME?	直接输入字符串，不加引号，返回错误值"#NAME?"			
11	=LOWER(C1:C2)	#VALUE!	不支持单元格区域查找，返回错误值"#VALUE!"			

图7-56

提示

（1）转换后，返回的结果不区分全角和半角。

（2）只能转换一个单元格中的字符，不能转换单元格区域中的字符。

（3）LOWER函数不能转换字符串中的非英文字符。

技巧226

TODAY函数：返回当前的日期

效果文件：FILES\07\技巧226.xlsx

格式：

TODAY()

参数：

☆该函数没有参数，但必须有"()"。在括号中输入任何参数都将返回错误值。

TODAY函数用于返回系统的当前日期，如图7-57所示。

公式	结果	说明
=TODAY()	2012-6-16	显示系统当前的日期
=TODAY()+7	2012-6-23	利用系统当前的日期进行计算

图7-57

> **提示**
>
> （1）在单元格中输入TODAY函数即返回系统日期，所以，通过修改系统日期即可改变单元格中显示的日期。
> （2）TODAY函数返回的日期可用于计算。

技巧227

NOW函数：返回当前的日期和时间

效果文件：FILES\07\技巧227.xlsx

格式：

NOW()

参数：

☆该函数没有参数，但必须有"()"。在括号中输入任何参数都将返回错误值。

NOW函数用于返回系统时钟的当前日期和时间。NOW是表示日期和时间的函数，而TODAY是表示日期的函数，如图7-58所示。

公式	结果	说明
=NOW()	2012-6-16 11:36	返回值所在单元格的格式为自定义格式
=NOW()	41076.48345	返回值所在单元格的格式为"常规"格式

图7-58

> **提示**
>
> 使用NOW函数返回的值与该函数所在单元格的格式有关，一般在"常规"格式下将显示包含整数和小数的序列号，而在自定义格式下将显示日期和时间。

技巧228

DATE函数：返回特定日期的年、月、日

效果文件：FILES\07\技巧228.xlsx

格式：

DATE(year, month, day)

参数：

☆year：用来指定年份或年份所在的单元格。年份的指定基于Windows系统时间，范围为1900～9999，如果输入的年份小于1900，系统会先自动将输入值加1900，再计算函数中的年份。Macintosh系统默认的日期范围为1904～9999，最小年份为1904。如果输入的年份为负值，DATE函数会返回错误值“#NUM!”。如果输入的年份为小数值，DATE函数会忽略小数部分，只有整数部分有效。

☆month：用来指定月份或月份所在的单元格，可以用1～12之间的正整数或负整数表示。如果指定月份值大于12，则从指定年份的第一个月起累加月份值。例如，“DATE(2007, 15, 1)”返回代表2008年3月1日的值。如果指定月份值小于1，则用指定年份的前一年的12月加上这个负值来计算现在的月份。例如，“DATE(2007, -3, 5)”返回代表2006年9月5日的值。

☆day：用来指定日期或日期所在的单元格，可以用1～31之间的正整数或负整数表示。如果指定日期值大于指定月份的天数，则从该月份的第一天开始累加天数。例如，“DATE(2007, 2, 36)”返回代表2007年3月8日的值。如果指定日期值小于1，则用指定月份的前一个月的天数加上这个负数来计算现当前的日期，月份也同时向前推算。例如，“DATE(2007, 10, -15)”返回代表2007年9月15日的值。

DATE函数用于将不同单元格中的年、月、日数据综合到一个单元格中来表示某个特定的日期，或者直接指定一个年、月、日来代表特定的日期，如图7-59所示。

B7 =DATE(1995,5,2)

	A	B	C	D	E	F
1						
2		年	月	日		
3		2008	8	9		
4		2007	15	32		
5						
6	公式	结果		说明		
7	=DATE(1995,5,2)	1995-5-2	指定年、月、日分别为1995、5、2			
8	=DATE(B3,C3,D3)	2008-8-9	指定年、月、日所在的单元格分别为B3、C3、D3			
9	=DATE(B4,C4,D4)	2008-4-1	指定年、月、日所在的单元格分别为B4、C4、D4			

图7-59

> **提示**
>
> 　　要注意DATE函数公式中的年份、月份和日期的范围，以及如果超出范围结果将如何显示。如图7-59中的公式"DATE(B4, C4, D4)"：其中，单元格C4所表示的月份为15，已经超过了月份的取值范围1～12，所以将超出的月数累加到下一年；同理，单元格D4所表示的日期为32，也超出了日期的取值范围1～31，所以将超出的天数累加到下一个月，而且累加的顺序为"先月份、后日期"，月份按3月计算为31天，最后剩下的是1天。

技巧229
YEAR函数：返回某日期所对应的年份

效果文件：FILES\07\技巧229.xlsx

格式：

YEAR(serial_number)

参数：

☆serial_number：一个日期值，其中包含需要查找年份的日期。可以使用DATE函数输入日期，或者将YEAR函数作为其他公式或函数的结果输入。如果参数以非日期形式输入，则会返回错误值"#VALUE!"。

　　YEAR函数用于显示日期值或日期文本的年份，返回值的范围为1900～9999之间的整数，如图7-60所示。

B7		fx	=YEAR(B2)	
	A	B	C	
1				
2		2005年2月2日		
3		2009-6-1		
4		1986-6-1生日		
5				
6	**公式**	**结果**	**说明**	
7	=YEAR(B2)	2005	返回单元格B2中日期的年份	
8	=YEAR(B3)	2009	返回单元格B3中日期的年份	
9	=YEAR(B4)	#VALUE!	因为单元格B4使用了非日期的格式，所以显示错误值"VALUE"	

图7-60

> **提示**
>
> 　　不论日期值以何种日期格式显示，YEAR函数都可以返回相应的值。如果输入了非日期形式的数据，则会显示错误值"#VALUE!"。

技巧230
DAY函数：返回某日期所对应月份的天数

效果文件：FILES\07\技巧230.xlsx

格式：

DAY(serial_number)

参数：

☆serial_number：一个日期值，其中包含需要查找的那一天的日期。可以使用 DATE 函数输入日期，或者将DAY函数作为其他公式或函数的结果输入。如果参数以非日期形式输入，则会返回错误值"#VALUE!"。

DAY函数用于显示日期值或日期文本的天数，返回值的范围为1～31之间的整数，如图7-61所示。

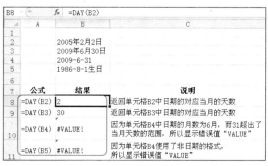

图7-61

> 提示
>
> 不论日期值以何种日期格式显示，DAY函数都可以返回相应的值。如果输入了非日期形式的数据，则会显示错误值"#VALUE!"。

技巧231
HOUR函数：返回时间值的小时数

效果文件：FILES\07\技巧231.xlsx

格式：

HOUR(serial_number)

参数：

☆serial_number：表示一个时间值，其中包含要查找的小时数。时间值的表示形式可以是带双引号的文本字符串、十进制数或者其他公式和函数的计算结果。如果输入的是非时间形式的文本，则返回错误值"#VALUE!"。

使用HOUR函数可返回时间值或时间文本的小时数。其中，返回值的范围为0～23

之间的整数，即"0 (12:00 AM)"到"23 (11:00 PM)"之间的整数，如图7-62所示。

B3		fx	=HOUR("8:35 AM")	
	A		B	C
1				
2	公式		结果	说明
3	=HOUR("8:35 AM")		8	时间值为带双引号的文本字符串
4	=HOUR("0.0625")		15	时间值为十进制数0.0625，返回值为
5	=HOUR("下班时间17:30")		#VALUE!	时间值包含有非时间格式的文本，所以
6	=HOUR(TIMEVALUE("4:45 PM"))		16	时间值使用TIMEVALUE函数输入的

图7-62

> **提示**
>
> 日期值中包含所有的日期信息（年、月、日和时间）。如果只想提取其中的小时数，则可以使用HOUR函数。

技巧232

SUM函数：返回某一单元格区域中所有数字之和

效果文件：FILES\07\技巧232.xlsx

格式：

SUM(number1, number2, …)

参数：

☆number1, number2, …：表示对其求和的1～255个参数。

利用SUM函数可以返回某一单元格区域中所有数字之和，如图7-63所示。

B10		fx	=SUM(A1, B2, A3, B4)		
	A	B	C	D	E
1	34	34			
2	-23	23			
3	3.5	3.5			
4	-3.2	3.2			
5					
6	公式	结果	说明		
7	=SUM(A1:A4)	11.3	返回单元格A1到A4的和		
8	=SUM(B1:B4)	63.7	返回单元格B1到B4的和		
9	=SUM(A1:B2)	68	返回单元格A1、A2、B1、B2的和		
10	=SUM(A1, B2,	63.7	返回单元格A1、A3、B1、B4的和		

图7-63

> **提示**
>
> （1）直接输入参数表的数字、逻辑值及数字的文本表达式将被计算。
>
> （2）如果参数是一个数组或引用，则只计算其中的数字。数组或引用中的空白单元格、逻辑值和文本将被忽略。
>
> （3）如果参数为错误值或者不能转换为数字的文本，将导致错误。

技巧233
PRODUCT函数：返回所有参数的乘积

效果文件：FILES\07\技巧233.xlsx

格式：

PRODUCT(number1, number2, …)

参数：

☆number1, number2, …：表示对其求乘积的1～255个参数。

使用PRODUCT函数可以将所有以参数形式给出的数字相乘并返回乘积，如图7-64所示。

B7		f_x	=PRODUCT(A1:A4)			
	A	B	C	D	E	F
1	34	34				
2	-23	23				
3	3.5	3.5				
4	-3.2	3.2				
5						
6	公式	结果	说明			
7	=PRODUCT(A1:A4)	8758.4	返回一列的所有参数之积			
8	=PRODUCT(A3:B3)	12.25	返回一行的所有参数之积			
9	=PRODUCT(A1,B2,A3)	2737	返回任意单元格参数之乘积			

图7-64

> 提示
>
> （1）当参数为数字、逻辑值及数字的文本表达式时可以被计算。当参数为错误值或者不能转换为数字的字符时将导致错误。
>
> （2）如果参数为数组或引用，只有其中的数字能被计算。数组或引用中的空白单元格、逻辑值、文本和错误值将被忽略。

技巧234
MOD函数：返回两数相除的余数

效果文件：FILES\07\技巧234.xlsx

格式：

MOD(number, divisor)

参数：

☆number：表示被除数。

☆divisor：表示除数。

使用MOD函数可以返回两数相除的余数，结果的正负值与除数相同，如图7-65所示。

B10 ▾		fx	=MOD(A3,B3)				
▲	A	B	C	D	E	F	G
1	数据1	数据2					
2	E	1					
3	4	2					
4	6	5					
5	8	0					
6	6	R					
7							
8	公式	结果	说明				
9	=MOD(A2,B2)	#VALUE!	单元格A2中的数据为非文本型，返回错误值#VALUE!				
10	=MOD(A3,B3)	0	返回4除以2的余数				
11	=MOD(A4,B4)	1	返回6除以5的余数				
12	=MOD(A5,B5)	#DIV/0!	单元格B5中的数据为0，返回错误值#DIV/0!				
13	=MOD(A6,B6)	#VALUE!	单元格B6中的数据为非文本型，返回错误值#VALUE!				

图7-65

> 提示
>
> （1）如果被除数为非数值型，返回值为"#VALUE!"。
>
> （2）如果除数为非数值型，返回值为"#VALUE!"。
>
> （3）如果除数为0，返回值为"#DIV/0!"。

技巧235

INT函数：返回参数的整数部分

效果文件：FILES\07\技巧235.xlsx

格式：

INT(number)

参数：

☆number：表示需要进行向下舍入取整的实数。

利用INT函数可以返回将数字向下舍入取整的整数，如图7-66所示。

B8 ▾		fx	=INT(A3)			
▲	A	B	C	D	E	F
1	数据1	数据2				
2	E	1				
3	4.2	-2.35				
4	0	5				
5						
6	公式	结果	说明			
7	=INT(A2)	#VALUE!	参数为非数值的文本型，返回错误值#VALUE!			
8	=INT(A3)	4	参数为整正的小数，返回最接近的整数			
9	=INT(B3)	-3	参数负的小数，返回最接近的负整数			
10	=INT(B2:B4)	#VALUE!	参数为单元格区域，返回错误值#VALUE!			

图7-66

提示

（1）参数不能是单元格区域。

（2）如果参数为非数值型，则INT函数将返回错误值"#VALUE!"。

技巧236

ADDRESS函数：按照指定的行号和列号返回单元格引用地址

效果文件：FILES\07\技巧236.xlsx

格式：

ADDRESS(row_num, column_num, abs_num, a1, sheet_text)

参数：

☆row_num：在单元格引用中使用的行号。

☆column_num：在单元格引用中使用的列号。

☆abs_num：用1～4的整数指定返回的引用类型。此参数可以省略，省略则默认取值为1。如果输入其他数值，则返回错误值"#VALUE!"。数字和类型的关系如表7-2所示。

表7-2

值	说　明
abs_num	返回的引用类型
1 或省略	绝对引用
2	绝对行号，相对列号
3	相对行号，绝对列号
4	相对引用

☆a1：用来指定a1或R1C1引用样式的逻辑值。如果a1为"TRUE"或省略，ADDRESS函数将返回a1样式的引用；如果a1为"FALSE"，ADDRESS函数将返回R1C1样式的引用。

☆sheet_text：为文本，用来指定作为外部引用的工作表的名称。如果省略该参数，则不使用任何工作表名。

ADDRESS函数可以根据指定的行号和列号返回特定的单元格引用地址。单元格的引用类型有绝对引用、混合引用和相对引用，引用形式则有a1样式和R1C1样式，如图7-67所示。

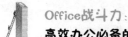

	A	B	C
B3	=ADDRESS(2,4)		
1			
2	公式	结果	说明
3	=ADDRESS(2,4)	$D$2	使用A1应用样式，并同时使用绝对引用
4	=ADDRESS(2,4,2)	D$2	使用了绝对行号，相对列标，属于混合引用
5	=ADDRESS(2,4,2,FALSE)	R2C[4]	使用R1C1引用样式，并同时使用了绝对行号，相对列标
6	=ADDRESS(2,4,4,TRUE)	D2	使用A1引用样式，并同时使用相对应用
7	=ADDRESS(2,4,5,FALSE)	#VALUE!	参数Abs_num的数字为5，超出了1～4的范围，所以返回错误值=VALUE!
8	=ADDRESS(2,4,1,TRUE,"[Book2]Sheet1")	[Book2]Sheet1!$D$2	使用A1引用样式对其他工作簿或工作表的绝对引用
9	=ADDRESS(2,4,3,FALSE,"Sheet2")	Sheet2!R[2]C4	使用R1C1引用样式对其他工作表的引用，同时使用相对行号，绝对列标

图7-67

> **提示**
>
> 如果返回值类型的数字范围超出了1～4，则会显示错误值"#VALUE!"。

📖 技巧237

CHOOSE函数：返回指定数值参数列表中的数值

> 效果文件：FILES\07\技巧237.xlsx

格式：

CHOOSE(index_num, value1, value2, ⋯)

参数：

☆index_num：指定所选参数序号的值参数。必须使用1～254之间的数字，或者包含数字1～254的公式或单元格引用。index_num如果为1，CHOOSE函数返回value1；如果为2，CHOOSE函数返回value2；以此类推。如果index_num小于1或大于列表中最后一个值的序号，CHOOSE函数返回错误值"#VALUE!"。如果index_num为小数，则要在取整后使用。

☆value1, value2, ⋯：为1～254个数值参数。函数CHOOSE基于index_num，从中选择一个数值或一项要执行的操作。参数可以为数字、单元格引用、定义名称、公式、函数或文本。

使用CHOOSE函数可以根据索引号从最多254个数值中选择一个。例如，如果value1～value7表示一周的7天，当将1～7之间的数字用作index_num时，CHOOSE函数将返回其中的一天，如图7-68所示。

B9 fx =CHOOSE(2,A2,A3,A4,A5)

	A	B	C
1			
2	11	AB	
3	12	AC	
4	13	BD	
5	14	EF	
6	15	DE	
7			
8	**公式**	**结果**	**说明**
9	=CHOOSE(2,A2,A3,A4,A5)	12	返回第二个参数对应单元格的值
10	=CHOOSE(-2,B2,B3,B4,B5)	#VALUE!	参数index_num小于1，所以返回的结果为错误值“#VALUE”
11	=CHOOSE(2.6,B3,B4,B5,B6)	BD	参数index_num为小数，取整后再计算返回值
12	=CHOOSE(1,"上","下","左","右")	上	返回第一个参数对应的文本
13	=SUM(CHOOSE(2,B1:B6,A1:A6,C1:C10))	65	返回的参数为一个单元格引用区域，然后再对区域进行求和

图7-68

提示

（1）如果index_num为一个数组，则函数CHOOSE将计算每一个值。

（2）CHOOSE函数的数值参数不仅可以为单个数值，也可以为区域引用。

（3）使用CHOOSE函数时要用逗号将各个值分开。

技巧238

MATCH函数：返回指定方式下与指定数值匹配的元素的位置

效果文件：FILES\07\技巧238.xlsx

格式：

MATCH(lookup_value, lookup_array, match_type)

参数：

☆lookup_value：需要在数据表中查找的数值（需要在lookup_array中查找的数值）。lookup_value可以为数值（数字、文本或逻辑值）或者对数字、文本和逻辑值的单元格引用。

☆lookup_array：可能包含所要查找数值的连续单元格区域，应使用数组或数组引用。

☆match_type：为数字-1、0或1。match_type用于指明查找值的方法，如表7-3所示。

表7-3

值	说　明	排序方式
match_type值	MATCH函数的查找范围	lookup_array的排序方式
1或省略	查找小于或等于lookup_value的最大值	必须按升序排列
0	查找等于lookup_value的第一个值	可以按任何顺序排列
-1	查找大于或等于lookup_value的最小值	必须按降序排列

使用MATCH函数可以按照指定的查找类型返回与指定数值相匹配的元素的位置。MATCH函数返回的是与指定数值相匹配的元素的位置，而LOOKUP函数查找的是匹配值，如图7-69所示。

B9	fx	=MATCH(21,B2:B5,1)		
	A	B	C	
1				
2	?	20		
3	!	21		
4	*	22		
5	大于	23		
6	小于	24		
7				
8	公式	结果	说明	
9	=MATCH(21,B2:B5,1)	2	返回21在区域B2:B5中的位置为2	
10	=MATCH(22,B2:B5,0)	3	返回22在区域B2:B5中的位置为3	
11	=MATCH(23,B2:B5,-1)	#N/A	因为match_type参数值为-1，而区域B2:B5中的字没有按照降序排列，所以返回错误值"#N/A"	
12	=MATCH("a",{"a","b","c"},0)	1	返回字母a的在数组{a、b、c}相应位置为1	
13	=MATCH("~*",A2:A6,0)	3	返回*在区域A2:6的位置为3	
14	=MATCH("abb",{"agg","?","*","abb"},0)	4	问号，*号都可以使用，最后返回abb的位置为4	

图7-69

提示

（1）MATCH函数返回的是lookup_array中目标值的位置，而不是值本身。

（2）查找文本值时，MATCH函数不区分大写和小写字母。

（3）如果MATCH函数查找不成功，则返回错误值"#N/A"。

（4）如果match_type为0且lookup_value为文本，可以在lookup_value中使用通配符、问号（?）和星号（*）。问号匹配任意单个字符；星号匹配任意一串字符。如果要查找问号或星号字符，应在该字符前输入波形符（~）。

技巧239
LOOKUP函数（向量形式）：从单行或单列区域返回一个值

效果文件：FILES\07\技巧239.xlsx

格式：

LOOKUP(lookup_value, lookup_vector, result_vector)

参数：

☆lookup_value：指定要在第一个向量中查找的值，可以是数字、文本、逻辑值、名称或值的引用。

☆lookup_vector：查找范围只包含一行或一列。lookup_vector中的值可以是文本、数字或逻辑值。

☆result_vector：函数的返回值范围只包含一行或一列，而且必须与lookup_vector的大小相同。

当要查询的值列表较大或者值可能随时间而改变时，可以使用LOOKUP函数的向量形式。LOOKUP函数的另一种形式是自动在第一行或第一列中查找，如图7-70所示。

B9		f_x	=LOOKUP(1.6,B2:B6,A2:A6)	

	A	B	C
1	水果	单价	
2	黄瓜	0.45	
3	西瓜	0.65	
4	香蕉	1.60	
5	苹果	2.50	
6	葡萄	3.10	
7			
8	公式	结果	说明
9	=LOOKUP(1.6,B2:B6,A2:A6)	香蕉	在B列中查找 1.6,然后返回A列中同一行内对应的值
10	=LOOKUP(3.0,B2:B6,A2:A6)	苹果	在B列中查找3.0,与接近它的最小值(2.5)匹配,然后返回A列中同一行内的值
11	=LOOKUP(4.5,B2:B6,A2:A6)	葡萄	在B列中查找4.5,与接近它的最小值(3.1)匹配,然后返回A列中同一行内的值
12	=LOOKUP(0.23,B2:B6,A2:A6)	#N/A	在B列中查找0.23,返回错误值"#N/A",因为0.23小于B2:B6 中的最小值

图7-70

LOOKUP函数有两种语法形式,分别是向量形式和数组形式,如表7-4所示。

表7-4

函数的形式	概　念	作　用
向量形式	在单行或单列(称为"向量")中查找值,返回第二个单行或单列中处于相同位置的值	当要查询的值列表较大或者值可能随时间而改变时,使用向量形式
数组形式	在数组的第一行或第一列中查找指定的值,返回数组的最后一行或最后一列中相同位置的值	当要查询的值列表较小或者值在一段时间内保持不变时,使用数组形式

提示

(1)lookup_vector中的值必须按升序排列,如"…,−2,−1,0,1,2,…"、A～Z、"FALSE, TRUE"。否则,LOOKUP函数会返回错误值。

(2)在LOOKUP函数中大写文本和小写文本是等同的。

(3)如果LOOKUP函数没有找到与lookup_value匹配的值,则会与lookup_vector中小于或等于lookup_value的最大值匹配。

(4)如果lookup_value的值小于lookup_vector中的最小值,则LOOKUP函数会返回错误值"#N/A"。

技巧240
LOOKUP函数(数组形式):从数组中返回一个值

效果文件:FILES\07\技巧240.xlsx

格式:

LOOKUP(lookup_value, array)

参数:

☆lookup_value:要在数组中查找的值,可以是数字、文本、逻辑值、名称或对值的引用。

☆array：在单元格区域内指定查找范围。随着数组行数和列数的变化，返回值也会发生变化。

当要匹配的值位于数组的第一行或第一列时，使用LOOKUP函数的数组形式会更方便。但当要指定列或行的位置时，就要使用LOOKUP函数的向量形式，如图7-71所示。需要强调一点：数组形式的LOOKUP函数主要是在数组的第一行或第一列中查找指定的值，而返回值是最后一行或最后一列中相同位置的值，其中查找值和返回值的位置关系如表7-5所示。

表7-5

条　件	查找值范围	查找方向	返回值范围
数组的行数和列数相同或行数大于列数时	第一列	横向	同行的最后一列
数组的行数小于列数时	第一行	纵向	同列的最后一行

B8　=LOOKUP(B2,{5,20,30,40,65},{"F","D","C","B","A"})

	A	B	C
1		销售数量	
2		45	
3		65	
4		18	
5		2	
6			
7	公式	结果	说明
8	=LOOKUP(B2,{5,20,30,40,65},{"F","D","C","B","A"})	B	在数组的第一行中查找小于或等于B2的最大值，然后返回数组中最后一行内同一列的值为B
9	=LOOKUP(B3,{5,20,30,40,65},{"F","D","C","B","A"})	A	在数组的第一行中查找小于或等于B3的最大值，然后返回数组中最后一行内同一列的值为A
10	=LOOKUP(B4,{5,20,30,40,65},{"F","D","C","B","A"})	F	在数组的第一行中查找小于或等于B4的最大值，然后返回数组中最后一行内同一列的值为F
11	=LOOKUP(B5,{5,20,30,40,65},{"F","D","C","B","A"})	#N/A	在数组的第一行中查找小于或等于B5的最大值，因为B5小于数组中的最小值，所以返回错误值"#N/A"
12	=LOOKUP("A",{"a","b","c","d";6,7,8,9})	6	在数组的第一行中查找"A"，返回最后一行与"a"同一列的值6
13	=LOOKUP("A",{"d","c","b","a";6,7,8,9})	#N/A	在数组的第一行中查找"A"，返回最后一行与"a"同一列的值，但是因为数组中的值没有按升序排列，所以显示错误值"#N/A"
14	=LOOKUP("Buy",{"a",1;"b",2;"c",3})	2	在数组的第一列中查找"Buy"，即查找小于或等于B的最大值，返回了数组中最后一列与"B"同一行的值为2

图7-71

提示

（1）如果LOOKUP函数找不到与lookup_value匹配的值，则会使用数组中小于或等于lookup_value的最大值。

（2）如果lookup_value的值小于第一行或第一列中的最小值（取决于数组维度），则LOOKUP函数将返回错误值"#N/A"。

（3）数组中的值必须以升序排列，如"…，-2，-1，0，1，2，…"、A～Z、"FALSE, TRUE"。否则，LOOKUP函数无法返回正确的值。

（4）LOOKUP函数中大写文本和小写文本是等同的。

技巧241

COUNT函数：返回参数列表中数字的个数

效果文件：FILES\07\技巧241.xlsx

格式：

COUNT(value1, value2, …)

参数：

☆value1, value2, …：表示可以包含或引用各种类型数据的1～255个参数，但只有数字类型的数据才计算在内。

利用COUNT函数可以计算单元格区域或数字数组中数字字段的个数，如图7-72所示。

B6 =COUNT(A1:A3)

	A	B	C	D	E	F	G
1	1	Excel	TRUE				
2	3		DIV/0!				
3	5						
4							
5	公式	结果	说明				
6	=COUNT(A1:A3)	3	返回参数中数字单元格个数				
7	=COUNT(A1:B2)	2	返回参数中数字单元格个数，忽略文本				
8	=COUNT(B1:C2)	0	返回参数中数字单元格个数，忽略错误值				
9	=COUNT(A1:C3)	3	返回参数中数字单元格个数，忽略错误值、逻辑值等				

图7-72

提示

（1）数字参数、日期参数及代表数字的文本参数被计算在内。

（2）逻辑值和直接输入参数列表中代表数字的文本被计算在内。

（3）错误值或不能转换为数字的文本将被忽略。

（4）如果参数是一个数组或引用，则只计算其中的数字。

（5）数组或引用中的空白单元格、逻辑值、文本或错误值将被忽略。

（6）如果要统计逻辑值、文本或错误值，应使用COUNTA函数。

技巧242

COUNTA函数：返回参数列表中非空单元格的个数

效果文件：FILES\07\技巧242.xlsx

格式：

COUNTA(value1, value2, …)

参数：

☆value1, value2, …：表示可以包含或引用各种类型数据的1～255个参数，但只有数字类型的数据才计算在内。

利用COUNTA函数可以返回参数列表中非空单元格的个数，如图7-73所示。

B6	fx	=COUNTA(A1:A4)					
	A	B	C	D	E	F	G
1	1	Excel	TRUE				
2	3		DIV/0!				
3	5						
4							
5	公式	结果	说明				
6	=COUNTA(A1:A4)	3	返回参数中非空白单元格个数				
7	=COUNTA(A1:C3)	6	返回参数中非空白单元格个数，忽略空白单元格				

图7-73

提示

（1）数值可以是任何类型的信息，包括错误值和空文本（""）。数值不包括空白单元格。

（2）如果参数为数组或引用，则只使用其中的数值。数组或引用中的空白单元格和文本将被忽略。

（3）如果不需要对逻辑值、文本和错误值计数，应使用COUNT函数。

技巧243

AVERAGE函数：返回参数的平均值

效果文件：FILES\07\技巧243.xlsx

格式：

AVERAGE(number1, number2, …)

参数：

☆number1, number2, …：表示要计算其平均值的1～255个数字参数。

利用AVERGE函数可以计算单元格区域或数字数组中数字的平均值，如图7-74所示。

B6	fx	=AVERAGE(A1:B3)				
	A	B	C	D	E	F
1	1	11	Excel	0		
2	3	20	VBS			
3	5	30				
4						
5	公式	结果	说明			
6	=AVERAGE(A1:B3)	11.67	返回参数的平均值			
7	=AVERAGE(A1:C3)	11.67	返回参数的平均值，忽略文本型			
8	=AVERAGE(A1:D2)	7	返回参数的平均值，忽略文本型，包含零值			

图7-74

提示

（1）参数可以是数字或包含数字的名称、数组或引用。

（2）逻辑值和直接输入参数列表中代表数字的文本被计算在内。

（3）如果数组或引用参数包含文本、逻辑值或空白单元格，则这些值将被忽略，但包含零值的单元格将被计算在内。

（4）如果参数为错误值或不能转换为数字的文本，将导致错误。

（5）如果要计算引用中的逻辑值和代表数字的文本，应使用AVERAGEA函数。

技巧244

MEDIAN函数：返回给定数值的中值

效果文件：FILES\07\技巧244.xlsx

格式：

MEDIAN(number1, number2, …)

参数：

☆number1, number2, …：表示要计算中值的1～255个数字。

中值是指在一组数值中居于中间的数值。利用MEDIAN函数可以返回给定数值的中值，如图7-75所示。

B6 fx =MEDIAN(A1:B3)

	A	B	C	D	E	F
1	1	11	-4			
2	3	20	-5			
3	5	30	Excel			
4						
5	**公式**	**结果**	**说明**			
6	=MEDIAN(A1:B3)	8	返回给定数值的中值			
7	=MEDIAN(A1:A4)	3	返回给定数值的中值，忽略空白单元格			
8	=MEDIAN(B1:C3)	11	返回给定数值中值，忽略文本			

图7-75

提示

（1）如果参数集合中包含偶数个数字，MEDIAN函数将返回位于中间的两个数的平均值（参见图7-75中的第二个公式）。

（2）参数可以是数字或者包含数字的名称、数组或引用。

（3）逻辑值和直接输入参数列表中代表数字的文本被计算在内。

（4）如果数组或引用参数包含文本、逻辑值或空白单元格，则这些值将被忽略，但包含零值的单元格将被计算在内。

（5）如果参数为错误值或不能转换为数字的文本，将导致错误。

📖 技巧245

MAX函数：返回一组值中的最大值

效果文件：FILES\07\技巧245.xlsx

格式：

MAX(number1, number2, …)

参数：

☆number1, number2, …：表示要计算最大值的1～255个数字。

利用MAX函数可以返回一组值中的最大值，如图7-76所示。

	A	B	C	D	E	F
1						
2	3	20	-5			
3	5	30				
4						
5	公式	结果	说明			
6	=MAX(A1:B3)	30	返回参数中最大值			
7	=MAX(A1:C1)	0	参数中不包含数值，返回0			
8	=MAX(C1:C3)	-5	返回参数中最大值，忽略空白单元格			

图7-76

> 提示
>
> （1）参数可以是数字或者包含数字的名称、数组或引用。
> （2）逻辑值和直接输入参数列表中代表数字的文本被计算在内。
> （3）如果参数为数组或引用，则只使用该数组或引用中的数字，数组或引用中的空白单元格、逻辑值或文本将被忽略。
> （4）如果参数不包含数字，MAX函数将返回零值。
> （5）如果参数为错误值或不能转换为数字的文本，将导致错误。
> （6）如果要计算引用中的逻辑值和代表数字的文本，应使用MAXA函数。

📖 技巧246

MIN函数：返回一组值中的最小值

效果文件：FILES\07\技巧246.xlsx

格式：

MIN(number1, number2, …)

参数：

☆number1, number2, …：表示要计算最小值的1～255个数字。

利用MIN函数可以返回一组值中的最小值，如图7-77所示。

B6		fx	=MIN(A1:B3)	
▲	A	B	C	
1				
2	3	20	-5	
3	5	30		
4				
5	公式	结果	说明	
6	=MIN(A1:B3)	3	返回参数中最小值	
7	=MIN(A1:C1)	0	参数中不包含数值，返回0	
8	=MIN(C1:C3)	-5	返回参数中最小值，忽略空白单元格	

图7-77

提示

（1）参数可以是数字或者包含数字的名称、数组或引用。

（2）逻辑值和直接输入参数列表中代表数字的文本被计算在内。

（3）如果参数为数组或引用，则只使用该数组或引用中的数字，数组或引用中的空白单元格、逻辑值和文本将被忽略。

（4）如果参数不包含数字，MIN函数将返回零值。

（5）如果参数为错误值或不能转换为数字的文本，将导致错误。

（6）如果要计算引用中的逻辑值和代表数字的文本，应使用MINA函数。

技巧247

VAR函数：计算给定样本的方差

效果文件：FILES\07\技巧247.xlsx

格式：

VAR(number1, number2, …)

参数：

☆number1, number2, …：表示对应于总体样本的1～255个数字。

利用VAR函数可以计算基于给定样本的方差，如图7-78所示。

B7		fx	=VAR(A1:A4)	
▲	A	B	C	
1	11	TRUE		
2	12	FALSE	0	
3	13			
4	14			
5				
6	公式	结果	说明	
7	=VAR(A1:A4)	1.66667	返回单元格A1:A4数值的方差	
8	=VAR(A1:B2)	0.5	返回单元格A1:B2数值的方差,忽略逻辑值	
9	=VAR(A1:C4)	32.5	返回单元格A1:C4数值的方差,忽略逻辑值和空白单元格	

图7-78

函数VAR的计算公式为：

$$\frac{n\sum x^2 - (\sum x)^2}{n(n-1)}$$

其中，x表示样本平均值，n表示样本值。

> **提示**
>
> （1）VAR函数假设其参数是样本总体中的一个样本。如果数据为整个样本总体，则应使用VARP函数来计算方差。参数可以是数字或者包含数字的名称、数组或引用。
>
> （2）逻辑值和直接输入参数列表中代表数字的文本被计算在内。
>
> （3）如果参数是一个数组或引用，则只计算其中的数字，数组或引用中的空白单元格、逻辑值、文本和错误值将被忽略。
>
> （4）如果参数为错误值或不能转换为数字的文本，将导致错误。
>
> （5）如果要计算引用中的逻辑值和代表数字的文本，应使用VARA函数。

技巧248
STDEV函数：估算样本总体的方差

效果文件：FILES\07\技巧248.xlsx

格式：

STDEV(number1, number2, …)

参数：

☆number1, number2, …：表示对应于样本总体的1～255个参数。也可以不使用这种用逗号分隔参数的形式，而使用单个数组或对数组的引用形式。

利用STDEV函数可以估算基于样本的标准差。标准差反映数值相对于平均值（mean）的离散程度，如图7-79所示。

	A	B	C	D	E
	fx	=STDEV(A1:A4)			
1	11	TRUE		#VALUE!	
2	12	FALSE	0		
3	13				
4	14				
5					
6	公式	结果	说明		
7	=STDEV(A1:A4)	1.290994449	返回单元格数值的标准差		
8	=STDEV(A1:B2)	0.707106781	返回标准差，忽略逻辑值		
9	=STDEV(A1:C4)	5.700877125	返回标准差，忽略逻辑值和空白单元格		
10	=STDEV(A1:D2)	#VALUE!	参数中含有错误值，返回错误值		

图7-79

STDEV函数的计算公式为：

$$\sqrt{\frac{n\sum x^2-(\sum x)^2}{n(n-1)}}$$

其中，x是样本平均值，n是样本值。

> 提示
>
> （1）STDEV函数假设其参数是样本总体中的样本。如果数据代表全部样本，应使用函数STDEVPA来计算标准差。
>
> （2）此处标准差的计算使用“n−1”方法。
>
> （3）参数可以是数字或者包含数字的名称、数组或引用。逻辑值和直接输入参数列表中代表数字的文本被计算在内。
>
> （4）如果参数是一个数组或引用，则只计算其中的数字。数组或引用中的空白单元格、逻辑值、文本和错误值将被忽略。
>
> （5）如果参数为错误值或不能转换为数字的文本，将导致错误。
>
> （6）如果要计算引用中的逻辑值和代表数字的文本，应使用STDEV函数。

技巧249

KURT函数：返回数据集的峰值

效果文件：FILES\07\技巧249.xlsx

格式：

KURT(number1, number2, …)

参数：

☆number1, number2, …：表示用于计算峰值的1～255个参数。也可以不使用这种用逗号分隔参数的形式，而使用单个数组或对数组的引用形式。

KURT函数用于返回数据集的峰值，如图7-80所示。峰值反映与正态分布相比某一分布的尖锐度或平坦度。正峰值表示相对尖锐的分布，负峰值表示相对平坦的分布。

B7　fx　=KURT(A1:A4)

	A	B	C	D	E
1	11	TRUE		#VALUE!	
2	12	FALSE	0		
3	13	34			
4	14	45			
5					
6	**公式**	**结果**	**说明**		
7	=KURT(A1:A4)	-1.2	返回数据的峰值		
8	=KURT(A1:D1)	#VALUE!	数据区域包含错误值		
9	=KURT(A1:A2)	#DIV/0!	数据点小于4个，返回错误值		
10	=KURT(A1:C3)	2.669927	返回数据的峰值，忽略空白单元格和逻辑值		

图7-80

KURT函数的计算公式为：

$$KURT=\left[\frac{n(n-1)}{n(n-1)(n-2)(n-3)}\sum\left(\frac{x_i-x}{s}\right)\right]-\frac{3(n-1)^2}{(n-2)(n-3)}$$

其中，s表示样本的标准差。

提示

（1）参数可以是下列形式：数值；包含数值的名称、数组或引用；数字的文本表示；引用中的逻辑值，例如"TRUE"和"FALSE"。

（2）逻辑值和直接输入参数列表中代表数字的文本被计算在内。

（3）如果参数为数组或引用，则只使用其中的数值。数组或引用中的空白单元格和文本将被忽略。

（4）如果参数为错误值或不能转换为数字的文本，将导致错误。

（5）如果数据点少于4个，或者样本标准差为0，KURT函数将返回错误值"#DIV/0!"。

技巧250

FDIST函数：返回F分布

效果文件：FILES\07\技巧250.xlsx

格式：

FDIST(x, degrees_freedom1, degrees_freedom2)

参数：

☆x：表示需要返回F分布的参数值。

☆degrees_freedom1：表示分子的自由度。

☆degrees_freedom2：表示分母的自由度。

FDIST函数用于返回F分布。使用此函数可以确定两个数据集是否存在变化程度上的不同，如图7-81所示。

	A	B	C	D	E	F

B10 · fx =FDIST(C1,A3,B3)

	A	B	C	D	E	F
1	Excel	10	11			
2	-45	37				
3	81	65				
4	26	9.5				
5	0	42				
6						
7	公式	结果	说明			
8	=FDIST(C1,A1,B1)	#VALUE!	参数中包含非数值，返回错误值			
9	=FDIST(C1,A2,B2)	#NUM!	参数中包含负数，返回错误值			
10	=FDIST(C1,A3,B3)	2.43052E-19	返回 F 概率分布			
11	=FDIST(C1,A4,B4)	0.000382177	截尾取整，返回 F 概率分布			
12	=FDIST(C1,A5,B5)	#NUM!	参数degrees_freedom1 < 1，返回错误值			

图7-81

提示

（1）如果任何参数都为非数值型，FDIST函数返回错误值“#VALUE!”。

（2）如果x为负数，FDIST函数返回错误值“#NUM!”。

（3）如果degrees_freedom1或degrees_freedom2不是整数，将被截尾取整。

（4）如果degrees_freedom1的值小于1，FDIST函数返回错误值“#NUM!”。

（5）如果degrees_freedom2的值小于1，FDIST函数返回错误值“#NUM!”。

（6）FDIST函数的计算公式为$P(F>x)$，其中F为呈F分布且带有degrees_freedom1和degrees_freedom2自由度的随机变量。

技巧251

BINOMDIST函数：计算一元二项式分布的概率

效果文件：FILES\07\技巧251.xlsx

格式：

BINOMDEST(number_s, trials, probability_s, cumulative)

参数：

☆number_s：试验成功的次数。如果该参数带有小数，BINOMDIST函数将自动舍弃小数部分。如果该参数为非数字值，则返回“#VALUE!”。如果该参数小于0或大于trials的值，则返回“#NUM!”。

☆trials：伯努利试验的次数。如果该参数带有小数，BINOMDIST函数将自动舍弃小数部分。如果该参数为非数字值，则返回“#VALUE!”。

☆probability_s：每次试验的成功概率。如果该参数带有小数，BINOMDIST函数将自动舍弃小数部分。如果该参数为非数字值，则返回“#VALUE!”。如果该参数小于0或大于1，则返回“#NUM!”。

☆cumulative：一个逻辑值，用于决定使用概率密度函数还是累积分布函数。如果该参数为“TRUE”，BINOMDIST函数将返回累积分布函数，即至多number_s次成功的概率。如果该参数为“FALSE”，BINOMDIST函数将返回概率密度函数，即number_s次成功的概率。

BINOMDIST函数适用于固定次数的独立试验，即试验的结果只包含两种情况，且成功的概率在实验期间固定不变。例如，BINOMDIST函数可以计算“掷10次硬币，3次为正面”的概率，如图7–82所示。

| B6 | ▾ | f_x | =BINOMDIST(B1,C1,D1,FALSE) |

	A	B	C	D	E
1		3	10	0.5	
2		3	10	0.5	
3		3.5	10	0.5	
4					
5	公式	结果	说明		
6	=BINOMDIST(B1,C1,D1,FALSE)	11.72%	返回投10次硬币有3次为正面的概率		
7	=BINOMDIST(B2,C2,D2,TRUE)	17.19%	返回累积分布概率		
8	=BINOMDIST(B3,C3,D3,FALSE)	11.72%	当参数中有小数时，自动过滤		
9	=BINOMDIST(11,10,0.5,FALSE)	#NUM!	number_s > Teials		
10	=BINOMDIST(-1,10,0.5,FALSE)	#NUM!	number_s < 0		
11	=BINOMDIST(3,10,-1,FALSE)	#NUM!	probability_s < 0		
12	=BINOMDIST(3,10,2,FALSE)	#NUM!	probability_s > 1		
13	=BINOMDIST("a",10,0.5,FALSE)	#VALUE!	参数中带有非数字值		

图7-82

一元二项式概率密度函数的计算公式为：

$$b(x;n,p) = \binom{n}{x}p^n(1-p)^{n-N}$$

式中

$$\binom{n}{x} = COMBIN(n,x)$$

一元二项式累积分布函数的计算公式为：

$$B(x;n,p) = \sum_{y=0}^{N} b(y;n,p)$$

> 提示
>
> BINOMDEST函数计算的是排列数，而不是组合数。若想计算组合数，应使用数学与三角函数中的COMBIN函数。

技巧252

EXPONDIST函数：返回指数分布

效果文件：FILES\07\技巧252.xlsx

格式：

EXPONDIST(x, lambda, cumulative)

参数：

☆x：函数的值。如果该参数为非数字值，则返回"#VALUE!"。如果该参数值小于0，则返回"#NUM!"。

☆lambda：λ参数值。如果该参数为非数字值，则返回"#VALUE!"。如果该参数值小于等于0，则返回"#NUM!"。

☆cumulative：一个逻辑值，用于决定是使用概率密度函数还是累积分布
函数。如果该参数为"TRUE"，将返回累积分布函数。如果该参数为
"FALSE"，则返回概率密度函数。

EXPONDIST函数返回x的指数分布。指数分布多用于建立事件与时间的模型，
如图7-84所示。

B6 ▼	f_x =EXPONDIST(B1,C1,FALSE)		
	A	B	C
1		1	1
2		1	1
3		1	0
4			
5	公式	结果	说明
6	=EXPONDIST(B1,C1,FALSE)	0.367879441	计算λ为1，X为1的指数分布概率
7	=EXPONDIST(B2,C2,TRUE)	0.632120559	计算λ为1，X为1的累积分布
8	=EXPONDIST(B3,C3,FALSE)	#NUM!	计算λ为0
9	=EXPONDIST(-1,1,FALSE)	#NUM!	X小于0
10	=EXPONDIST(1,"lambda",FALSE)	#VALUE!	参数中带有字符串

图7-83

概率密度函数的计算公式为：

$f(x,\lambda) = \lambda e^{-\lambda x}$

累积分布函数的计算公式：

$F(x,\lambda) = 1 - e^{-\lambda x}$

提示

　　许多电子产品的寿命符合指数分布。对电子产品寿命的计算可以使用
EXPONDIST函数。

第8章 函数的高级应用技巧

本章将针对日期和时间函数、财务函数、统计函数等的使用技巧展开详细介绍，以帮助读者全面掌握这些知识。

要想深入了解Excel 2010函数的使用方法，必须掌握其高级应用技巧，如利用日期和时间函数计算工龄、利用查找和引用函数判断重复值、利用财务函数计算投资收益率等。

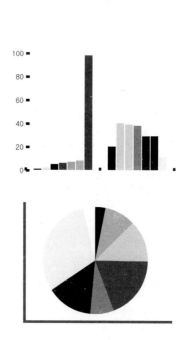

技巧253
估算到货日期

效果文件：FILES\08\技巧253.xlsx

某网上商店，在接受顾客订货时，由于运输的距离不同，到货的日期也会不一样，这就要求店家估算到货日期，步骤如下。

1. 打开工作簿，在工作表中输入订单信息，如图8-1所示。

2. 在单元格E2中输入公式"=TODAY()"来计算当天日期，按下【Enter】键，即可得到计算结果，如图8-2所示。

图8-1　　　　　　　　　　图8-2

3. 在单元格E4中输入公式"=TODAY()+D4"，通过当天日期加上送货周期计算到货日期。按下【Enter】键，得到计算结果，如图8-3所示。

4. 复制单元格E4中的公式到单元格区域E5:E8，即可算出其他客户的到货日期，如图8-4所示。

图8-3　　　　　　　　　　图8-4

> **提示**
>
> 　　由于TODAY函数返回的当前日期为序列号，可以进行加、减运算，所以重新打开文件或按【F9】键都可更新TODAY函数返回的日期。如果不想更新输入的日期，可以按【Ctrl】+【;】组合键来输入当前日期。此方法的缺点是不可以将日期作为序列号进行加、减运算。
>
> 　　在本技巧中，订单时间是使用TODAY函数计算的当天日期，有一个缺陷

是该订单的到货日期只能以制表当天的日期为参考进行计算。例如，2012年6月17日的订单在其他日期打开时，订货日期和到货日期都会根据用户计算机的当前日期自动更新。如果需要让该订单仅作为2012年6月17日当天的数据参考，就必须使用【Ctrl】+【;】组合键来输入当天的日期。这样，不论在什么时间打开工作表，其中的日期都不会变化。方法很简单——选中要输入当天日期的单元格，然后按下【Ctrl】+【;】组合键即可。

技巧254
计算产品促销天数

效果文件：FILES\08\技巧254.xlsx

某食品公司从2012年开始销售饮品，而且该系列饮品在刚上市的2012年6月到2012年11月之间一直在做各种促销。要想知道这个系列饮品各品种在刚上市时的促销天数，可以利用DATE函数来计算，步骤如下。

1. 打开工作簿，在工作表中创建如图8-5所示的原始数据。

2. 在单元格G4中输入公式“=DATE(B4, E4, F4)-DATE(B4, C4, D4)”，按下【Enter】键，即可得到计算结果，如图8-6所示。该公式首先通过“DATE(B4, E4, F4)”计算促销结束日期，然后通过“DATE(B4, C4, D4)”计算促销开始日期，两者的差即为促销天数。

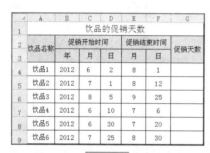

	A	B	C	D	E	F	G
1	饮品的促销天数						
2	饮品名称	促销开始时间			促销结束时间		促销天数
3		年	月	日	月	日	
4	饮品1	2012	6	2	8	1	
5	饮品2	2012	7	1	8	12	
6	饮品3	2012	8	5	9	25	
7	饮品4	2012	6	10	7	6	
8	饮品5	2012	6	30	7	20	
9	饮品6	2012	7	25	8	30	

图8-5

G4 ① =DATE(B4, E4, F4)-DATE(B4, C4, D4)

	A	B	C	D	E	F	G
1	饮品的促销天数						
2	饮品名称	促销开始时间			促销结束时间		促销天数
3		年	月	日	月	日	
4	饮品1	2012	6	2	8	1	60
5	饮品2	2012	7	1	8	12	
6	饮品3	2012	8	5	9	25	
7	饮品4	2012	6	10	7	6	
8	饮品5	2012	6	30	7	20	
9	饮品6	2012	7	25	8	30	

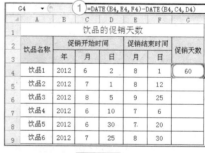

图8-6

3. 复制单元格G4中的公式到单元格区域G5:G9，即可计算其他饮品的促销天数，如图8-7所示。

G4 fx =DATE(B4, E4, F4)-DATE(B4, C4, D4)

	A	B	C	D	E	F	G
1	饮品的促销天数						
2	饮品名称	促销开始时间			促销结束时间		促销天数
3		年	月	日	月	日	
4	饮品1	2012	6	2	8	1	60
5	饮品2	2012	7	1	8	12	42
6	饮品3	2012	8	5	9	25	51
7	饮品4	2012	6	10	7	6	26
8	饮品5	2012	6	30	7	20	20
9	饮品6	2012	7	25	8	30	36

图8-7

> **提示**
>
> 　　单元格G4的格式为日期格式，如果将公式写为"=DATE(B4, E4, F4)－DATE(B4, C4, D4)"，最后在单元格中显示的将是一长串"#"——因为负数的日期和太大的日期在单元格中都会显示为多个"#"。

📖 技巧255
计算员工工龄

效果文件：FILES\08\技巧255.xlsx

　　公司每年都可能有新来的员工，也可能有离开的员工，现在利用YEAR函数来统计员工的上岗年份，具体步骤如下。

　　1. 打开工作簿，在工作表中输入如图8-8所示的员工工龄数据。

　　2. 在单元格D3中输入公式"=YEAR(C3)"，按下【Enter】键，即可得到如图8-9所示的计算结果。

	A	B	C	D	E
1	员工统计表				
2	员工编号	性别	上岗日期	上岗年份	工龄
3	1189	男	2004-5-8		
4	1190	女	2005-8-1		
5	1191	男	2006-1-25		
6	1192	女	2005-6-20		
7	1193	男	2004-7-3		
8	1194	男	2007-3-15		

图8-8

D3 ▾ fx =YEAR(C3) ①

	A	B	C	D	E
1	员工统计表				
2	员工编号	性别	上岗日期	上岗年份	工龄
3	1189	男	2004-5-8	2004	
4	1190	女	2005-8-1		
5	1191	男	2006-1-25		
6	1192	女	2005-6-20		
7	1193	男	2004-7-3		
8	1194	男	2007-3-15		

图8-9

　　3. 复制单元格D3中的公式到单元格区域D4:D8，如图8-10所示。

　　4. 在单元格E3中输入公式"=YEAR(TODAY()-C3) -1900"，按下【Enter】键，即可得到该员工的工龄，如图8-11所示。

D3 ▾ fx =YEAR(C3)

	A	B	C	D	E
1	员工统计表				
2	员工编号	性别	上岗日期	上岗年份	工龄
3	1189	男	2004-5-8	2004	
4	1190	女	2005-8-1	2005	
5	1191	男	2006-1-25	2006	
6	1192	女	2005-6-20	2005	
7	1193	男	2004-7-3	2004	
8	1194	男	2007-3-15	2007	

图8-10

E3 ▾ fx =YEAR(TODAY()-C3) -1900 ①

	A	B	C	D	E
1	员工统计表				
2	员工编号	性别	上岗日期	上岗年份	工龄
3	1189	男	2004-5-8	2004	8
4	1190	女	2005-8-1	2005	
5	1191	男	2006-1-25	2006	
6	1192	女	2005-6-20	2005	
7	1193	男	2004-7-3	2004	
8	1194	男	2007-3-15	2007	

图8-11

　　5. 复制单元格E3中的公式到单元格区域E4:E8，得到每个员工的工龄，如图8-12所示。

E3			f_x	=YEAR(TODAY()-C3) -1900	
	A	B	C	D	E
1	员工统计表				
2	员工编号	性别	上岗日期	上岗年份	工龄
3	1189	男	2004-5-8	2004	8
4	1190	女	2005-8-1	2005	6
5	1191	男	2006-1-25	2006	6
6	1192	女	2005-6-20	2005	6
7	1193	男	2004-7-3	2004	7
8	1194	男	2007-3-15	2007	5

图8-12

> **提示**
>
> 在本技巧中需要掌握为什么要减去1900。这是因为在日期系统中，年份的数值为0～1900，所以系统会自动为计算结果加上1900。例如，当公式"TODAY()-C3"运算得到的年份为25时，系统就会自动加上1900，公式"YEAR(TODAY()-C3)"的返回值为1925。为了得到员工的正确年龄，则需要将结果减去1900，得到年龄25。如果使用的是1904年时间系统，那么就需要减去的就是1904。

技巧256
计算产品销售时间

> 效果文件：FILES\08\技巧256.xlsx

手机市场每天的销售量都很大，所以要查看某个品牌手机的某个型号的销售时间是比较麻烦的。利用函数来计算产品销售时间的步骤如下。

1. 打开工作簿，在工作表中输入如图8-13所示的原始数据。

2. 在单元格D3中输入公式"=DAY(C3)"，按下【Enter】键，将显示计算结果，这个值就是对应型号手机的销售天数，如图8-14所示。

图8-13

图8-14

3. 在单元格G3中输入公式"=E3*F3"，按下【Enter】键，将显示该型号手机当天的销售总额，如图8-15所示。

4. 分别复制单元格D3和G3中的公式至单元格区域D4:D14和G4:G14，得到其他单元格的计算结果，如图8-16所示。

	A	B	C	D	E	F	G
1			2007年3月手机销售统计表				
2	品牌代号	型号	销售日期	销售日	单价	数量	销售总额
3	11-3251	KT11	2007-3-5	5	2680	5	13400
4	11-3252	T100	2007-3-6		2100	12	
5	11-3253	KL0	2007-3-5		3690	18	
6	12-3252	T11	2007-3-5		3850	14	
7	12-3253	T88	2007-3-8		4500	6	
8	13-3254	K12	2007-3-8		3850	41	
9	13-3255	N120	2007-3-10		4125	8	
10	13-3256	MN15	2007-3-6		2680	12	
11	13-3257	MG02	2007-3-6		3260	10	
12	11-3260	NN99	2007-3-5		2800	14	
13	11-3261	U5	2007-3-5		1800	23	
14	11-3262	RE4	2007-3-8		2690	16	

图8-15

	A	B	C	D	E	F	G
1			2007年3月手机销售统计表				
2	品牌代号	型号	销售日期	销售日	单价	数量	销售总额
3	11-3251	KT11	2007-3-5	5	2680	5	13400
4	11-3252	T100	2007-3-6	6	2100	12	25200
5	11-3253	KL0	2007-3-5	5	3690	18	66420
6	12-3252	T11	2007-3-5	5	3850	14	53900
7	12-3253	T88	2007-3-8	8	4500	6	27000
8	13-3254	K12	2007-3-8	8	3850	41	157850
9	13-3255	N120	2007-3-10	10	4125	8	33000
10	13-3256	MN15	2007-3-6	6	2680	12	32160
11	13-3257	MG02	2007-3-6	6	3260	10	32600
12	11-3260	NN99	2007-3-5	5	2800	14	39200
13	11-3261	U5	2007-3-5	5	1800	23	41400
14	11-3262	RE4	2007-3-8	8	2690	16	43040

图8-16

从图8-16中可以发现，销售日期的顺序比较乱。可以利用"排序"工具来给销售日期排序，操作步骤如下。

1. 选中单元格区域A2:G14，然后单击"数据"选项卡"排序和筛选"组中的"排序"按钮，如图8-17所示。

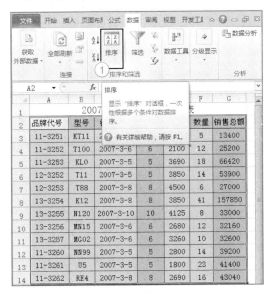

图8-17

2. 此时将打开"排序"对话框。在"主要关键字"下拉列表中选择"销售日"选项，在"排序依据"下拉列表中选择"数值"选项，在"次序"下拉列表中选择"升序"选项，如图8-18所示。

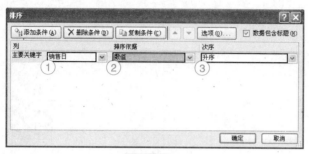

图8-18

3. 单击"确定"按钮，工作表中的数据将按照销售日期排序，如图8-19所示。

品牌代号	型号	销售日期	销售日	单价	数量	销售总额
		2007年3月手机销售统计表				
11-3251	KT11	2007-3-5	5	2680	5	13400
11-3253	KL0	2007-3-5	5	3690	18	66420
12-3252	T11	2007-3-5	5	3850	14	53900
11-3260	NN99	2007-3-5	5	2800	14	39200
11-3261	U5	2007-3-5	5	1800	23	41400
11-3252	T100	2007-3-6	6	2100	12	25200
13-3256	MN15	2007-3-6	6	2680	12	32160
13-3257	MG02	2007-3-6	6	3260	10	32600
12-3253	T88	2007-3-8	8	4500	6	27000
13-3254	K12	2007-3-8	8	3850	41	157850
11-3262	RE4	2007-3-8	8	2690	16	43040
13-3255	N120	2007-3-10	10	4125	8	33000

图8-19

技巧257
计算广告播放时间

效果文件：FILES\08\技巧257.xlsx

广告时间很宝贵，所以大多都是以秒为单位计算的。下面利用SECOND函数来计算晚间8点到9点部分广告的播放时间，步骤如下。

1. 打开工作簿，在工作表中输入如图8-20所示的原始数据。

2. 在单元格D3中输入公式"=SECOND(C3-B3)"，也就是广告播放时间等于广告结束时间减广告开始时间，按下【Enter】键，即可得到广告播放时间（单位为"秒"），如图8-21所示。

	A	B	C	D
1	计算广告时间			
2	广告内容	广告开始时间	广告结束时间	广告时间（秒）
3	牙膏广告	20:15:05	20:15:26	
4	蚊香广告	20:18:10	20:18:50	
5	冰红茶广告	20:19:02	20:19:40	
6	口香糖广告	20:31:28	20:32:06	

图8-20

D3 =SECOND(C3-B3) ①

	A	B	C	D
1	计算广告时间			
2	广告内容	广告开始时间	广告结束时间	广告时间（秒）
3	牙膏广告	20:15:05	20:15:26	21
4	蚊香广告	20:18:10	20:18:50	
5	冰红茶广告	20:19:02	20:19:40	
6	口香糖广告	20:31:28	20:32:06	

图8-21

3. 复制单元格D3中的公式至单元格区域D4:D6，得到其他广告的播放时间，如图8-22所示。

	A	B	C	D
1	计算广告时间			
2	广告内容	广告开始时间	广告结束时间	广告时间（秒）
3	牙膏广告	20:15:05	20:15:26	21
4	蚊香广告	20:18:10	20:18:50	40
5	冰红茶广告	20:19:02	20:19:40	38
6	口香糖广告	20:31:28	20:32:06	38

图8-22

> 提示
>
> SECOND函数的返回值和HOUR函数一样，也可以用于求和。

技巧258

计算零件生产周期

效果文件：FILES\08\技巧258.xlsx

某工厂生产的零件销量很好，现在要利用WEEKNUM函数来计算每个零件的生产周期，步骤如下。

1. 打开工作簿，在工作表中输入如图8-23所示的原始数据。

2. 间隔周数等于完成日期所代表的周数减开始日期所代表的周数。所以，要计算间隔周数，可以在单元格D3中输入公式“=WEEKNUM(C3, 1)–WEEKNUM(B3, 1)”，按下【Enter】键，得到1号零件的间隔周数，如图8-24所示。

	A	B	C	D
1	零件生产周期			
2	零件名称	开始生产日期	预定完成日期	间隔周数
3	1号零件	2006-5-2	2006-8-6	
4	2号零件	2006-5-12	2006-7-1	
5	3号零件	2006-6-23	2006-8-19	
6	4号零件	2005-4-25	2006-6-5	
7	5号零件	2006-8-6	2006-9-29	
8	6号零件	2006-9-8	2006-10-12	
9	7号零件	2006-10-2	2006-11-9	
10	8号零件	2006-6-14	2006-12-1	
11	9号零件	2006-7-8	2006-11-28	

图8-23

D3 ① =WEEKNUM(C3,1)-WEEKNUM(B3,1)

	A	B	C	D
1	零件生产周期			
2	零件名称	开始生产日期	预定完成日期	间隔周数
3	1号零件	2006-5-2	2006-8-6	14
4	2号零件	2006-5-12	2006-7-1	
5	3号零件	2006-6-23	2006-8-19	
6	4号零件	2005-4-25	2006-6-5	
7	5号零件	2006-8-6	2006-9-29	
8	6号零件	2006-9-8	2006-10-12	
9	7号零件	2006-10-2	2006-11-9	
10	8号零件	2006-6-14	2006-12-1	
11	9号零件	2006-7-8	2006-11-28	

图8-24

3. 复制单元格D3中的公式至单元格区域D4:D11，得到其他零件的生产周期，计算结果如图8-25所示。

	A	B	C	D
1	零件生产周期			
2	零件名称	开始生产日期	预定完成日期	间隔周数
3	1号零件	2006-5-2	2006-8-6	14
4	2号零件	2006-5-12	2006-7-1	7
5	3号零件	2006-6-23	2006-8-19	8
6	4号零件	2005-4-25	2006-6-5	5
7	5号零件	2006-8-6	2006-9-29	7
8	6号零件	2006-9-8	2006-10-12	5
9	7号零件	2006-10-2	2006-11-9	5
10	8号零件	2006-6-14	2006-12-1	24
11	9号零件	2006-7-8	2006-11-28	21

图8-25

提示

在本技巧的公式中，“WEEKNUM(C3, 1)”用于计算完成日期2006年8月6日在一年中的第几周，“WEEKNUM(B3, 1)”用于计算开始日期2006年5月2日在一年中的第几周。

技巧259

统计应付工资日期

效果文件：FILES\08\技巧259.xlsx

公司人员流动的情况经常发生，每个月既可能有新来的员工，也可能有离开的员工，而工资的发放日期规定为每个月的月末，现在要利用EOMONTH函数来统计离职员工的应付工资日期，步骤如下。

1. 打开工作簿，在工作表中输入如图8-26所示的原始数据。

2．要想根据离职日期计算应付工资日期，可以在单元格C3中输入公式"=EOMONTH(B3, 0)"。按下【Enter】键后，单元格C3中将显示员工张三里的应付工资日期为2006年8月31日，如图8-27所示。

图8-26　　　　　图8-27

3．复制单元格C3中的公式至单元格区域C4:C7，得到其他员工的应付工资日期，如图8-28所示。

图8-28

> 提示
>
> 由于工资在每月的最后一天支付，所以参数month（月）的值为0。

技巧260
计算员工工作天数和应付报酬

效果文件：FILES\08\技巧260.xlsx

某公司因业务扩大，招聘了一批临时员工，工资的发放按照工作日来计算，工资标准为每个工作日每人60元。要计算临时员工的实际工作天数和应付工资，可以利用NETWORKDAYS函数实现，具体步骤如下。

1．打开工作簿，在工作表中输入如图8-29所示的原始数据。

2．在单元格D3中输入公式"=NETWORKDAYS(B3, C3, $B$11:$D$11)"，按下【Enter】键后即显示工作天数，如图8-30所示。

图8-29　　　　　　　　　　图8-30

3．在单元格E3中输入公式"=D3*60"，按下【Enter】键，计算应付报酬，如图8-31所示。

4．分别复制单元格D3和E3中的公式至单元格区域D4:D9和E4:E9，得到其他单元格的计算结果，如图8-32所示。

图8-31　　　　　　　　　　图8-32

技巧261

根据特定时间段的盈利额计算全年盈利额

效果文件：FILES\08\技巧261.xlsx

某公司在年度总结报告中就公司部分产品的盈利情况进行了数据分析，包括开始销售日期和截止销售日期，以及各产品在这段时间内的盈利额。现在要计算各产品的销售时间占全年销售时间的比例并预估全年的盈利总额，步骤如下。

1．打开工作簿，在工作表中输入如图8-33所示的原始数据。

2．在单元格E3中输入公式"=YEARFRAC(B3, C3, 2)"，按下【Enter】键，计算产品1的销售时间占全年销售时间的比例，如图8-34所示。

	A	B	C	D	E	F
1			产品盈利状况表			
2	产品名称	开始日期	截止日期	盈利额（元）	占全年的比例	全年的总盈利额
3	产品1	2007-1-26	2007-5-24	65000		
4	产品2	2007-6-6	2007-8-13	9000		
5	产品3	2007-8-12	2007-10-5	28000		
6	产品4	2007-5-12	2007-9-28	37000		
7	产品5	2007-2-10	2007-6-8	34000		
8	产品6	2007-4-17	2007-6-4	12000		

图8-33

E3　fx =YEARFRAC(B3,C3,2)

	A	B	C	D	E	F
1			产品盈利状况表			
2	产品名称	开始日期	截止日期	盈利额（元）	占全年的比例	全年的总盈利额
3	产品1	2007-1-26	2007-5-24	65000	32.78%	
4	产品2	2007-6-6	2007-8-13	9000		
5	产品3	2007-8-12	2007-10-5	28000		
6	产品4	2007-5-12	2007-9-28	37000		
7	产品5	2007-2-10	2007-6-8	34000		
8	产品6	2007-4-17	2007-6-4	12000		

图8-34

3．在单元格F3中输入公式"=D3/E3"，按下【Enter】键，计算产品1的全年盈利额，如图8-35所示。

4．分别复制单元格E3和F3中的公式至单元格区域E4:E8和F4:F8，得到其他产品的计算结果，如图8-36所示。

F3　fx =D3/E3

图8-35

图8-36

技巧262
计算每季度工作量是否完成

效果文件：FILES\08\技巧262.xlsx

在一年结束时，某公司需要评测员工在这一年中的每个季度是否都销售了超过100台电脑，具体操作如下。

1．打开工作簿，在工作表中输入如图8-37所示的原始数据。

	A	B	C	D	E	F
1	姓名	1季度工作量（台）	2季度工作量（台）	3季度工作量（台）	4季度工作量（台）	是否完成任务
2	吴君	95	78	102	140	
3	王刚	65	72	98	54	
4	朱一强	120	140	130	112	
5	王小勇	140	145	165	174	
6	马爱华	23	46	85	99	

图8-37

2. 在单元格F2中输入公式"=AND(B2>100, C2>100, D2>100, E2>100)"，按下【Enter】键，得到相应的判断值，计算结果如图8-38所示。

F2			=AND(B2>100, C2>100, D2>100, E2>100)		
	A	B	C	D	E	F
	姓名	1季度工作量（台）	2季度工作量（台）	3季度工作量（台）	4季度工作量（台）	是否完成任务
2	吴君	95	78	102	140	FALSE
3	王刚	65	72	98	54	
4	朱一强	120	140	130	112	
5	王小勇	140	145	165	174	
6	马爱华	23	46	85	99	

图8-38

3. 复制单元格F2中的公式至单元格区域F3:F6，判断其他员工的工作量完成情况，如图8-39所示。

	A	B	C	D	E	F
	姓名	1季度工作量（台）	2季度工作量（台）	3季度工作量（台）	4季度工作量（台）	是否完成任务
2	吴君	95	78	102	140	FALSE
3	王刚	65	72	98	54	FALSE
4	朱一强	120	140	130	112	TRUE
5	王小勇	140	145	165	174	TRUE
6	马爱华	23	46	85	99	FALSE

图8-39

通常情况下，仅以逻辑值（"TRUE"或"FALSE"）显示结果不能满足人们的要求。为了使结果更易理解，可以设置完成任务的文字表达为"完成"，未完成任务的文字表达为"未完成"，具体操作步骤如下。

1. 创建列G，在单元格G2中输入公式"=IF((B2>100)*(C2>100)*(D2>100)*(E2>100), "完成", "未完成")"，按下【Enter】键，即可返回以文本形式显示的"未完成"，如图8-40所示。

图8-40

2. 复制单元格G2中的公式至单元格区域G3:G6，返回结果如图8-41所示。

姓名	1季度工作量（台）	2季度工作量（台）	3季度工作量（台）	4季度工作量（台）	是否完成任务	文字表达
吴君	95	78	102	140	FALSE	未完成
王刚	65	72	98	54	FALSE	未完成
朱一强	120	140	130	112	TRUE	完成
王小勇	140	145	165	174	TRUE	完成
马爱华	23	46	85	99	FALSE	未完成

图8-41

提示

在公式中，某些运算符可以代替逻辑函数，如"*"可以代替AND函数，"+"可以代替OR函数。本技巧中的公式用AND函数也可以实现，公式为"=IF(AND(B2>100, C2>100, D2>100, E2>100),"完成","未完成")"，如图8-42所示。

H2 · =IF(AND(B2>100,C2>100,D2>100,E2>100),"完成","未完成")

姓名	1季度工作量（台）	2季度工作量（台）	3季度工作量（台）	4季度工作量（台）	是否完成任务	文字表达1	文字表达2
吴君	95	78	102	140	FALSE	未完成	未完成
王刚	65	72	98	54	FALSE	未完成	
朱一强	120	140	130	112	TRUE	完成	
王小勇	140	145	165	174	TRUE	完成	
马爱华	23	46	85	99	FALSE	未完成	

图8-42

📖 技巧263
检查数组中数据的正确性

效果文件：FILES\08\技巧263.xlsx

创建一张员工工作量统计表，如图8-43所示。在实际工作中，这样的表里数据量可能很大。如果员工有上百人，那么在"额定工作量"和"实际工作量"这两列中可能存在数据录入错误，且不容易发现。这时就要借助IFERROR函数来检查数组中数据的正确性，具体操作如下。

1. 在单元格D2中输入公式"=IFERROR(B2:B7/C2:C7,"计算中有错误")"，如图8-44所示。

员工	额定工作量	实际工作量	比值
王鹤	300	190	
许艳	200	0	
江丽	200	230	
雨来	300		
顾芳	300	180	
刘佳怡	200	220	

图8-43

员工	额定工作量	实际工作量	比值
王鹤	300	190	=IFERROR(B2:B7/C2:C7,"计算中有错误")
许艳	200	0	
江丽	200	230	
雨来	300		
顾芳	300	180	
刘佳怡	200	220	

图8-44

2．按下【Enter】键，得出单元格D2的计算结果，如图8-45所示。因为这里需要计算单元格区域D2:D7的所有比值，所以接下来的公式"=IFERROR(B2:B7/C2:C7, "计算中有错误")"的输入要采用数据公式输入的方法。

3．选中单元格区域D2:D7，按下【F2】键，使其处于可编辑状态，按下【Ctrl】+【Shift】+【Enter】组合键，使公式"=IFERROR(B2:B7/C2:C7, "计算中有错误")"转换为数组公式"{=IFERROR(B2:B7/C2:C7, "计算中有错误")}"，这样，单元格区域D2:D7的比值就全部计算或检查出来了，如图8-46所示。

员工	额定工作量	实际工作量	比值
王鹤	300	190	1.578947368
许艳	200	0	
江丽	200	230	
雨来	300		
顾芳	300	180	
刘佳怡	200	220	

图8-45

员工	额定工作量	实际工作量	比值
王鹤	300	190	1.578947368
许艳	200	0	计算中有错误
江丽	200	230	0.869565217
雨来	300		计算中有错误
顾芳	300	180	1.666666667
刘佳怡	200	220	0.909090909

图8-46

技巧264
调查股票交易情况

> 效果文件：FILES\08\技巧264.xlsx

打开如图8-47所示的工作表，其中的数据为某日的股市交易情况。现在要对三峡A股进行调查，求其行号、收盘情况列格式及开盘时间列格式，具体操作如下。

股票名称	开盘情况	收盘情况	涨跌	金额	开盘时间	
三峡A股	74.3	78.4	涨	4.1	7:20	
广州食品B股	87.2	81.9	跌	5.3	8:15	
香港电脑A股	113.6	119.2	涨	5.6	9:45	
厦门旅游A股	105.3	101.5	跌	3.8	8:25	
目标股份	行号		收盘情况列格式		开盘时间列格式	
三峡A股						

图8-47

1．在单元格B10中输入公式"=CELL("row", A2)"，按【Enter】键得到三峡A股的行号，如图8-48所示。

2．在单元格D10中输入公式"=CELL("format", C2)"，按【Enter】键得到三峡A股的收盘情况列格式，如图8-49所示。

图8-48

图8-49

3. 在单元格F10中输入公式 "=CELL("format", F2)"，按【Enter】键得到三峡A
股的开盘时间列格式，如图8-50所示。

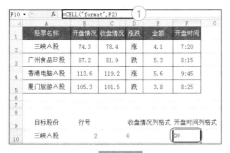

图8-50

提示

　　求出收盘情况列格式后，此处不能使用快速填充的方法计算开盘时间列格
式，因为自动填充只适用于相邻单元格数据的填充。

技巧265

统计产品抽查结果

效果文件：FILES\08\技巧265.xlsx

打开如图8-51所示的工作表。某质监局对一批化肥进行质量抽查，如果含磷量
低于0.15则认为不合格，返回错误值以显示抽查结果，具体操作如下。

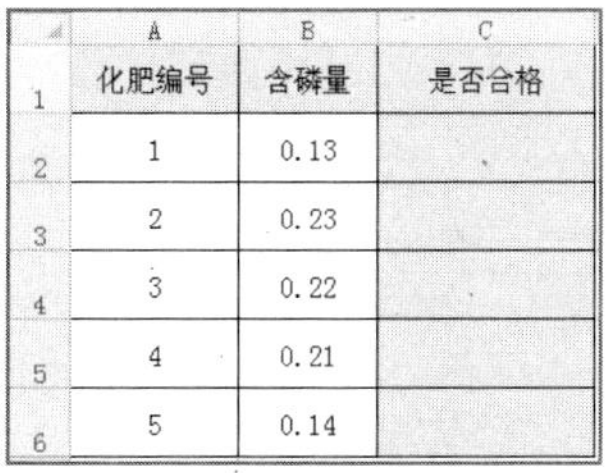

	A	B	C
1	化肥编号	含磷量	是否合格
2	1	0.13	
3	2	0.23	
4	3	0.22	
5	4	0.21	
6	5	0.14	

图8-51

1．在单元格C2中输入公式"=IF(B2<0.15, NA(), "合格")"，按【Enter】键得到1号化肥的抽查结果，如图8-52所示。

图8-52

2．复制单元格C2中的公式至单元格区域C3:C6，判断其他化肥是否合格，返回结果如图8-53所示。

图8-53

📖 技巧266

计算全市企业总盈利额

效果文件：FILES\08\技巧266.xlsx

打开如图8-54所示的工作表。已知某市各企业盈利额，要想统计所有企业的总盈利额，步骤如下。

在单元格B10中输入公式"=SUM(B2:B8)"，按【Enter】键得到所有企业的总盈利额，如图8-55所示。

图8-54

图8-55

技巧267

计算个人收支

效果文件：FILES\08\技巧267.xlsx

打开如图8-56所示的工作表。已知某人近一个星期的收支情况，要想分别计算这个人的总收入和总支出，步骤如下。

	A 时间	B 收支情况
1	时间	收支情况
2	星期一	450
3	星期二	−400
4	星期三	460
5	星期四	−300
6	星期五	500
7	星期六	100
8	星期日	−240
9		
10	总的收入：	
11		
12	总的支出：	

图8-56

1. 在单元格B10中输入公式"=SUMIF(B2:B8, ">0", B2:B8)"，按【Enter】键得到这个人的总收入，如图8-57所示。

2. 在单元格B12中输入公式"=SUMIF(B4:B8, "<0", B4:B8)"，按【Enter】键得到这个人的总支出，如图8-58所示。

B10 ▼ ① =SUMIF(B2:B8,">0",B2:B8)

	A 时间	B 收支情况	C
1	时间	收支情况	
2	星期一	450	
3	星期二	−400	
4	星期三	460	
5	星期四	−300	
6	星期五	500	
7	星期六	100	
8	星期日	−240	
9			
10	总的收入：	1510	
11			
12	总的支出：		

图8-57

B12 ▼ ① =SUMIF(B4:B8,"<0",B4:B8)

	A 时间	B 收支情况	C
1	时间	收支情况	
2	星期一	450	
3	星期二	−400	
4	星期三	460	
5	星期四	−300	
6	星期五	500	
7	星期六	100	
8	星期日	−240	
9			
10	总的收入：	1510	
11			
12	总的支出：	−540	

图8-58

📖 技巧268
计算服装折扣价格

效果文件：FILES\08\技巧268.xlsx

某服装代理公司在换季时需要对部分商品进行打折销售，具体情况如图8-59所示。要计算每种服装打折后的价格，步骤如下。

	A	B	C	D
1	商品种类	原价	折扣	新价格
2	T恤	¥89.00	0.85	
3	休闲裤	¥145.00	0.75	
4	西服	¥1,405.00	0.9	

图8-59

1. 在单元格D2中输入公式"=PRODUCT(B2:C2)"，计算结果如图8-60所示。
2. 向下拖动填充句柄，得到其他服装打折后的价格，如图8-61所示。

D2		fx	=PRODUCT(B2:C2)	
	A	B	C	D
1	商品种类	原价	折扣	新价格
2	T恤	¥89.00	0.85	75.65
3	休闲裤	¥145.00	0.75	
4	西服	¥1,405.00	0.9	

图8-60

	A	B	C	D
1	商品种类	原价	折扣	新价格
2	T恤	¥89.00	0.85	75.65
3	休闲裤	¥145.00	0.75	108.75
4	西服	¥1,405.00	0.9	1264.5

图8-61

📖 技巧269
计算购物消费金额

效果文件：FILES\08\技巧269.xlsx

已知某篮球俱乐部需要购置一批装备，运动装备公司为该俱乐部提供的清单如图8-62所示。购物总金额计算步骤如下。

在单元格B8中输入公式"=SUMPRODUCT(B2:B6, C2:C6, D2:D6)"，计算结果如图8-63所示。

	A	B	C	D
1	装备名称	定价	数量	折扣
2	运动服	180	50	0.9
3	运动鞋	800	50	0.85
4	运动袜	50	50	0.9
5	护腕	56	80	0.95
6	篮球	500	400	0.85
7				
8	总费用:			

图8-62

B8		fx	=SUMPRODUCT(B2:B6,C2:C6,D2:D6)	
	A	B	C	D
1	装备名称	定价	数量	折扣
2	运动服	180	50	0.9
3	运动鞋	800	50	0.85
4	运动袜	50	50	0.9
5	护腕	56	80	0.95
6	篮球	500	400	0.85
7				
8	总费用:	218606		

图8-63

技巧270
指标分配

效果文件：FILES\08\技巧270.xlsx

某学校有456个支持西部开发的人员指标，为了公平，需要将这些指标分给该学校的35个院系，如图8-64所示。要想计算每个院系至少要分配多少个指标，步骤如下。

在单元格C2中输入公式"=QUOTIENT(A2, B2)"，计算结果如图8-65所示。

	A	B	C
1	指标数	院系数	指标/院系
2	456	35	

图8-64

C2		fx	=QUOTIENT(A2,B2)	
	A	B	C	
1	指标数	院系数	指标/院系	
2	456	35	13	

图8-65

技巧271
仓库管理

效果文件：FILES\08\技巧271.xlsx

某仓库管理员月末需要对仓库中的货物进行清点，对库存低于标准数量的物品要在下月进货，如图8-66所示。在本例中，需要进货用"1"表示，不需要进货用"-1"表示，步骤如下。

	A	B	C	D
1	货物名称	剩余数量	标准数量	是否需要进货
2	衣服	400	500	
3	皮鞋	700	650	
4	运动鞋	350	300	
5	日用品	590	600	

图8-66

1. 在单元格D2中输入公式"=SIGN(C2-B2)"，计算结果如图8-67所示。
2. 向下拖动填充句柄，计算其他货物是否需要进货，如图8-68所示。

D2		fx	=SIGN(C2-B2)	
	A	B	C	D
1	货物名称	剩余数量	标准数量	是否需要进货
2	衣服	400	500	1
3	皮鞋	700	650	
4	运动鞋	350	300	
5	日用品	590	600	

图8-67

D3		fx	=SIGN(C3-B3)	
	A	B	C	D
1	货物名称	剩余数量	标准数量	是否需要进货
2	衣服	400	500	1
3	皮鞋	700	650	-1
4	运动鞋	350	300	-1
5	日用品	590	600	1

图8-68

技巧272
计算配件购买数量

效果文件：FILES\08\技巧272.xlsx

某汽车维修公司需要购买一部分零件，由于零件大小不一，所以每包数量也不相同，如螺钉40个/包、螺帽25个/包、螺钉垫50个/包，如图8-69所示。要想计算每种零件买多少包正好配套，步骤如下。

1. 在单元格A5中输入公式"=LCM(A2:C2)/A2"，计算结果如8-70所示。

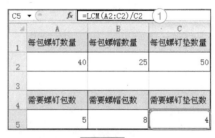

图8-69

图8-70

2. 在单元格B5中输入公式"=LCM(A2:C2)/B2"，计算需要购买螺帽的包数，如图8-71所示。

3. 在单元格C5中输入公式"=LCM(A2:C2)/C2"，计算需要购买螺钉垫的包数，如图8-72所示。

图8-71

图8-72

技巧273
统计人口平均增长数

效果文件：FILES\08\技巧273.xlsx

某市计划生育局对上半年人口增长进行统计，人口增长情况如图8-73所示。要计算平均每月人口增长的数量，步骤如下。

	A	B	C	D
1	月份	人口增长数量	人口总数	平均增长数
2	1月	680		
3	2月	640		
4	3月	450		
5	4月	570		
6	5月	620		
7	6月	500		

图8-73

1. 在单元格C2中输入公式“=SUM(B2:B7)”，按【Enter】键，计算人口总数，如图8-74所示。

2. 在单元格D2中输入公式“=INT(AVERAGE(B2:B7))”，计算结果如图8-75所示。

C2　=SUM(B2:B7)　①

	A	B	C	D
1	月份	人口增长数量	人口总数	平均增长数
2	1月	680	3460	
3	2月	640		
4	3月	450		
5	4月	570		
6	5月	620		
7	6月	500		

图8-74

D2　=INT(AVERAGE(B2:B7))　①

	A	B	C	D
1	月份	人口增长数量	人口总数	平均增长数
2	1月	680	3460	576
3	2月	640		
4	3月	450		
5	4月	570		
6	5月	620		
7	6月	500		

图8-75

技巧274

舍去1万元以下的销售额

效果文件：FILES\08\技巧274.xlsx

以万元为单位统计销售人员的有效销售额，原始数据如图8-76所示，步骤如下。

1. 在单元格C3中输入公式“=TRUNC(B3:B6, -4)/10000”，计算结果如图8-77所示。

	A	B	C
1			单位：万元
2	销售人员	7月销售额	实际销售
3	李虎	12563	
4	王四重	10248	
5	吴三标	115634	
6	高均	12459	

图8-76

2. 向下拖动填充句柄，计算其他销售人员的销售额，如图8-78所示。

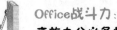

C3	▼	f_x	=TRUNC(B3:B6,-4)/10000	①

	A	B	C
1			单位：万元
2	销售人员	7月销售额	实际销售
3	李虎	12563	1
4	王四重	10248	
5	吴三标	115634	
6	高均	12459	

图8-77

C4	▼	f_x	=TRUNC(B4:B7,-4)/10000

	A	B	C
1			单位：万元
2	销售人员	7月销售额	实际销售
3	李虎	12563	1
4	王四重	1. 8	1
5	吴三标	115634	11
6	高均	12459	1

图8-78

技巧275

网吧计费器

效果文件：FILES\08\技巧275.xlsx

　　某网吧计费器系统以30分钟为单位计费，不足30分钟按照30分钟收费。已知某人的上机时间和下机时间，如图8-79所示，要计算此人的上网费用，步骤如下。

	A	B	C	D	E	F
1	电脑编号	上机时间	下机时间	使用时间	费用	单价：元/30分
2	001	8:00	10:00	2:00		1
3	002	7:50	9:00	1:10		
4	003	8:30	11:00	2:30		
5	004	8:00	10:00	2:00		
6	005	7:50	11:00	3:10		
7	006	8:50	10:00	1:10		
8	007	9:50	10:00	0:10		
9	008	14:50	16:20	1:30		
10	009	11:50	17:40	5:50		

图8-79

　　1．在单元格E2中输入公式"=ROUNDUP((HOUR(D2)*60+MINUTE(D2))/30, 0)*$F$2"，计算结果如图8-80所示。

E2	▼	f_x	=ROUNDUP((HOUR(D2)*60+MINUTE(D2))/30,0)*$F$2	①

	A	B	C	D	E	F
1	电脑编号	上机时间	下机时间	使用时间	费用	单价：元/30分
2	001	8:00	10:00	2:00	4	1
3	002	7:50	9:00	1:10		
4	003	8:30	11:00	2:30		
5	004	8:00	10:00	2:00		
6	005	7:50	11:00	3:10		
7	006	8:50	10:00	1:10		
8	007	9:50	10:00	0:10		
9	008	14:50	16:20	1:30		
10	009	11:50	17:40	5:50		

图8-80

2. 向下拖动填充句柄，计算结果如图8-81所示。

	A	B	C	D	E	F
	电脑编号	上机时间	下机时间	使用时间	费用	单价: 元/30分
1						
2	001	8:00	10:00	2:00	4	1
3	002	7:50	9:00	1:10	3	
4	003	8:30	11:00	2:30	5	
5	004	8:00	10:00	2:00	4	
6	005	7:50	11:00	3:10	7	
7	006	8:50	10:00	1:10	3	
8	007	9:50	10:00	0:10	1	
9	008	14:50	16:20	1:30	3	
10	009	11:50	17:40	5:50	12	

E3 fx =ROUNDUP((HOUR(D3)*60+MINUTE(D3))/30,0)*$F$2

图8-81

技巧276
超市订货单

效果文件：FILES\08\技巧276.xlsx

某超市分店需要向总部货物配置中心发送一份订货单，如图8-82所示，步骤如下。

	A	B	C	D	E	F
1	货物编号	货物名称	件数	件/包	件数	包数
2	001	白酒	45	12		
3	002	啤酒	180	24		
4	003	香烟	95	10		
5	004	面包	240	90		
6	005	葡萄酒	160	50		
7	006	果汁	70	30		

图8-82

1. 在单元格E2中输入公式"=CEILING(C2,D2)"，计算结果如图8-83所示。

E2 fx =CEILING(C2,D2) ①

	A	B	C	D	E	F
1	货物编号	货物名称	件数	件/包	件数	包数
2	001	白酒	45	12	48	
3	002	啤酒	180	24		
4	003	香烟	95	10		
5	004	面包	240	90		
6	005	葡萄酒	160	50		
7	006	果汁	70	30		

图8-83

2. 向下拖动填充句柄，计算结果如图8-84所示。

	A	B	C	D	E	F
1	货物编号	货物名称	件数	件/包	件数	包数
2	001	白酒	45	12	48	
3	002	啤酒	180	24	192	
4	003	香烟	95	10	100	
5	004	面包	240	90	270	
6	005	葡萄酒	160	50	200	
7	006	果汁	70	30	90	

图8-84

3. 在单元格F2中输入公式"=E2/D2"，得到订货包数，如图8-85所示。

F2 ▼ f_x =E2/D2 ①

	A	B	C	D	E	F
1	货物编号	货物名称	件数	件/包	件数	包数
2	001	白酒	45	12	48	4
3	002	啤酒	180	24	192	
4	003	香烟	95	10	100	
5	004	面包	240	90	270	
6	005	葡萄酒	160	50	200	
7	006	果汁	70	30	90	

图8-85

4. 向下拖动填充句柄，计算结果如图8-86所示。

	A	B	C	D	E	F
1	货物编号	货物名称	件数	件/包	件数	包数
2	001	白酒	45	12	48	4
3	002	啤酒	180	24	192	8
4	003	香烟	95	10	100	10
5	004	面包	240	90	270	3
6	005	葡萄酒	160	50	200	4
7	006	果汁	70	30	90	3

图8-86

📖 技巧277
计算管道保护电位

效果文件: FILES\08\技巧277.xlsx

油田海站对海底管道进行拟测。已知管道基本参数: $\phi325\times7$,全长18km,只设一个阴极保护站,阳极地床距离为500m,管道通电点在管道首端,管道末端加绝缘法兰。通过实测值拟合得到管道保护电位分布式为:

$Ex=-0.913COSH[0.046(18-x)]$

如图8-87所示,要计算在管道7公里处的保护电位,应在单元格B3中输入公式"=-0.913*COSH(0.046*(18-A3))",计算结果如图8-88所示。

图8-87　　　　　　　　　图8-88

📖 技巧278
单位换算

效果文件: FILES\08\技巧278.xlsx

数据存储的最小单位是位(bit),数据存储的最基本单位是字节(byte),计算机处理数据的基本单位是字(word)。各单位之间的换算关系是: 1B=23bit,1KB=210B。试计算1B是多少bit,1KB是多少B,步骤如下。

1. 在单元格A1中输入"2",在单元格B1中输入"3",在单元格A2中输入"2",在单元格B2中输入"10",如图8-89所示。

2. 在单元格C1中输入公式"=POWER(A1,B1)",计算结果如图8-90所示。

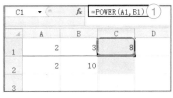

图8-89　　　　　　　　　图8-90

3. 向下拖动填充句柄，计算1KB是多少B，如图8-91所示。

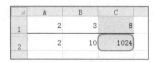

图8-91

技巧279
人员的随机抽取

效果文件：FILES\08\技巧279.xlsx

已知一个车间要派一名工人代表去参加一个会议，为公平起见，这位代表是随机抽取的。现在对车间的15位工人编号1～15，要随机抽取一个编号，步骤如下。

1. 在单元格A2中输入"1"，在单元格B2中输入"15"，如图8-92所示。

2. 在单元格C2中输入公式"=RANDBETWEEN(A2, B2)"，计算结果如图8-93所示。

图8-92

图8-93

技巧280
转换日期文本形式

效果文件：FILES\08\技巧280.xlsx

把"2007年8月19日"转换为罗马数字形式的步骤如下。

1. 创建如图8-94所示的工作表。

2. 在单元格A4中输入公式"=ROMAN(A2)"，计算结果如图8-95所示。

图8-94

图8-95

3．向右拖动填充句柄，得到"8"和"19"的罗马数字形式，如图8-96所示。

	A	B	C
1	年	月	日
2	2007	8	19
3	对应罗马数字		
4	MMVII	VIII	XIX

图8-96

📖 技巧281
计算产品编号的单元格地址

> 效果文件：FILES\08\技巧281.xlsx

质监部门对某超市新进的一批产品进行随机质量抽查。利用公式根据抽查产品的编号计算该产品编号所在的单元格地址，步骤如下。

1．打开工作表，输入如图8-97所示的原始数据。

2．在单元格C3中输入公式"=ADDRESS(6, 1, 1)"，按下【Enter】键，单元格C3中将显示所抽查编号为"TS264"的产品的单元格地址"$A$6"，如图8-98所示。

图8-97

图8-98

3．在单元格C4和C5中输入计算地址的公式来确定其他抽查产品编号的地址，如图8-99所示。

产品抽查记录表		
产品编号	抽查的编号	单元格地址
S2511	TS264	$A$6
G-H002	S2513	$A$5
S2513	B-T11	$A$7
TS264		
B-T11		

图8-99

💡 技巧282
查询预订的房间号

效果文件：FILES\08\技巧282.xlsx

大型旅店的房间多数都要提前预订，但是预订的客人多了，就需要一个比较好的预订管理系统。利用公式根据客人的预约时间和预约编号查询预约的房间号，步骤如下。

1. 预约时间和预约编号都确定后，就可以返回一个预约房间号。如图8-100所示为旅店的预约查询表。

2. 在单元格C3中输入公式"=ADDRESS(MATCH(A3, A7:A13, 1)+6, B3, 4)"，按【Enter】键后在单元格B3中输入要查询的预约编号"5"，单元格C3中将显示预约房间的查询结果"E10"，如图8-101所示。

图8-100

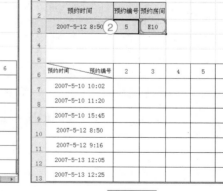

图8-101

技巧283

统计区域总数

效果文件：FILES\08\技巧283.xlsx

某食品销售公司在全国各地设有分销处，并根据地区特点及销售情况将几个分销处合并组成一个区域，如华南区、华北区、东南区、东北区等。利用AREAS函数来统计区域的总数，步骤如下。

1. 创建如图8-102所示的区域分布统计表。

2. 在单元格B2中输入公式"=AREAS((A4:B6, D4:E6, A8:B10, D8:E10))"，如图8-103所示，共有4个区域被选中。

图8-102

图8-103

3. 输入公式后按下【Enter】键，单元格B2中将显示区域总数为4，如图8-104所示。

图8-104

技巧284

计算统计表列数

效果文件：FILES\08\技巧284.xlsx

某销售公司月销售统计表的数据量比较大，如图8-105所示，这里只列举其中的一小部分来讲解。利用函数计算统计表中的列数，步骤如下。

在单元格B2中输入公式"=COLUMNS(A3:D14)"，按下【Enter】键，单元格B2中将显示统计表的列数为"4"，如图8-106所示。

	A	B	C	D
1	月销量统计表			
2	统计表列数			
3	销售日	销售员工编号	销售产品	销售数量（件）
4	2007-4-10	DX11200	产品1	6
5	2007-4-11	DX11201	产品2	7
6	2007-4-12	DX11202	产品3	8
7	2007-4-13	DX11203	产品4	9
8	2007-4-14	DX11204	产品5	10
9	2007-4-15	DX11205	产品6	11
10	2007-4-16	DX11206	产品7	12
11	2007-4-17	DX11207	产品8	13
12	2007-4-18	DX11208	产品9	14
13	2007-4-19	DX11209	产品10	15
14	2007-4-20	DX11210	产品11	16

图8-105

B2	▼	fx	=COLUMNS(A3:D14) ①

	A	B	C	D
1	月销量统计表			
2	统计表列数	4		
3	销售日	销售员工编号	销售产品	销售数量（件）
4	2007-4-10	DX11200	产品1	6
5	2007-4-11	DX11201	产品2	7
6	2007-4-12	DX11202	产品3	8
7	2007-4-13	DX11203	产品4	9
8	2007-4-14	DX11204	产品5	10
9	2007-4-15	DX11205	产品6	11
10	2007-4-16	DX11206	产品7	12
11	2007-4-17	DX11207	产品8	13
12	2007-4-18	DX11208	产品9	14
13	2007-4-19	DX11209	产品10	15
14	2007-4-20	DX11210	产品11	16

图8-106

> **提示**
>
> 如果要计算统计表的行数，只要在需要计算的单元格内输入公式"=ROWS(C3:F14)"即可，如图8-107所示。

D2	▼	fx	=ROWS(C3:F14) ①

	A	B	C	D
1	月销量统计表			
2	统计表列数	4 统计表行数		12
3	销售日	销售员工编号	销售产品	销售数量（件）
4	2007-4-10	DX11200	产品1	6
5	2007-4-11	DX11201	产品2	7
6	2007-4-12	DX11202	产品3	8
7	2007-4-13	DX11203	产品4	9
8	2007-4-14	DX11204	产品5	10
9	2007-4-15	DX11205	产品6	11
10	2007-4-16	DX11206	产品7	12
11	2007-4-17	DX11207	产品8	13
12	2007-4-18	DX11208	产品9	14
13	2007-4-19	DX11209	产品10	15
14	2007-4-20	DX11210	产品11	16

图8-107

技巧285

指定岗位职称

效果文件：FILES\08\技巧285.xlsx

某软件研发公司拥有一大批软件开发人员，包括高级开发人员、高级测试人员、项目经理、高级项目经理等。利用CHOOSE函数输入该公司部分员工的职称，步骤如下。

1. 打开工作表，创建如图8-108所示的原始数据。

2. 在单元格D3中输入公式“=CHOOSE(C3, "高级项目经理", "项目经理", "高级开发人员", "高级测试人员")”，按【Enter】键，单元格D3中将显示该员工的岗位职称为“项目经理”，如图8-109所示。

	A	B	C	D
1	员工统计表			
2	员工编号	所属部门	岗位编号	岗位职称
3	A011	软件开发部	2	
4	A012	系统集成部	2	
5	A013	软件开发部	1	
6	A014	系统集成部	1	
7	A015	软件开发部	2	
8	A016	系统集成部	3	
9	A017	软件开发部	4	
10	A018	软件开发部	1	
11	A019	软件开发部	2	
12	A020	系统集成部	3	

图8-108

D3 =CHOOSE(C3,"高级项目经理","项目经理","高级开发人员","高级测试人员") ①

	A	B	C	D
1	员工统计表			
2	员工编号	所属部门	岗位编号	岗位职称
3	A011	软件开发部	2	项目经理
4	A012	系统集成部	2	
5	A013	软件开发部	1	
6	A014	系统集成部	1	
7	A015	软件开发部	2	
8	A016	系统集成部	3	
9	A017	软件开发部	4	
10	A018	软件开发部	1	
11	A019	软件开发部	2	
12	A020	系统集成部	3	

图8-109

3. 用快速填充工具复制单元格D3中的公式到其他单元格，计算其他员工的岗位职称，如图8-110所示。

提示

当CHOOSE函数的参数值不是数值，而是文本字符串时，可以使用CODE函数将文本字符串转换为数值，步骤如下。

输入原始数据后，在单元格D3中输入公式“=CHOOSE(CODE(C3)−64, "高级项目经理", "项目经理", "高级开发人员", "高级测试人员")”，按【Enter】键，单元格C3中将显示“项目经理”。用快速填充工具复制单元格D3中的公式到其他单元格，返回其他员工的岗位职称，如图8-111所示。

	A	B	C	D
1	员工统计表			
2	员工编号	所属部门	岗位编号	岗位职称
3	A011	软件开发部	2	项目经理
4	A012	系统集成部	2	项目经理
5	A013	软件开发部	1	高级项目经理
6	A014	系统集成部	1	高级项目经理
7	A015	软件开发部	2	项目经理
8	A016	系统集成部	3	高级开发人员
9	A017	软件开发部	4	高级测试人员
10	A018	软件开发部	1	高级项目经理
11	A019	软件开发部	2	项目经理
12	A020	系统集成部	3	高级开发人员

图8-110

D3 =CHOOSE(CODE(C3)-64,"高级项目经理","项目经理","高级开发人员","高级测试人员") ①

	A	B	C	D
1	员工统计表			
2	员工编号	所属部门	岗位编号	岗位职称
3	A011	软件开发部	B	项目经理
4	A012	系统集成部	B	项目经理
5	A013	软件开发部	A	高级项目经理
6	A014	系统集成部	A	高级项目经理
7	A015	软件开发部	B	项目经理
8	A016	系统集成部	C	高级开发人员
9	A017	软件开发部	D	高级测试人员
10	A018	软件开发部	A	高级项目经理
11	A019	软件开发部	B	项目经理
12	A020	系统集成部	C	高级开发人员

图8-111

技巧286

查询采购单价

效果文件：FILES\08\技巧286.xlsx

某大型电器城有一批电器在采购时没有开采购单。利用公式根据商品采购表中的记录返回采购单，采购单中要包括商品名称和采购单价，步骤如下。

1. 打开工作表，根据商品编号查找商品名称和采购单价，创建如图8-112所示的表格。

2. 在单元格B14中输入公式“=LOOKUP(A14, A3:A10, B3:B10)”，按【Enter】键，单元格B14中将显示编号为“106”的商品名称为“扫描仪”，如图8-113所示。

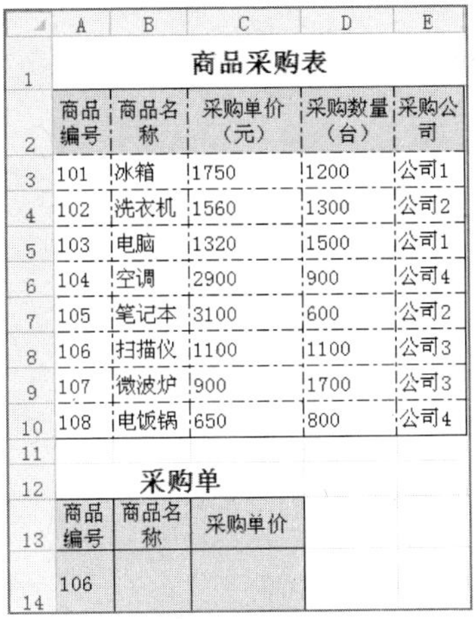

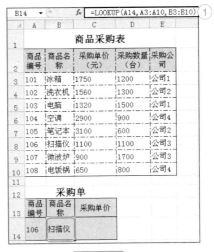

	A	B	C	D	E
1	商品采购表				
2	商品编号	商品名称	采购单价（元）	采购数量（台）	采购公司
3	101	冰箱	1750	1200	公司1
4	102	洗衣机	1560	1300	公司2
5	103	电脑	1320	1500	公司1
6	104	空调	2900	900	公司4
7	105	笔记本	3100	600	公司2
8	106	扫描仪	1100	1100	公司3
9	107	微波炉	900	1700	公司3
10	108	电饭锅	650	800	公司4
11					
12	采购单				
13	商品编号	商品名称	采购单价		
14	106				

图8-112

B14　fx　=LOOKUP(A14, A3:A10, B3:B10)　1

	A	B	C	D	E
1	商品采购表				
2	商品编号	商品名称	采购单价（元）	采购数量（台）	采购公司
3	101	冰箱	1750	1200	公司1
4	102	洗衣机	1560	1300	公司2
5	103	电脑	1320	1500	公司1
6	104	空调	2900	900	公司4
7	105	笔记本	3100	600	公司2
8	106	扫描仪	1100	1100	公司3
9	107	微波炉	900	1700	公司3
10	108	电饭锅	650	800	公司4
11					
12	采购单				
13	商品编号	商品名称	采购单价		
14	106	扫描仪			

图8-113

3．在单元格C14中输入公式“=LOOKUP(B14, B3:B10, C3:C10)”，按【Enter】键，单元格C14中将显示编号“106”对应的商品采购单价为“1100”，如图8-114所示。

C14　fx　=LOOKUP(B14,B3:B10,C3:C10)　1

	A	B	C	D	E
1	商品采购表				
2	商品编号	商品名称	采购单价（元）	采购数量（台）	采购公司
3	101	冰箱	1750	1200	公司1
4	102	洗衣机	1560	1300	公司2
5	103	电脑	1320	1500	公司1
6	104	空调	2900	900	公司4
7	105	笔记本	3100	600	公司2
8	106	扫描仪	1100	1100	公司3
9	107	微波炉	900	1700	公司3
10	108	电饭锅	650	800	公司4
11					
12	采购单				
13	商品编号	商品名称	采购单价		
14	106	扫描仪	1100		

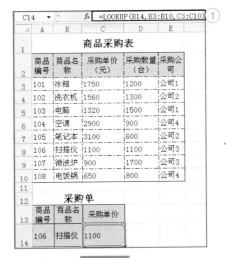

图8-114

技巧287

计算每月应交税额

效果文件：FILES\08\技巧287.xlsx

已知某公司2007年上半年各月销售总额。要想根据税率基准表计算各月的应交税额，如图8-115所示，步骤如下。

1．在单元格C3中输入公式“=IF(B3<$A$12, 0, LOOKUP(B3, $A$12:$C$18))”，

按【Enter】键，单元格C3中将显示1月的税率，如图8-116所示。

图8-115的数据:

fx: =IF(B3<$A$12,0,LOOKUP(B3,$A$12:$C$18))

	每月应交税额		
月份	销售收入（元）	税率	应交税额（元）
1月	1850		
2月	4580		
3月	9560		
4月	15620		
5月	21500		
6月	56200		

税率基准表		
收入下限（元）	收入上限（元）	税率
2000	5000	8.00%
5001	10000	12.00%
10001	20000	16.00%
20001	30000	20.00%
30001	40000	25.00%
40001	50000	30.00%
50001		35.25%

图8-115

C3 fx: =IF(B3<$A$12,0,LOOKUP(B3,$A$12:$C$18))

	每月应交税额		
月份	销售收入（元）	税率	应交税额（元）
1月	1850	0.00%	
2月	4580		
3月	9560		
4月	15620		
5月	21500		
6月	56200		

税率基准表		
收入下限（元）	收入上限（元）	税率
2000	5000	8.00%
5001	10000	12.00%
10001	20000	16.00%
20001	30000	20.00%
30001	40000	25.00%
40001	50000	30.00%
50001		35.25%

图8-116

2. 计算应交税额。应交税额等于总收入乘以税率。在单元格D3中输入公式"=B3*C3"，按【Enter】键，单元格D3中将显示1月的应交税额"0.00"，如图8-117所示。

3. 利用快速填充工具复制单元格C3和D3中的公式到其他单元格，计算其他月份的税率和应交税额，计算结果如图8-118所示。

D3 fx: =B3*C3

	每月应交税额		
月份	销售收入（元）	税率	应交税额（元）
1月	1850	0.00%	0.00
2月	4580		
3月	9560		
4月	15620		
5月	21500		
6月	56200		

税率基准表		
收入下限（元）	收入上限（元）	税率
2000	5000	8.00%
5001	10000	12.00%
10001	20000	16.00%
20001	30000	20.00%
30001	40000	25.00%
40001	50000	30.00%
50001		35.25%

图8-117

	每月应交税额		
月份	销售收入（元）	税率	应交税额（元）
1月	1850	0.00%	0.00
2月	4580	8.00%	366.40
3月	9560	12.00%	1147.20
4月	15620	16.00%	2499.20
5月	21500	20.00%	4300.00
6月	56200	35.25%	19810.50

税率基准表		
收入下限（元）	收入上限（元）	税率
2000	5000	8.00%
5001	10000	12.00%
10001	20000	16.00%
20001	30000	20.00%
30001	40000	25.00%
40001	50000	30.00%
50001		35.25%

图8-118

> **提示**
>
> 　　如果在单元格C3中输入公式"=LOOKUP(B3，$A$12:$C$18)"，按【Enter】键，单元格C3中会显示 "#N/A"。因为要查找的单元格B3的值小于单元格区域 $A$12:$C$18中的最小值2000，所以会返回此错误值。

技巧288
计算产品批发和零售销售总额

> **效果文件：FILES\08\技巧288.xlsx**

　　某公司在销量统计表中仅统计了产品的销售量，现在要根据销售量计算产品批发和零售销售总额。如图8-119所示，要想计算产品的批发和零售销售总额，就一定要用到产品的批发和零售价格，而产品价格的引用可以使用HLOOKUP函数实现，步骤如下。

图8-119

　　1. 引用产品价格表中的批发价格。在单元格C3中输入公式"=HLOOKUP(A3，$B$11:$G$14，3，TRUE)"，按下【Enter】键，单元格C3中将显示单元格区域$B$11:$G$14的第3行中与单元格A3同列的值，即产品1的批发价格为"300"，如图8-120所示。

图8-120

> **提示**
>
> 　　在本技巧中，range_lookup的值可以是"TRUE"，也可以是"FALSE"。使用"TRUE"的特点是不用考虑table_array中值的排序问题，但如果查找的值没有找到，则会返回小于该值的最大值。而使用"FALSE"的特点是当找不到匹配的值时就返回一个错误值"#N/A"，同时table_array中第1行的值必须按升序排列。

　　2．计算批发销售总额。销售总额等于销售数量乘以销售价格。在单元格D3中输入公式"=B3*C3"，按【Enter】键，单元格D3中将显示产品1的批发销售总额为"54000"，如图8-121所示。

			D3	▾	f_x	=B3*C3 ①	
	A	B	C	D	E	F	G
1			**2007年6月产品销量统计**				
2	产品名称	批发量（台）	批发价格（元）	批发销售额	零售量（台）	零售价格（元）	零售销售额
3	产品1	180	300	54000	150		
4	产品2	270			160		
5	产品3	140			230		
6	产品4	162			310		
7	产品5	560			160		
8	产品6	300			240		
9							
10			**产品价格表**				
11	产品名称	产品1	产品2	产品3	产品4	产品5	产品6
12	进货价格	200	210	220	240	260	300
13	批发价格	300	400	500	600	700	800
14	零售价格	350	450	550	650	750	850
15							

图8-121

　　3．复制单元格C3和D3中的公式到其他单元格，引用其他产品的批发价格并计算其他产品的批发销售总额，如图8-122所示。

			C3	▾	f_x	=HLOOKUP(A3, $E$11:$G$14, 3, TRUE)	
	A	B	C	D	E	F	G
1			**2007年6月产品销量统计**				
2	产品名称	批发量（台）	批发价格（元）	批发销售额	零售量（台）	零售价格（元）	零售销售额
3	产品1	180	300	54000	150		
4	产品2	270	400	108000	160		
5	产品3	140	500	70000	230		
6	产品4	162	600	97200	310		
7	产品5	560	700	392000	160		
8	产品6	300	800	240000	240		
9							
10			**产品价格表**				
11	产品名称	产品1	产品2	产品3	产品4	产品5	产品6
12	进货价格	200	210	220	240	260	300
13	批发价格	300	400	500	600	700	800
14	零售价格	350	450	550	650	750	850

图8-122

　　4．引用产品价格表中的零售价格。在单元格F3中输入公式"=HLOOKUP(A3, $B$11:$G$14, 4, TRUE)"，按下【Enter】键，单元格F3中将显示单元格区域$B$11:$G$14的第4行中与单元格A3同列的值，即产品1的零售价格为"350"，如图8-123所示。

| F3 | | ▼ | fx | =HLOOKUP(A3,$B$11:$G$14,4,TRUE) ① |

2007年6月产品销量统计

	A	B	C	D	E	F	G
1							
2	产品名称	批发量(台)	批发价格（元）	批发销售额	零售量（台）	零售价格（元）	零售销售额
3	产品1	180	300	54000	150	350	
4	产品2	270	400	108000	160		
5	产品3	140	500	70000	230		
6	产品4	162	600	97200	310		
7	产品5	560	700	392000	160		
8	产品6	300	800	240000	240		
9							
10				**产品价格表**			
11	产品名称	产品1	产品2	产品3	产品4	产品5	产品6
12	进货价格	200	210	220	240	260	300
13	批发价格	300	400	500	600	700	800
14	零售价格	350	450	550	650	750	850

图8-123

5. 计算零售销售总额。销售总额等于销售数量乘以销售价格。在单元格G3中输入公式"=E3*F3"，按【Enter】键，单元格G3中将显示产品1的零售销售总额为"52500"，如图8-124所示。

| G3 | | ▼ | fx | =E3*F3 ① |

2007年6月产品销量统计

	A	B	C	D	E	F	G
1							
2	产品名称	批发量(台)	批发价格（元）	批发销售额	零售量（台）	零售价格（元）	零售销售额
3	产品1	180	300	54000	150	350	52500
4	产品2	270	400	108000	160		
5	产品3	140	500	70000	230		
6	产品4	162	600	97200	310		
7	产品5	560	700	392000	160		
8	产品6	300	800	240000	240		
9							
10				**产品价格表**			
11	产品名称	产品1	产品2	产品3	产品4	产品5	产品6
12	进货价格	200	210	220	240	260	300
13	批发价格	300	400	500	600	700	800
14	零售价格	350	450	550	650	750	850

图8-124

6. 复制单元格F3和G3中的公式到其他单元格，引用其他产品的零售价格并计算其他产品的零售销售总额。如图8-125所示为计算结果。

2007年6月产品销量统计

	A	B	C	D	E	F	G
1							
2	产品名称	批发量(台)	批发价格（元）	批发销售额	零售量（台）	零售价格（元）	零售销售额
3	产品1	180	300	54000	150	350	52500
4	产品2	270	400	108000	160	450	72000
5	产品3	140	500	70000	230	550	126500
6	产品4	162	600	97200	310	650	201500
7	产品5	560	700	392000	160	750	120000
8	产品6	300	800	240000	240	850	204000
9							
10				**产品价格表**			
11	产品名称	产品1	产品2	产品3	产品4	产品5	产品6
12	进货价格	200	210	220	240	260	300
13	批发价格	300	400	500	600	700	800
14	零售价格	350	450	550	650	750	850

图8-125

技巧289
计算月末库存量

效果文件：FILES\08\技巧289.xlsx

某销售公司在每个月末都会制作当月的销量表和库存统计表，如图8-126所示。要根据2007年6月的销量表来制作2007年6月的库存统计表，步骤如下。

1. 引用销售表中的产品名称。在单元格B3中输入公式"=VLOOKUP(A3, A12:D17, 2, FALSE)"，按【Enter】键，单元格B3中将显示编号为"D11001"的产品名称为"产品1"，如图8-127所示。

| | | 图8-126 | | | | | | 图8-127 | | |

2007年6月末库存统计表

	产品编号	产品名称	上月末库存量	本月销售量	本月末库存量
3	D11001		160		
4	D11002		150		
5	D11003		130		
6	D11004		180		
7	D11005		120		
8	D11006		140		

2007年6月销量表

	产品编号	产品名称	产品单价	本月销售量
12	D11001	产品1	1500	50
13	D11002	产品2	1200	40
14	D11003	产品3	1300	60
15	D11004	产品4	1250	90
16	D11005	产品5	1400	100
17	D11006	产品6	1600	150

图8-126 图8-127

2. 复制单元格B3中的公式到其他单元格，引用其他产品编号所对应的产品名称，如图8-128所示。

3. 通过产品编号引用销售表中对应产品的销售量。在单元格D3中输入公式"=VLOOKUP(A3, A12:D17, 4, FALSE)"，按【Enter】键，单元格D3中将显示编号为"D11001"的产品本月销售量为"50"，如图8-129所示。

图8-128

	A	B	C	D	E
1	2007年6月末库存统计表				
2	产品编号	产品名称	上月末库存量	本月销售量	本月末库存量
3	D11001	产品1	160		
4	D11002	产品2	150		
5	D11003	产品3	130		
6	D11004	产品4	180		
7	D11005	产品5	120		
8	D11006	产品6	140		
9					
10	2007年6月销量表				
11	产品编号	产品名称	产品单价	本月销售量	
12	D11001	产品1	1500	50	
13	D11002	产品2	1200	40	
14	D11003	产品3	1300	60	
15	D11004	产品4	1250	90	
16	D11005	产品5	1400	100	
17	D11006	产品6	1600	150	

图8-128

D3 ▾ fx =VLOOKUP(A3,A12:D17,4,FALSE)

	A	B	C	D	E
1	2007年6月末库存统计表				
2	产品编号	产品名称	上月末库存量	本月销售量	本月末库存量
3	D11001	产品1	160	50	
4	D11002	产品2	150		
5	D11003	产品3	130		
6	D11004	产品4	180		
7	D11005	产品5	120		
8	D11006	产品6	140		
9					
10	2007年6月销量表				
11	产品编号	产品名称	产品单价	本月销售量	
12	D11001	产品1	1500	50	
13	D11002	产品2	1200	40	
14	D11003	产品3	1300	60	
15	D11004	产品4	1250	90	
16	D11005	产品5	1400	100	
17	D11006	产品6	1600	150	

图8-129

4. 计算月末库存量。月末库存量等于上月末库存量减本月销售量。在单元格 E3中输入公式 "=C3-D3"，按【Enter】键，单元格E3中将显示编号为 "D11001" 的产品当月末库存量为 "110"，如图8-130所示。

5. 复制单元格D3和E3中的公式到其他单元格，计算其他产品的月末库存量，计算结果如图8-131所示。

E3 ▾ fx =C3-D3

	A	B	C	D	E
1	2007年6月末库存统计表				
2	产品编号	产品名称	上月末库存量	本月销售量	本月末库存量
3	D11001	产品1	160	50	110
4	D11002	产品2	150		
5	D11003	产品3	130		
6	D11004	产品4	180		
7	D11005	产品5	120		
8	D11006	产品6	140		
9					
10	2007年6月销量表				
11	产品编号	产品名称	产品单价	本月销售量	
12	D11001	产品1	1500	50	
13	D11002	产品2	1200	40	
14	D11003	产品3	1300	60	
15	D11004	产品4	1250	90	
16	D11005	产品5	1400	100	
17	D11006	产品6	1600	150	

图8-130

	A	B	C	D	E
1	2007年6月末库存统计表				
2	产品编号	产品名称	上月末库存量	本月销售量	本月末库存量
3	D11001	产品1	160	50	110
4	D11002	产品2	150	40	110
5	D11003	产品3	130	60	70
6	D11004	产品4	180	90	90
7	D11005	产品5	120	100	20
8	D11006	产品6	140	150	-10
9					
10	2007年6月销量表				
11	产品编号	产品名称	产品单价	本月销售量	
12	D11001	产品1	1500	50	
13	D11002	产品2	1200	40	
14	D11003	产品3	1300	60	
15	D11004	产品4	1250	90	
16	D11005	产品5	1400	100	
17	D11006	产品6	1600	150	

图8-131

技巧290
制作打折商品标签

效果文件：FILES\08\技巧290.xlsx

超市在星期天总会推出一些打折商品。这些打折商品都会被放到"特价区"销售，同时还要用标签标出每件商品的原价、折扣和现价等。要想在如图8-132所示的所有打折商品统计表中根据商品名称查询其原价、折扣并制作打折商品标签，步骤如下。

1. 查找商品中猪肉的原价。在单元格B12中输入公式"=INDEX(A2:D8, MATCH(B11, A2:A8, 0), B1)"，按【Enter】键，单元格B12中将显示猪肉的原价为16元，如图8-133所示。

	A	B	C	D
1	1	2	3	4
2	商品名称	原价（元/箱）	打折	现价（元/箱）
3	牛奶	¥25	7	¥17.5
4	猪肉	¥16	8	¥12.8
5	鸡蛋	¥8	9	¥7.2
6	方便面	¥19	5	¥9.5
7	纯净水	¥32	6	¥19.2
8	面包	¥26	8	¥20.8
9				
10	商品价格查询			
11	商品名称：	猪肉		
12	原价：			
13	打折：			
14	现价：			

图8-132

B12 =INDEX(A2:D8,MATCH(B11,A2:A8, 0),B1)

	A	B	C	D
1	1	2	3	4
2	商品名称	原价（元/箱）	打折	现价（元/箱）
3	牛奶	¥25	7	¥17.5
4	猪肉	¥16	8	¥12.8
5	鸡蛋	¥8	9	¥7.2
6	方便面	¥19	5	¥9.5
7	纯净水	¥32	6	¥19.2
8	面包	¥26	8	¥20.8
9				
10	商品价格查询			
11	商品名称：	猪肉		
12	原价：	¥16		
13	打折：			
14	现价：			

图8-133

2. 查找商品中猪肉的折扣。在单元格B13中输入公式"=INDEX(A2:D8, MATCH(B11, A2:A8, 0), C1)"，按【Enter】键，单元格B13中将显示猪肉的折扣为8折，如图8-134所示。

3. 查找商品中猪肉的现价。在单元格B14中输入公式"= INDEX(A2:D8, MATCH(B11, A2:A82, 0), D1)"，按【Enter】键，单元格B14中将显示猪肉的原价为12.8元，如图8-135所示。

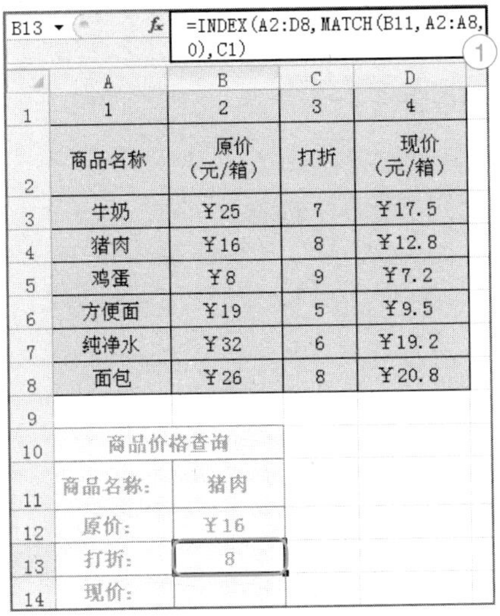

| B13 | ▼ | fx | =INDEX(A2:D8,MATCH(B11,A2:A8,0),C1) |

	A	B	C	D
	1	2	3	4
1	商品名称	原价（元/箱）	打折	现价（元/箱）
3	牛奶	￥25	7	￥17.5
4	猪肉	￥16	8	￥12.8
5	鸡蛋	￥8	9	￥7.2
6	方便面	￥19	5	￥9.5
7	纯净水	￥32	6	￥19.2
8	面包	￥26	8	￥20.8
9				
10	商品价格查询			
11	商品名称：	猪肉		
12	原价：	￥16		
13	打折	8		
14	现价：			

图8-134

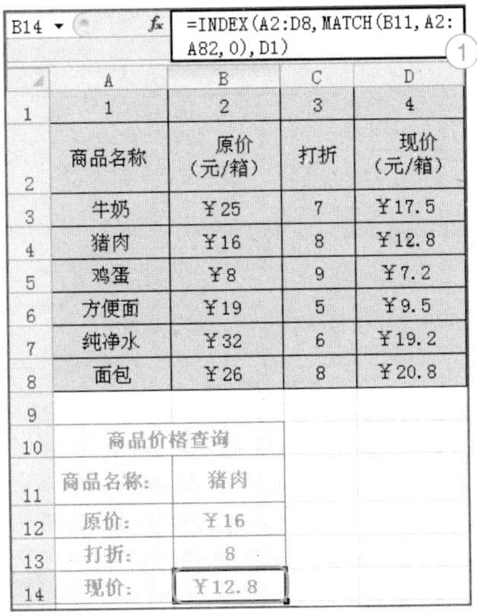

| B14 | ▼ | fx | =INDEX(A2:D8,MATCH(B11,A2:A82,0),D1) |

	A	B	C	D
	1	2	3	4
1	商品名称	原价（元/箱）	打折	现价（元/箱）
3	牛奶	￥25	7	￥17.5
4	猪肉	￥16	8	￥12.8
5	鸡蛋	￥8	9	￥7.2
6	方便面	￥19	5	￥9.5
7	纯净水	￥32	6	￥19.2
8	面包	￥26	8	￥20.8
9				
10	商品价格查询			
11	商品名称：	猪肉		
12	原价：	￥16		
13	打折	8		
14	现价：	￥12.8		

图8-135

提示

将单元格区域A10:B14剪切下来就是猪肉的打折标签，其他商品的打折标签均可按照此方法来制作。也可以利用另一种快速方法完成打折标签的制作，但要求每个打折商品之间有一个空行，步骤如下。

1. "打折商品"工作表的中原始数据如图8-136所示。

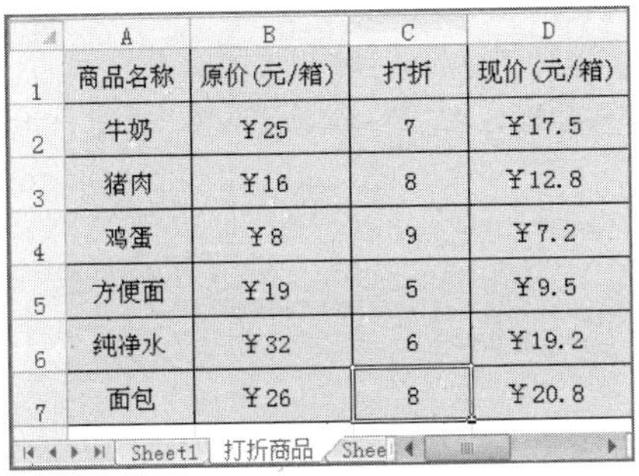

	A	B	C	D
1	商品名称	原价(元/箱)	打折	现价(元/箱)
2	牛奶	￥25	7	￥17.5
3	猪肉	￥16	8	￥12.8
4	鸡蛋	￥8	9	￥7.2
5	方便面	￥19	5	￥9.5
6	纯净水	￥32	6	￥19.2
7	面包	￥26	8	￥20.8

Sheet1 / 打折商品 / Shee

图8-136

2. 将另一个工作表命名为"打折条"，并在单元格A1中输入公式"=IF(MOD(ROW(), 3)=0, "", IF(MOD(ROW(), 3)=1, 打折商品!$A$1:$E$1, INDEX(打折商品!$A:$E, INT((ROW()+4)/3), COLUMN())))"，按【Enter】键，单元格A1中将显示"商品名称"。用快速填充工具复制单元格A1中的公式到其他单元格，得到打折商品的打折条如图8-137所示。

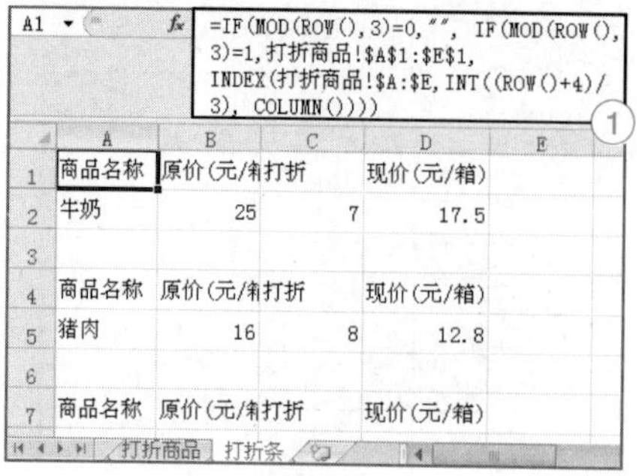

图8-137

提示

图8-137中公式的含义为：当行数能被3整除时，返回值为空；若行数被3除余1，则返回"打折商品"工作表单元格区域A1:E1中的值，否则返回"打折商品"工作表中对应于该列"INT((ROW()+4)/3)"行的值"INDEX(打折商品!$A:$E, INT((ROW()+4)/3), COLUMN())"。

📖 技巧291
调整楼盘户型单价

效果文件： FILES\08\技巧291.xlsx

如图8-138所示，这是一张楼盘户型图，现要对其价格进行调整。要想将每层楼A户型的每平方米单价上调50元，需要首先查找包含字符"A"的单元格，如果存在，则将相应"价格"列的值增加50，否则显示原价，可以按照下面的步骤实现。

1. 工作表中显示的数据是楼层户型及其单价，现要对每层楼的A户型进行单价调整，其余不变。在单元格D4中输入公式"=IF(ISERROR(SEARCH("A", A4)), C4, C4+50)"，按【Enter】键，计算结果如图8-139所示。

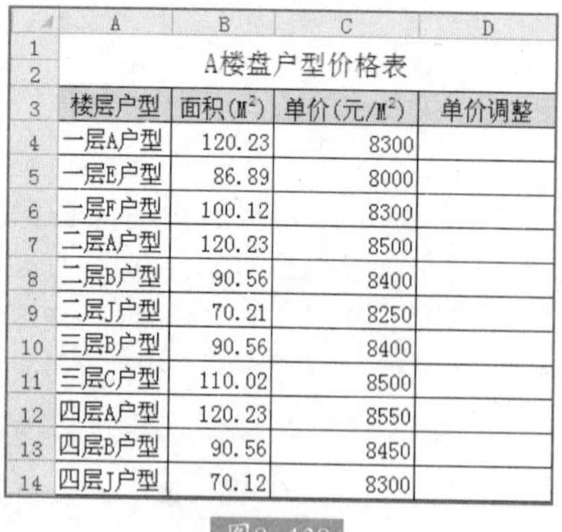

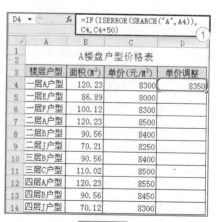

图8-138

图8-139

2. 使用自动填充功能填充整列，如图8-140所示。

	楼层户型	面积(M²)	单价(元/M²)	单价调整
	A楼盘 户型价格表			
3	楼层户型	面积(M²)	单价(元/M²)	单价调整
4	一层A户型	120.23	8300	8350
5	一层E户型	86.89	8000	8000
6	一层F户型	100.12	8300	8300
7	二层A户型	120.23	8500	8550
8	二层B户型	90.56	8400	8400
9	二层J户型	70.21	8250	8250
10	三层B户型	90.56	8400	8400
11	三层C户型	110.02	8500	8500
12	四层A户型	120.23	8550	8600
13	四层B户型	90.56	8450	8450
14	四层J户型	70.12	8300	8300

图8-140

📖 技巧292

转换商品名称的第一个字符为数字代码以确定商品类型

效果文件：FILES\08\技巧292.xlsx

如图8-141所示，这是一张办公用品购物单。假设每种物品的第一个字符代表不同的物品。现要将第一个字符转换为数字代码以便查询，可以按照下面的步骤实现。

1. 数据表中显示的是每种物品的名称。现要将每种物品名称的第一个字符转换为数字代码，以便存储、查询。在单元格D2中输入公式"=CODE(A2)"，输入完成后按【Enter】键，结果如图8-142所示。

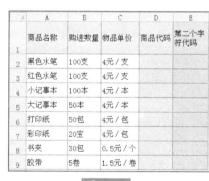

图8-141

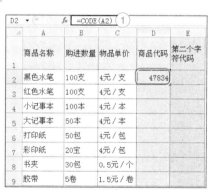

图8-142

2. 使用自动填充功能填充整列，结果如图8-143所示。

3. 将单元格内容中的第二个字符转换为数字代码。CODE函数只能将字符串中的第一个字符转换为代码，因此需要结合使用提取函数MID，从文本字符串中的指定位置起返回特定个数的字符。以此类推，结合MID函数，可以将字符串中的每一位字符转换为代码。在单元格E2中输入公式"=CODE(MID(A2, 2, 1))"，按

【Enter】键，结果如图8-144所示。

	A	B	C	D	E
1	商品名称	购进数量	物品单价	商品代码	第二个字符代码
2	黑色水笔	100支	4元／支	47834	
3	红色水笔	100支	4元／支	47852	
4	小记事本	100本	4元／本	53409	
5	大记事本	50本	4元／本	46323	
6	打印纸	50包	4元／包	46322	
7	彩印纸	20宝	4元／包	45770	
8	书夹	30包	0.5元／个	51945	
9	胶带	5卷	1.5元／卷	48570	

图8-143

E2 ▾ fx =CODE(MID(A2,2,1)) ①

	A	B	C	D	E
1	商品名称	购进数量	物品单价	商品代码	第二个字符代码
2	黑色水笔	100支	4元／支	47834	51627
3	红色水笔	100支	4元／支	47852	
4	小记事本	100本	4元／本	53409	
5	大记事本	50本	4元／本	46323	
6	打印纸	50包	4元／包	46322	
7	彩印纸	20宝	4元／包	45770	
8	书夹	30包	0.5元／个	51945	
9	胶带	5卷	1.5元／卷	48570	

图8-144

技巧293
将工作量转换为收入

效果文件：FILES\08\技巧293.xlsx

如图8-145所示，这是一张员工基本工资及工作量表。工作量就是超出规定额的数量，按件算，每件10元。假设员工的工资组成包括基本工资和工作量。要把员工的工作量转换为收入，加上基本工资，进行当月工资的核算，可以按照下面的步骤实现。

1. 图8-145中的数据包括员工的基本工资和工作量。现在要将工作量转换为工资，加上基本工资，并将数据转换为人民币货币格式。在单元格E4中输入公式"=TEXT(C4+D4*10, "￥#.00")"，输入完成后按【Enter】键，计算结果如图8-146所示。

	A	B	C	D	E
1,2	员工工资表				
3	姓名	性别	基本工资	工作量	工资收入
4	张晨	女	2000	60	
5	李四	男	2000	73	
6	王老五	男	1500	65	
7	马六	男	1500	60	
8	赵雪	女	2000	68	
9	钱八	男	1800	63	
10	李怡	女	1800	70	
11	刘珊	女	1500	68	
12	于杰	男	1800	55	
13	孙星	男	2000	69	

图8-145

E4 ▾ fx =TEXT(C4+D4*10, "￥#.00") ①

	A	B	C	D	E
1,2	员工工资表				
3	姓名	性别	基本工资	工作量	工资收入
4	张晨	女	2000	60	￥2600.00
5	李四	男	2000	73	
6	王老五	男	1500	65	
7	马六	男	1500	60	
8	赵雪	女	2000	68	
9	钱八	男	1800	63	
10	李怡	女	1800	70	
11	刘珊	女	1500	68	
12	于杰	男	1800	55	
13	孙星	男	2000	69	

图8-146

2. 使用自动填充功能填充整列，结果如图8-147所示。

	A	B	C	D	E
1			员工工资表		
2					
3	姓名	性别	基本工资	工作量	工资收入
4	张晨	女	2000	60	￥2600.00
5	李四	男	2000	73	￥2730.00
6	王老五	男	1500	65	￥2150.00
7	马六	男	1500	65	￥2100.00
8	赵雪	女	2000	68	￥2680.00
9	钱八	男	1800	63	￥2430.00
10	李怡	女	1800	70	￥2500.00
11	刘珊	女	1500	68	￥2180.00
12	于杰	男	1800	55	￥2350.00
13	孙星	男	2000	69	￥2690.00

图8-147

技巧294
转换出口商品价格格式

效果文件：FILES\08\技巧294.xlsx

如图8-148所示，这是一张出口货物报价单，其中的商品单价都是人民币金额。现为了出口，需要将其转换为以"$"表示的美元金额。假设人民币与美元之间的兑换率为7.645，即1$=7.645￥。用人民币金额除以兑换率就可以得到美元金额，转换步骤如下。

1. 图8-148中的数据是出口商品的人民币金额，转换公式为：美元金额=人民币金额/7.645。在单元格D4中输入公式"=DOLLAR((B4+C4)/7.645，3)"，输入完成后按【Enter】键，结果如图8-149所示。

	A	B	C	D
1		应付账款		
2				
3	商品名称	商品数量(kg)	商品单价(元/kg)	兑换单价(美元)
4	东北大米	1000	5	
5	山东红富士	1000	5	
6	赣南脐橙	500	6.6	
7	南丰蜜桔	500	10	
8	新疆哈密瓜	400	7.6	
9	新疆葡萄	500	8.4	
10	广东荔枝	800	10.8	
11	海南椰子	1000	9.6	

图8-148

D4 ▼ (f_x =DOLLAR((B4+C4)/7.645,3)

	A	B	C	D
1		应付账款		
2				
3	商品名称	商品数量(kg)	商品单价(元/kg)	兑换单价(美元)
4	东北大米	1000	5	$131.458
5	山东红富士	1000	5	
6	赣南脐橙	500	6.6	
7	南丰蜜桔	500	10	
8	新疆哈密瓜	400	7.6	
9	新疆葡萄	500	8.4	
10	广东荔枝	800	10.8	
11	海南椰子	1000	9.6	

图8-149

2. 使用自动填充功能填充整列，结果如图8-150所示。

	A	B	C	D
1		应付账款		
2				
3	商品名称	商品数量 (kg)	商品单价 (元/kg)	兑换单价 (美元)
4	东北大米	1000	5	$131.458
5	山东红富士	1000	5	$131.458
6	赣南脐橙	500	6.6	$66.266
7	南丰蜜桔	500	10	$66.710
8	新疆哈密瓜	400	7.6	$53.316
9	新疆葡萄	500	8.4	$66.501
10	广东荔枝	800	10.8	$106.056
11	海南椰子	1000	9.6	$132.060

图8-150

技巧295
删除多余空格

效果文件：FILES\08\技巧295.xlsx

如图8-151所示，用户登录系统时，需要输入用户名和密码以进行身份验证。当输入这些信息时，很有可能因为失误而使输入文本的前后出现空格。一般的验证系统都能把用户名前后的空格清除之后再进行身份验证，但出于安全性的考虑，对密码一般不进行清除空格操作，必须精确。对用户名删除多余空格后，先将结果与原用户名比较（如果完全一致，则用户名是正确的），再对密码进行比较，实现步骤如下。

	A	B	C	D	E	F
1			用户登录信息			
2						
3	姓名	用户名	密码	输入用户名	输入密码	是否通过验证
4	吴君	future	wujunok	future	wujunok	
5	王刚	wanggang	wanggang	wanggang	wanggang	
6	朱一强	zhuyq	zyq123	zhuyq	zyq123	
7	王小勇	wxy	wangxy	wxy	wangxy	
8	马爱华	kit	123321	kit	123321	
9	张彦红	zhangyh	zhangyh	zhangyh	zhangyh	
10	李冰	comeon	libing	comeon	libin	
11	刘田	beibei	liutian	beibei	liutian	
12	刘长	liuchang	liuc111	liuchang	liuc111	
13	任向杰	rxj	r1x2j3	rxj	r1x1j3	

图8-151

1. 图8-151中显示了登录用户的信息。在进行身份验证前，要先删除用户名中多余的空格，再与原用户名进行比较，如果信息一致，则在"是否通过验证"列中显示"是"，否则显示"否"。要实现该操作，可先使用TRIM函数删除多余空格，再使用IF函数进行比较。在单元格F4中输入公式"=IF(AND(TRIM(D4)=B4, E4=C4), "是","否")"，输入完成后按【Enter】键，结果如图8-152所示（参数text用于设定要删除多余空格的单元格为D4和E4）。

| F4 | ▼ | fx | =IF(AND(TRIM(D4)=B4,E4=C4),"是","否") | ① |

	A	B	C	D	E	F
1			用户登录信息			
2						
3	姓名	用户名	密码	输入用户名	输入密码	是否通过验证
4	吴君	future	wujunok	future	wujunok	是
5	王刚	wanggang	wanggang	wanggang	wanggang	
6	朱一强	zhuyq	zyq123	zhuyq	zyq123	
7	王小勇	wxy	wangxy	wxy	wangxy	
8	马爱华	kit	123321	kit	123321	
9	张彦红	zhangyh	zhangyh	zhangyh	zhangyh	
10	李冰	comeon	libing	comeon	libin	
11	刘田	beibei	liutian	beibei	liutian	
12	刘长	liuchang	liuc111	liuchang	liuc111	
13	任向杰	rxj	r1x2j3	rxj	r1x1j3	

图8-152

2. 使用自动填充功能填充整列，结果如图8-153所示。

	A	B	C	D	E	F
1			用户登录信息			
2						
3	姓名	用户名	密码	输入用户名	输入密码	是否通过验证
4	吴君	future	wujunok	future	wujunok	是
5	王刚	wanggang	wanggang	wanggang	wanggang	否
6	朱一强	zhuyq	zyq123	zhuyq	zyq123	是
7	王小勇	wxy	wangxy	wxy	wangxy	是
8	马爱华	kit	123321	kit	123321	是
9	张彦红	zhangyh	zhangyh	zhangyh	zhangyh	是
10	李冰	comeon	libing	comeon	libin	否
11	刘田	beibei	liutian	beibei	liutian	是
12	刘长	liuchang	liuc111	liuchang	liuc111	是
13	任向杰	rxj	r1x2j3	rxj	r1x1j3	否

图8-153

技巧296
将工程进度推后3天

效果文件：FILES\08\技巧296.xlsx

如图8-154所示，这是一张工程进度表，每个事项都要按规定的时间进行。现在因为突发情况，工程要延期3天开始，即要将进度表中的日期全部推后3天。要实现该操作，可以通过SUBSTITUTE函数将原来的日期值全部加3，步骤如下。

	A	B	C	D	E
1			项目计划表		
2					
3	事项	起始时间	结束时间	变更起始时间	变更结束时间
4	确定案名	7月01日	7月03日		
5	提交项目策划书	7月02日	7月04日		
6	提交logo	7月03日	7月04日		
7	确定logo	7月04日	7月05日		
8	提交并确认围挡	7月05日	7月06日		
9	提交并确定会议展板	7月06日	7月07日		
10	提交并确定户外	7月08日	7月10日		
11	提交并确定楼书	7月08日	7月16日		

图8-154

1. 如图8-154所示工作表中的工程进度日期全部需要修改，即在原来的基础上加3。使用SUBSTITUTE函数可以实现新旧日期的转换。在单元格D4中输入公式"=SUBSTITUTE(B4, MID(B4, 3, 2), MID(B4, 3, 2)+3)"，输入完成后按【Enter】键，结果如图8-155所示。

图8-155

2. 使用自动填充功能填充整列，结果显示如图8-156所示。

图8-156

细心的读者可能会发现，本技巧的转换结果把单日期前的"0"给丢了。要想保留单日期前的"0"，需要判断加3后的结果是否小于10。如果小于10，则用连接符"&"将"0"加上即可，否则直接返回计算结果。

以本技巧转换前的数据为例，在单元格D4中输入公式"=SUBSTITUTE(B4, MID(B4, 3, 2), IF(MID(B4, 3, 2)+3<10, 0&MID(B4, 3, 2)+3, MID(B4, 3, 2)+3))"，输入完成后按【Enter】键，使用自动填充功能填充整列，结果如图8-157所示。

图8-157

技巧297
对总价取整

效果文件：FILES\08\技巧297.xlsx

如图8-158所示，这是某楼盘的户型面积及价格表，表中给出了每种户型的面积及单价。现要计算每种户型的总价。

面积值达到了小数点后3位的精确度，但一般计算楼房总价时都会将其取整，这就需要使用FIXED函数对结果进行四舍五入，实现步骤如下。

1. 户型总价等于户型面积乘以户型单价，如果计算结果含有小数，可使用FIEXD函数对结果取整。在单元格D4中输入公式"=FIXED(B4*C4, 0, TRUE)"，输入完成后按【Enter】键，结果如图8-159所示。

	A	B	C	D
1/2		A楼盘面积及价格表		
3	楼层户型	面积(M²)	单价(元/M²)	总价(元)
4	一层A户型	120.634	8300	
5	一层E户型	86.893	8000	
6	一层F户型	100.125	8300	
7	二层A户型	120.634	8500	
8	二层B户型	90.561	8400	
9	二层J户型	70.217	8250	
10	三层B户型	90.561	8400	
11	三层C户型	110.02	8500	
12	四层A户型	120.634	8550	
13	四层B户型	90.561	8450	
14	四层J户型	70.218	8300	

图8-158

D4 fx =FIXED(B4*C4,0,TRUE) ①

	A	B	C	D
1/2		A楼盘面积及价格表		
3	楼层户型	面积(M²)	单价(元/M²)	总价(元)
4	一层A户型	120.634	8300	1001262
5	一层E户型	86.893	8000	
6	一层F户型	100.125	8300	
7	二层A户型	120.634	8500	
8	二层B户型	90.561	8400	
9	二层J户型	70.217	8250	
10	三层B户型	90.561	8400	
11	三层C户型	110.02	8500	
12	四层A户型	120.634	8550	
13	四层B户型	90.561	8450	
14	四层J户型	70.218	8300	

图8-159

2. 使用自动填充功能填充整列，结果如图8-160所示。

	A	B	C	D
1/2		A楼盘面积及价格表		
3	楼层户型	面积(M²)	单价(元/M²)	总价(元)
4	一层A户型	120.634	8300	1001262
5	一层E户型	86.893	8000	695144
6	一层F户型	100.125	8300	831038
7	二层A户型	120.634	8500	1025389
8	二层B户型	90.561	8400	760712
9	二层J户型	70.217	8250	579290
10	三层B户型	90.561	8400	760712
11	三层C户型	110.02	8500	935170
12	四层A户型	120.634	8550	1031421
13	四层B户型	90.561	8450	765240
14	四层J户型	70.218	8300	582809

图8-160

技巧298

分别计算员工和经理的平均销售量

效果文件：FILES\08\技巧298.xlsx

如图8-161所示，这是某公司对销售部门员工和经理的当月销售统计。要计算平均销售量，步骤如下。

1．在单元格C13中输入公式"=DAVERAGE(A1:E9, 5, A11:E12)"，按【Enter】键，计算销售部门员工的平均销售量，如图8-162所示。

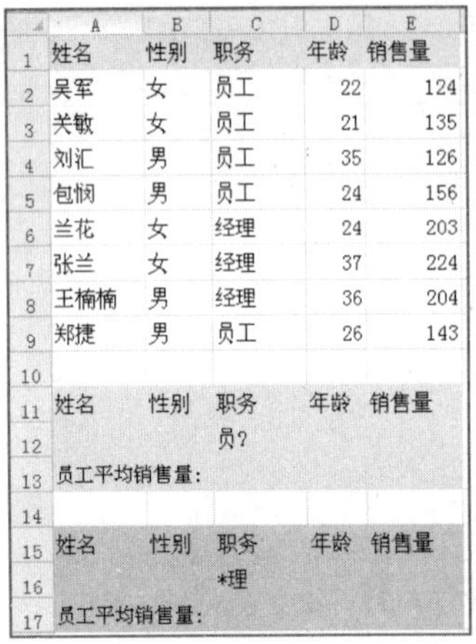

	A	B	C	D	E
1	姓名	性别	职务	年龄	销售量
2	吴军	女	员工	22	124
3	关敏	女	员工	21	135
4	刘汇	男	员工	35	126
5	包悯	男	员工	24	156
6	兰花	女	经理	24	203
7	张兰	女	经理	37	224
8	王楠楠	男	经理	36	204
9	郑捷	男	员工	26	143
10					
11	姓名	性别	职务	年龄	销售量
12			员?		
13	员工平均销售量:				
14					
15	姓名	性别	职务	年龄	销售量
16			*理		
17	员工平均销售量:				

图8-161

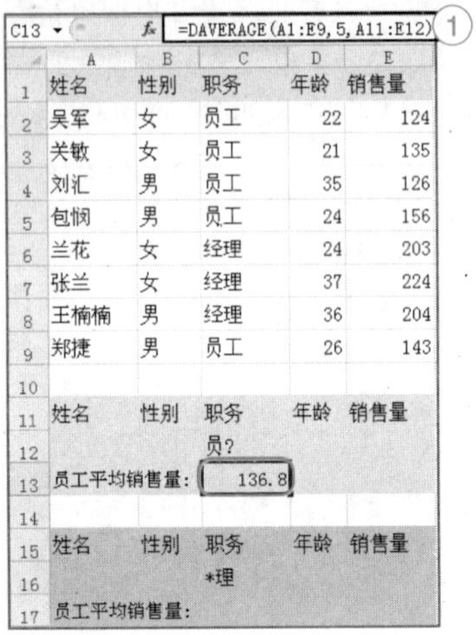

	A	B	C	D	E
1	姓名	性别	职务	年龄	销售量
2	吴军	女	员工	22	124
3	关敏	女	员工	21	135
4	刘汇	男	员工	35	126
5	包悯	男	员工	24	156
6	兰花	女	经理	24	203
7	张兰	女	经理	37	224
8	王楠楠	男	经理	36	204
9	郑捷	男	员工	26	143
10					
11	姓名	性别	职务	年龄	销售量
12			员?		
13	员工平均销售量:		136.8		
14					
15	姓名	性别	职务	年龄	销售量
16			*理		
17	员工平均销售量:				

图8-162

2．在单元格C17中输入公式"=DAVERAGE(A1:E9, 5, A15:E16)"，按【Enter】键，计算销售部门经理的平均销售量，如图8-163所示。

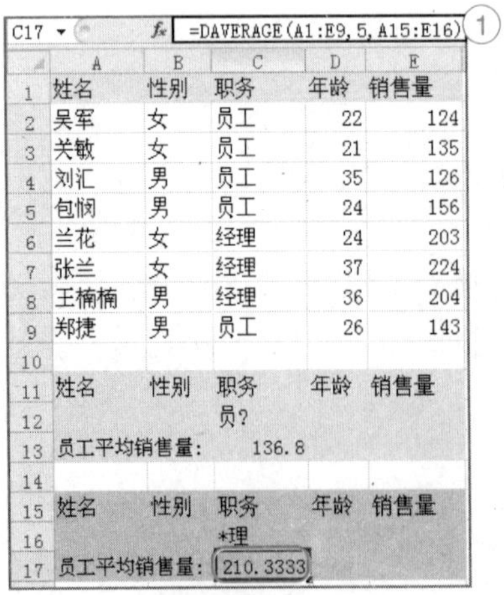

	A	B	C	D	E
1	姓名	性别	职务	年龄	销售量
2	吴军	女	员工	22	124
3	关敏	女	员工	21	135
4	刘汇	男	员工	35	126
5	包悯	男	员工	24	156
6	兰花	女	经理	24	203
7	张兰	女	经理	37	224
8	王楠楠	男	经理	36	204
9	郑捷	男	员工	26	143
10					
11	姓名	性别	职务	年龄	销售量
12			员?		
13	员工平均销售量:		136.8		
14					
15	姓名	性别	职务	年龄	销售量
16			*理		
17	员工平均销售量:		210.3333		

图8-163

> 提示
>
> 本技巧在条件中使用了通配符。其中，一个“*”表示1个或者1个以上的字符，一个“?”表示1个字符。

技巧299
找出工龄最长的员工

效果文件：FILES\08\技巧299.xlsx

如图8-164所示，这是某公司销售部门的人员情况表。现在需要调查该部门工龄最长的员工的年龄，本技巧中以年龄最大作为工龄最长，步骤如下。

在单元格E13中输入公式“=DMAX(A1:E9, 4, A11:E12)”，按【Enter】键得到计算结果，如图8-165所示。

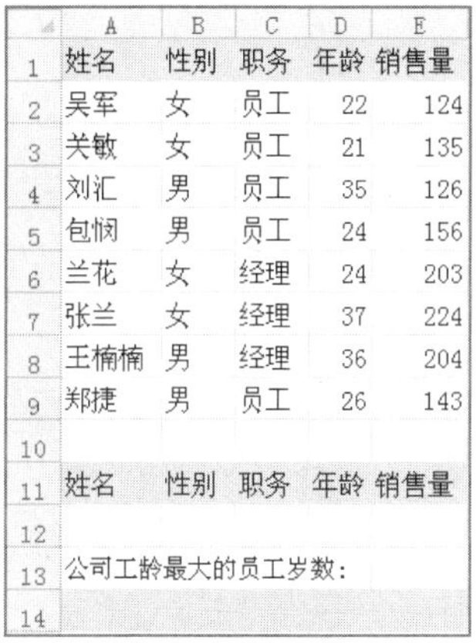

	A	B	C	D	E
1	姓名	性别	职务	年龄	销售量
2	吴军	女	员工	22	124
3	关敏	女	员工	21	135
4	刘汇	男	员工	35	126
5	包悯	男	员工	24	156
6	兰花	女	经理	24	203
7	张兰	女	经理	37	224
8	王楠楠	男	经理	36	204
9	郑捷	男	员工	26	143
10					
11	姓名	性别	职务	年龄	销售量
12					
13	公司工龄最大的员工岁数:				
14					

图8-164

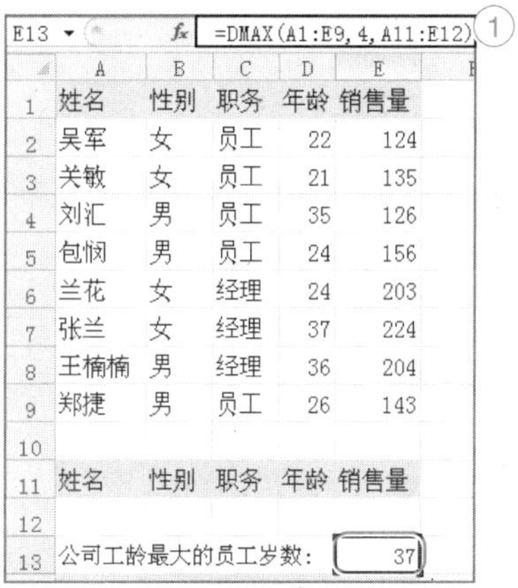

E13 fx =DMAX(A1:E9, 4, A11:E12) ①

	A	B	C	D	E
1	姓名	性别	职务	年龄	销售量
2	吴军	女	员工	22	124
3	关敏	女	员工	21	135
4	刘汇	男	员工	35	126
5	包悯	男	员工	24	156
6	兰花	女	经理	24	203
7	张兰	女	经理	37	224
8	王楠楠	男	经理	36	204
9	郑捷	男	员工	26	143
10					
11	姓名	性别	职务	年龄	销售量
12					
13	公司工龄最大的员工岁数:				37

图8-165

技巧300
分别计算销售总量

效果文件：FILES\08\技巧300.xlsx

如图8-166所示，这是某公司销售部门的人员情况表。现在需要调查该部门员工的销售总量，步骤如下。

1. 在单元格E13中输入公式“=DSUM(A1:E9, 5, A11:E12)”，按【Enter】键得到男员工的销售总量，如图8-167所示。

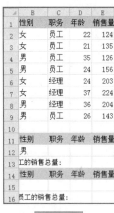

	B	C	D	E
1	性别	职务	年龄	销售量
2	女	员工	22	124
3	女	员工	21	135
4	男	员工	35	126
5	男	员工	24	156
6	女	经理	24	203
7	女	经理	37	224
8	男	经理	36	204
9	男	员工	26	143
10				
11	性别	职务	年龄	销售量
12	男			
13	工的销售总量：			
14	性别	职务	年龄	销售量
15				
16	员工的销售总量：			

图8-166

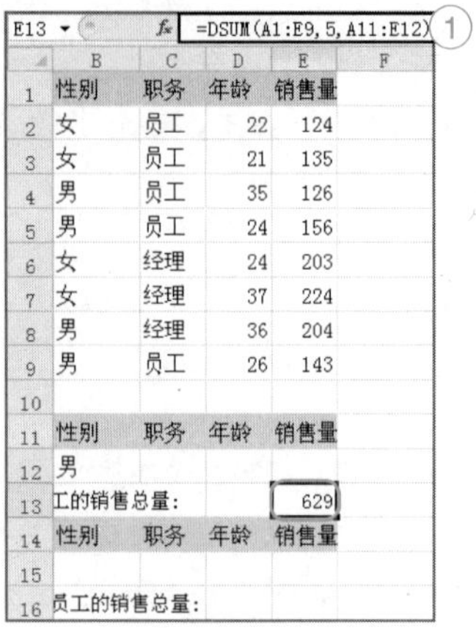

E13 =DSUM(A1:E9,5,A11:E12) ①

	B	C	D	E	F
1	性别	职务	年龄	销售量	
2	女	员工	22	124	
3	女	员工	21	135	
4	男	员工	35	126	
5	男	员工	24	156	
6	女	经理	24	203	
7	女	经理	37	224	
8	男	经理	36	204	
9	男	员工	26	143	
10					
11	性别	职务	年龄	销售量	
12	男				
13	工的销售总量：			629	
14	性别	职务	年龄	销售量	
15					
16	员工的销售总量：				

图8-167

2．在单元格E16中输入公式“=DSUM(A1:E9, 5, A14:E15)”，按【Enter】键得到所有员工的销售总量。最终结果如图8-168所示。

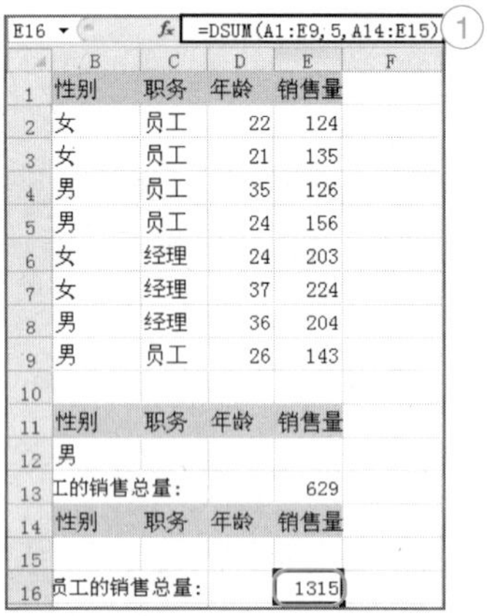

E16 =DSUM(A1:E9,5,A14:E15) ①

	B	C	D	E	F
1	性别	职务	年龄	销售量	
2	女	员工	22	124	
3	女	员工	21	135	
4	男	员工	35	126	
5	男	员工	24	156	
6	女	经理	24	203	
7	女	经理	37	224	
8	男	经理	36	204	
9	男	员工	26	143	
10					
11	性别	职务	年龄	销售量	
12	男				
13	工的销售总量：			629	
14	性别	职务	年龄	销售量	
15					
16	员工的销售总量：			1315	

图8-168

技巧301

计算销量方差

效果文件：FILES\08\技巧301.xlsx

如图8-169所示，这是某公司销售部门的人员情况表。现在需要计算该部门男员工销售量的方差，步骤如下。

	A	B	C	D	E	F	G
1	姓名	性别	职务	年龄	销售量	单价	手机
2	吴军	女	员工	22	124	90	13754754547
3	关敏	女	员工	21	135	90	13648732565
4	刘汇	男	员工	35	126	90	
5	包悯	男	员工	24	156	90	15936688601
6	兰花	女	经理	24	203	90	15930666619
7	张兰	女	经理	37	224	90	
8	王楠楠	男	经理	36	204	90	
9	郑捷	男	员工	26	143	90	13512600673
10							
11	姓名	性别	职务	年龄	销售量	单价	手机
12		男					
13	男员工销售量的方差:						
14							
15	男员工销售量的总体方差:						

图8-169

1. 在单元格D13中输入公式“=DVAR(A1:G9, 4, A11:G12)”，按【Enter】键得到男员工销售量的方差，结果如图8-170所示。

D13 fx =DVAR(A1:G9,4,A11:G12) ①

	A	B	C	D	E	F	G
1	姓名	性别	职务	年龄	销售量	单价	手机
2	吴军	女	员工	22	124	90	13754754547
3	关敏	女	员工	21	135	90	13648732565
4	刘汇	男	员工	35	126	90	
5	包悯	男	员工	24	156	90	15936688601
6	兰花	女	经理	24	203	90	15930666619
7	张兰	女	经理	37	224	90	
8	王楠楠	男	经理	36	204	90	
9	郑捷	男	员工	26	143	90	13512600673
10							
11	姓名	性别	职务	年龄	销售量	单价	手机
12		男					
13	男员工销售量的方差:			37.58			
14							
15	男员工销售量的总体方差:						

图8-170

2. 如果需要计算该部门男员工销售量的总体方差，则应在单元格D15中输入公式“=DVARP(A1:G9, 4, A11:G12)”后按【Enter】键，如图8-171所示。

D15 fx =DVARP(A1:G9,4,A11:G12) ①

	A	B	C	D	E	F	G
1	姓名	性别	职务	年龄	销售量	单价	手机
2	吴军	女	员工	22	124	90	13754754547
3	关敏	女	员工	21	135	90	13648732565
4	刘汇	男	员工	35	126	90	
5	包悯	男	员工	24	156	90	15936688601
6	兰花	女	经理	24	203	90	15930666619
7	张兰	女	经理	37	224	90	
8	王楠楠	男	经理	36	204	90	
9	郑捷	男	员工	26	143	90	13512600673
10							
11	姓名	性别	职务	年龄	销售量	单价	手机
12		男					
13	男员工销售量的方差:			37.58			
14							
15	男员工销售量的总体方差:			28.19			

图8-171

📖 技巧302
欧盟各国货币的换算

> 效果文件：FILES\08\技巧302.xlsx

利用EUROCONVERT函数可以方便地实现欧盟各国货币之间的换算。要想使用该函数，首先要安装并加载"欧元工具"宏。

1. 单击"文件"选项卡左侧列表中的"选项"按钮，打开"Excel选项"对话框，在左侧列表中单击"加载项"选项，在右侧的"加载项"列表框中选择"欧元工具"选项，单击"转到"按钮，如图8-172所示。

2. 在弹出的"加载宏"对话框中勾选"欧元工具"复选框，然后单击"确定"按钮，如图8-173所示。

图8-172

图8-173

3. 打开工作表，创建如图8-174所示的换算表格。

金额	源	目标	结果
欧盟国货币换算			
金额	源	目标	结果
2.5	DEM	EUR	
1	FRF	EUR	
2	FRF	DEM	
2	BEF	EUR	
5	EUR	GRD	
10	BEF	DEM	

图8-174

4．选中单元格D3，在"公式"选项卡的"函数库"组中单击"插入函数"按钮，如图8-175所示。

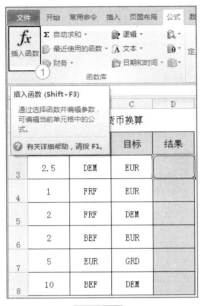

图8-175

5．在弹出的"插入函数"对话框的"或选择类别"下拉列表中选择"全部"选项，在"选择函数"列表框中选择"EUROCONVERT"函数，然后单击"确定"按钮，如图8-176所示。

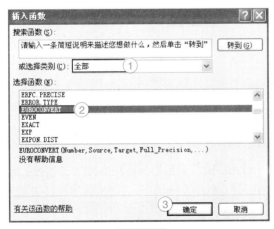

图8-176

6．在弹出的"函数参数"对话框中依次输入参数值，如图8-177所示。

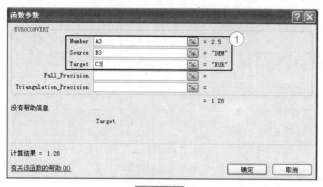

图8-177

7. 单击"确定"按钮，即可看到第一个换算结果，如图8-178所示。

8. 拖动单元格，使公式自动填充，得到所有换算结果，如图8-179所示。

图8-178

图8-179

技巧303

考勤统计

效果文件：FILES\08\技巧303.xlsx

如图8-180所示，这是某公司一天的考勤记录，现在需要统计这一天的缺勤人数，步骤如下。

在单元格C2中输入公式"=COUNT(B2:B7)"，按【Enter】键得到缺勤人数，如图8-181所示。

图8-180　　　　　　　图8-181

> **提示**
>
> 在如图8-180所示的工作表中，"正常"表示不缺席，"0"表示缺席。

📖 技巧304
统计达标人数

> 效果文件：FILES\08\技巧304.xlsx

如图8-182所示，某物业管理公司为了加强小区的安全防范，需要扩充保安队伍，要求保安的身高在175cm以上。

在单元格C2中输入公式 "=COUNTIF(B2:B8, ">175")"，按【Enter】键得到达标人数，如图8-183所示。

图8-182　　　　　　　图8-183

📖 技巧305
评分统计

> 效果文件：FILES\08\技巧305.xlsx

如图8-184所示，某公司要举行技能比赛，采用5个评委打分，去掉一个最高分和一个最低分后计算每个选手的平均分的计分方式，步骤如下。

	A	B	C	D	E	F	G	H
1	号码	姓名	评委1	评委2	评委3	评委4	评委5	总分
2	1001	江中	8.5	8.7	8.5	9	8	
3	1002	吴婷	9	9	8	8.5	8	
4	1003	胡月天	8	8	8.5	9	8	
5	1004	秦政	8.5	9	8	9	9	

图8-184

1. 在单元格H2中输入公式"=TRIMMEAN(C2:G2, 0.4)"，按【Enter】键得到第一位员工的最后得分，如图8-185所示。

H2 ▼ (fx =TRIMMEAN(C2:G2, 0.4)

	A	B	C	D	E	F	G	H
1	号码	姓名	评委1	评委2	评委3	评委4	评委5	总分
2	1001	江中	8.5	8.7	8.5	9	8	8.566667
3	1002	吴婷	9	9	8	8.5	8	
4	1003	胡月天	8	8	8.5	9	8	
5	1004	秦政	8.5	9	8	9	9	

图8-185

2. 拖动自动填充句柄，计算其他选手的最后得分，如图8-186所示。

	A	B	C	D	E	F	G	H
1	号码	姓名	评委1	评委2	评委3	评委4	评委5	总分
2	1001	江中	8.5	8.7	8.5	9	8	8.566667
3	1002	吴婷	9	9	8	8.5	8	8.5
4	1003	胡月天	8	8	8.5	9	8	8.166667
5	1004	秦政	8.5	9	8	9	9	8.833333

图8-186

技巧306
计算销售量的标准差

效果文件：FILES\08\技巧306.xlsx

如图8-187所示，某公司销售部门有6名销售人员，现在要根据每名销售人员在某个月完成的销售量计算销售量的标准差，步骤如下。

在单元格C8中输入公式"=STDEV(C2:C6)"，按【Enter】键得到销售量的标准差，如图8-188所示。

	A	B	C
1	编号	姓名	销售量
2	1001	古云	10285
3	1002	张峰	12547
4	1003	邵真	19824
5	1004	刘海	13654
6	1005	叶涛	19842
7			
8	销售成绩标准偏差:		

图8-187

C8 =STDEV(C2:C6) ①

	A	B	C
1	编号	姓名	销售量
2	1001	古云	10285
3	1002	张峰	12547
4	1003	邵真	19824
5	1004	刘海	13654
6	1005	叶涛	19842
7			
8	销售成绩标准偏差:		4373.519

图8-188

技巧307

提案评分

效果文件：FILES\08\技巧307.xlsx

某公司需要拓展业务，总经理在董事会上提交了一个方案，所有董事会成员对这个方案的可行性打分，总体成绩如图8-189所示。现在需要计算每位董事会成员与各自样本的平均值的偏差平方和，步骤如下。

在单元格C2中输入公式“=DEVSQ(B2:B8)”，按【Enter】键得到偏差平方和，如图8-190所示。

	A	B	C
1	股东编号	评分	最后评分
2	1001	75	
3	1002	85	
4	1003	95	
5	1004	85	
6	1005	75	
7	1006	78	
8	1007	76	

图8-189

C2 =DEVSQ(B2:B8) ①

	A	B	C
1	股东编号	评分	最后评分
2	1001	75	333.4286
3	1002	85	
4	1003	95	
5	1004	85	
6	1005	75	
7	1006	78	
8	1007	76	

图8-190

技巧308

计算零钞张数

效果文件：FILES\08\技巧308.xlsx

采购物品时需要使用以“角”为单位的钞票。为了尽量减少使用零钞，通常优先使用大额面值的钞票。现需计算进货总金额中需要使用多少张5角、2角和1角的钞票，具体步骤如下。

1．创建如图8-191所示的用于计算零钞张数的工作表。

2．在单元格D2中输入公式"=INT(MOD(SUM(B2:B10), 1)/0.5)"，按【Enter】键，得到5角钞票的张数，如图8-192所示。

▲	A	B	C	D	E	F
1	进货名称	金额		5角	2角	1角
2	A	1576.6				
3	B	1889.3				
4	C	1982.2				
5	D	1169.8				
6	E	1093.2				
7	F	1609.1				
8	G	1632.5				
9	H	1296.2				
10	I	1132.9				

图8-191

D2	▼	fx	=INT(MOD(SUM(B2:B10),1)/0.5) ①

▲	A	B	C	D	E	F
1	进货名称	金额		5角	2角	1角
2	A	1576.6		1		
3	B	1889.3				
4	C	1982.2				
5	D	1169.8				
6	E	1093.2				
7	F	1609.1				
8	G	1632.5				
9	H	1296.2				
10	I	1132.9				

图8-192

3．在单元格E2中输入公式"=INT(MOD(MOD(SUM(B2:B10), 1), 0.5)/0.2)"，按【Enter】键，得到2角钞票的张数，如图8-193所示。

4．在单元格F2中输入公式"=MOD(MOD(MOD(SUM(B2:B10), 1), 0.5), 0.2)/0.1"，按【Enter】键，得到1角钞票的张数，如图8-194所示。

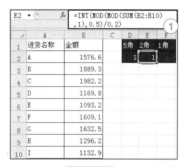

图8-193

图8-194

> **提示**
>
> 　　本技巧的第一个公式，首先利用SUM函数将所有金额求和，然后利用MOD函数取其与1的余数，即得到小数部分，接着将小数部分除以0.5，再将结果截尾取整，即得到5角钞票的张数。
>
> 　　本技巧的第二个公式，首先取合计金额的小数部分与0.5的余数，再用余数除以0.2，对结果截尾取整，即得到2角钞票的张数。
>
> 　　本技巧的第三个公式，则先将合计金额的小数部分分别与0.5和0.2进行取余数计算（模运算），然后除以0.1，即得到1角钞票的张数。

技巧309
计算个人所得税

效果文件：FILES\08\技巧309.xlsx

按规定，职工工资中超过1600元的部分需要缴纳所得税，超过1600元的部分中前500元按5%计，500～2000元按10%计，2000～5000元按15%计，5000～20000元按20%计，20000～40000元按25%计，40000～60000元按30%计，60000～80000元按35%计，80000～100000元按40%计，大于100000元部分按45%计。现需按此规则计算每位职工的所得税额，具体步骤如下。

1. 创建如图8-195所示的工资表。

	A	B	C	D	E	F	G	H	I	J
1	姓名	基本工资	职务津贴	加班工资	社保	奖惩	食住扣费	应发工资	所得税	实发工资
2	赵	800	200	320	88	150	150			
3	钱	800	250	320		200	180			
4	孙	1200	4000	100	128		300			
5	李	800	2300	250	96	-100	180			
6	周	800	780	320		50	150			
7	吴	800	1450	320	88		300			

图8-195

2. 在单元格H2中输入公式"=B2+C2+D2-E2+F2-G2"，按【Enter】键计算第一位职工的应发工资，如图8-196所示。

H2 ▼ fx =B2+C2+D2-E2+F2-G2 ①

	A	B	C	D	E	F	G	H	I	J
1	姓名	基本工资	职务津贴	加班工资	社保	奖惩	食住扣费	应发工资	所得税	实发工资
2	赵	800	200	320	88	150	150	1232		
3	钱	800	250	320		200	180			
4	孙	1200	4000	100	128		300			
5	李	800	2300	250	96	-100	180			
6	周	800	780	320		50	150			
7	吴	800	1450	320	88		300			

图8-196

3. 在单元格I2中输入公式"=ROUND(0.05*SUM(H2-1600-{0, 500, 2000, 5000, 20000, 40000, 60000, 80000, 100000}+ABS(H2-1600-{0, 500, 2000, 5000, 20000, 40000, 60000, 80000, 100000}))/2, 0)"，按【Enter】键计算第一位职工的应交个人所得税额，如图8-197所示。

I2 ▼ fx =ROUND(0.05*SUM(H2-1600-{0, 500, 2000, 5000, 20000, 40000, 60000, 80000, 100000}+ABS(H2-1600-{0, 500, 2000, 5000, 20000, 40000, 60000, 80000, 100000}))/2, 0) ①

	A	B	C	D	E	F	G	H	I	J
1	姓名	基本工资	职务津贴	加班工资	社保	奖惩	食住扣费	应发工资	所得税	实发工资
2	赵	800	200	320	88	150	.150	1232	0	
3	钱	800	250	320		200	180			
4	孙	1200	4000	100	128		300			
5	李	800	2300	250	96	-100	180			
6	周	800	780	320		50	150			
7	吴	800	1450	320	88		300			

图8-197

4．在单元格J2中输入公式"=H2-I2"，按【Enter】键计算该职工的实发工资，如图8-198所示。

图8-198

5．选中单元格区域H2:J2，将公式向下填充，结果如图8-199所示。

图8-199

提示

本技巧中的公式首先用员工的应发工资减不扣税的1600元，再分别减每档扣税金额的分界点值，产生一个数组，然后生成一个同样的数组，用绝对值函数去掉正其负符号，将两者相加后除以2，再乘以扣税金额的0.05%，即得到所得税额。为了让扣税金额保留到元，可在计算所得税后套用ROUND函数对金额中的角位数字四舍五入。

📖 技巧310
将合计购物金额保留一位小数

效果文件：FILES\08\技巧310.xlsx

如图8-200所示，根据物品的重量和单价计算购物金额，将结果保留一位小数，忽略第1位小数右边的所有数据，步骤如下。

在单元格E2中输入公式"=TRUNC(SUMPRODUCT(B2:B10, C2:C10), 1)"，按下【Enter】键后，将返回购物金额，结果保留一位小数，如图8-201所示。

图8-200

图8-201

> **提示**
>
> 　　本技巧中的公式首先利用SUMPRODUCT函数将单元格区域B2:B10和C2:C10所对应的值相乘再汇总，计算所有物品的采购金额，然后利用TRUNC函数对结果保留一位小数，其他数据忽略不计。

技巧311

将每项购物金额保留一位小数再计算总金额

效果文件：FILES\08\技巧311.xlsx

如图8-202所示，现在需要分别根据每种物品的重量和单价计算购物金额，将结果保留一位小数，再计算总金额，步骤如下。

在单元格E2中输入公式"=SUMPRODUCT(TRUNC(B2:B10*C2:C10, 1))"，按下【Enter】键后，将返回每种物品保留一位小数的金额合计，如图8-203所示。

图8-202

图8-203

技巧312

根据重量和单价计算采购金额

> 效果文件：FILES\08\技巧312.xlsx

　　如图8-204所示，计算工作表中所有物品的采购金额并汇总，结果以万为单位，具体步骤如下。

　　在单元格E2中输入公式"=TRUNC(SUMPRODUCT(B2:B10, C2:C10), -4)/10000"，按下【Enter】键，将以万为单位返回所有物品的采购金额，如图8-205所示。

	A	B	C	D	E
1	品名	重量（KG）	单价（元/KG）		金额合计（万）
2	白菜	2355	1.5		
3	大米	5040	4.1		
4	包菜	5056	2.5		
5	南瓜	1260	2.1		
6	香瓜	1500	3.5		
7	菜油	5090	13.5		
8	猪肉	2365	24.5		
9	黄花	1060	16.4		
10	茄子	1290	3.6		

图8-204

E2 ▾　fx　=TRUNC(SUMPRODUCT(B2:B10,C2:C10),-4)/10000 ①

	A	B	C	D	E
1	品名	重量（KG）	单价（元/KG）		金额合计（万）
2	白菜	2355	1.5		19
3	大米	5040	4.1		
4	包菜	5056	2.5		
5	南瓜	1260	2.1		
6	香瓜	1500	3.5		
7	菜油	5090	13.5		
8	猪肉	2365	24.5		
9	黄花	1060	16.4		
10	茄子	1290	3.6		

图8-205

技巧313

将角、分进位到元

> 效果文件：FILES\08\技巧313.xlsx

　　如图8-206所示，在某些时候，对付款金额有"见角进元"或者"见分进元"的需求。"见角进元"表示金额中的角位只要大于0就进位为1元计算，"见分进元"则表示金额中的分位大于0就进位为1元计算。要想同时列出两种格式的金额，具体步骤如下。

1．在单元格B2中输入公式“=CEILING(TRUNC(A2, 2), 1)”，计算结果如图8-207所示。

	A	B	C
1	金额	见分进元	见角进元
2	12.06		
3	13.06		
4	14.16		
5	15.1		
6	14.556		
7	12.459		

图8-206

B2 =CEILING(TRUNC(A2,2),1) ①

	A	B	C	D
1	金额	见分进元	见角进元	
2	12.06	13		
3	13.06			
4	14.16			
5	15.1			
6	14.556			
7	12.459			

图8-207

2．在单元格C2中输入公式“=CEILING(TRUNC(A2, 1), 1)”，计算结果如图8-208所示。

3．向下填充公式，计算结果如图8-209所示。

C2 ① =CEILING(TRUNC(A2,1),1)

	A	B	C	D
1	金额	见分进元	见角进元	
2	12.06	13	12	
3	13.06			
4	14.16			
5	15.1			
6	14.556			
7	12.459			

图8-208

	A	B	C
1	金额	见分进元	见角进元
2	12.06	13	12
3	13.06	14	13
4	14.16	15	15
5	15.1	16	16
6	14.556	15	15
7	12.459	13	13

图8-209

提示

在本技巧中，“见分进元”的实现方式为利用TRUNC函数保留两位小数，再通过CEILING函数向上进位（分位大于0则进位），“见角进元”则是利用TRUNC函数保留一位小数，再通过CEILING函数向上进位（角位大于0则进位）。

技巧314

分别统计收支金额并忽略小数

效果文件：FILES\08\技巧314.xlsx

如图8-210所示，要想统计周一至周日的收支金额，将小数全部忽略，具体步骤如下。

1. 在单元格B9中输入公式"=SUMPRODUCT(INT(B2:B8))"，按【Enter】键得到计算结果，如图8-211所示。

	A	B	C
1	时间	收入	支出
2	星期一	92.21	-65.16
3	星期二	94.25	-85.16
4	星期三	81.86	-86.95
5	星期四	98.56	-89.02
6	星期五	75.77	-99.18
7	星期六	94.51	-64.48
8	星期日	76.34	-88.64
9	合计		

图8-210

B9 ▼ *fx* =SUMPRODUCT(INT(B2:B8))

	A	B	C	D
1	时间	收入	支出	
2	星期一	92.21	-65.16	
3	星期二	94.25	-85.16	
4	星期三	81.86	-86.95	
5	星期四	98.56	-89.02	
6	星期五	75.77	-99.18	
7	星期六	94.51	-64.48	
8	星期日	76.34	-88.64	
9	合计	610		

图8-211

2. 在单元格C9中输入公式"=SUMPRODUCT(TRUNC(C2:C8))"，按【Enter】键得到计算结果，如图8-212所示。

C9 ▼ *fx* =SUMPRODUCT(TRUNC(C2:C8))

	A	B	C	D
1	时间	收入	支出	
2	星期一	92.21	-65.16	
3	星期二	94.25	-85.16	
4	星期三	81.86	-86.95	
5	星期四	98.56	-89.02	
6	星期五	75.77	-99.18	
7	星期六	94.51	-64.48	
8	星期日	76.34	-88.64	
9	合计	610	-576	

图8-212

> **提示**
>
> 在本技巧中，收入金额统计公式首先用INT函数对单元格区域B2:B8中的每个值截尾取整，然后再用SUMPRODUCT函数对取整后的金额进行汇总。例如，星期一的收入金额"92.21"通过INT函数取整后转换成了"92"。支出金额统计公式首先利用TRUNC函数对单元格区域C2:C8中的每个值截尾取整，再用SUMPRODUCT函数对取整后的金额进行汇总。例如，星期一的支出金额"-65.16"通过TRUNC函数取整后转换成了"-65"。

技巧315
计算工龄工资

效果文件：FILES\08\技巧315.xlsx

如图8-213所示，企业规定，员工工作时间不满一年没有工龄工资，超过一年按每年30元计算工龄工资，对整年以外不足一年的工龄工资也按30元计算，具体步骤如下。

1．在单元格D2中输入公式"=C2+CEILING(B2*30, 30)*(INT(B2)>0)"，按下【Enter】键，返回第一个员工的计件工资和工龄工资之和，如图8-214所示。

	A	B	C	D
1	姓名	工龄	计件工资	实发工资（加年资）
2	赵	5.3	1619	
3	钱	2.2	1812	
4	孙	4.9	1671	
5	李	0.2	1596	
6	周	5.6	1709	
7	吴	0.6	1646	
8	郑	3.6	1606	
9	王	2.8	1661	
10	冯	3.1	1856	
11	陈	4.6	1622	

图8-213

D2	▼		f_x	=C2+CEILING(B2*30, 30)*(INT(B2)>0)	①

	A	B	C	D	E
1	姓名	工龄	计件工资	实发工资（加年资）	
2	赵	5.3	1619	1799	
3	钱	2.2	1812		
4	孙	4.9	1671		
5	李	0.2	1596		
6	周	5.6	1709		
7	吴	0.6	1646		
8	郑	3.6	1606		
9	王	2.8	1661		
10	冯	3.1	1856		
11	陈	4.6	1622		

图8-214

2．拖动单元格D2的填充句柄计算所有员工的实发工资，如图8-215所示。

	A	B	C	D
1	姓名	工龄	计件工资	实发工资（加年资）
2	赵	5.3	1619	1799
3	钱	2.2	1812	1902
4	孙	4.9	1671	1821
5	李	0.2	1596	1596
6	周	5.6	1709	1889
7	吴	0.6	1646	1646
8	郑	3.6	1606	1726
9	王	2.8	1661	1751
10	冯	3.1	1856	1976
11	陈	4.6	1622	1772

图8-215

提示

在本技巧的公式中，表达式"CEILING(B2*30, 30)"用于计算每位员工的工龄工资，每满一年按30元计算，对不足30元的工龄工资也按30元计算。但是，按企业规定，工龄不满一年者工龄工资按0计算，所以在公式中使用表达式"*(INT(B2)>0)"将工龄一年以下员工的工龄工资转换为0，而一年以上者保持不变。

技巧316
汇总不同计量单位的金额

效果文件：FILES\08\技巧316.xlsx

在不同的商店购买不同的物品，因不同的店主对金额的精度要求不同，单价的计量单位也有所不同，部分商店精确到元即可，部分商店则需要精确到分，如图8-216所示。现在需要统计所有物品的购物金额，对以"G"为单位者精确到分，对以"KG"为单位者精确到元，步骤如下。

在单元格F2中输入数组公式"=SUM(ROUND(B2:B10*C2:C10*IF(D2:D10="G", 1000, 1), (D2:D10="G")*2))"，按下【Ctrl】+【Shift】+【Enter】组合键，将返回购物总金额，其中部分物品的金额精确到元，部分物品的金额精确到分，如图8-217所示。

	A	B	C	D	E	F
1	品名	重量（KG）	单价（元）	单位		金额合计
2	白菜	10375.5	0.0027	G		
3	大米	11323	5.5	KG		
4	香蕉	13789	8	KG		
5	包菜	10401	0.0019	G		
6	花椒	550.15	22.7	KG		
7	辣椒	12509	12	KG		
8	水果	12925.5	7	KG		
9	莴笋	11814	0.0065	G		
10	藕	10203	0.0112	G		

图8-216

[=SUM(ROUND(B2:B10*C2:C10*IF(D2:D10="G",1000,1), (D2:D10="G")*2))]

	A	B	C	D	E	F
1	品名	重量（KG）	单价（元）	单位		金额合计
2	白菜	10375.5	0.0027	G		664504.35
3	大米	11323	5.5	KG		
4	香蕉	13789	8	KG		
5	包菜	10401	0.0019	G		
6	花椒	550.15	22.7	KG		
7	辣椒	12509	12	KG		
8	水果	12925.5	7	KG		
9	莴笋	11814	0.0065	G		
10	藕	10203	0.0112	G		

图8-217

提示

本技巧中物品的重量都以"KG"为单位，而单价单位既有"元/KG"，又有"元/G"。为了使总金额得以统一，本技巧使用了表达式"*IF(D2:D10="K", 1000, 1)"，表示单位为"G"者乘以1000，单位为"KG"者保持不变。另外，在对各物品金额求和前，精度也根据单位的不同而有所差异，所以ROUND函数的第二参数使用了表达式"(D2:D10="G")*2)"，表示如果物品单位是"G"，则精确到两位，否则精确到零位。

技巧317
根据工作年限计算年终奖金

效果文件：FILES\08\技巧317.xlsx

公司规定，工作时间1年以下者给300元年终奖，1～3年者800元，3～5年者1300元，5～10年者1800元。现需统计年终月份每位员工工资加年终奖的总金额，如图8-218所示，步骤如下。

1. 在单元格D2中输入公式"=C2+SUM(IF(B2>{0, 1, 3, 5, 10}, {300, 500, 500, 500, 500}))"，按下【Enter】键，返回第一位员工12月的工资和年终奖的总金额，如图8-219所示。

	A	B	C	D
1	姓名	工龄	工资	年终奖+工资
2	赵	2.3	1850	
3	钱	4.6	1450	
4	孙	3.7	1600	
5	李	6.4	1700	
6	周	1.5	2000	
7	吴	3.1	1900	
8	郑	6.7	1550	
9	王	5.3	1450	
10	冯	8.5	1750	
11	陈	1.8	1600	

图8-218

D2 =C2+SUM(IF(B2>{0,1,3,5,10},{300,500,500,500,500})) ①

	A	B	C	D
1	姓名	工龄	工资	年终奖+工资
2	赵	2.3	1850	2650
3	钱	4.6	1450	
4	孙	3.7	1600	
5	李	6.4	1700	
6	周	1.5	2000	
7	吴	3.1	1900	
8	郑	6.7	1550	
9	王	5.3	1450	
10	冯	8.5	1750	
11	陈	1.8	1600	

图8-219

2. 拖动单元格D2的填充句柄至单元格D11，计算结果如图8-220所示。

	A	B	C	D
1	姓名	工龄	工资	年终奖+工资
2	赵	2.3	1850	2650
3	钱	4.6	1450	2750
4	孙	3.7	1600	2900
5	李	6.4	1700	3500
6	周	1.5	2000	2800
7	吴	3.1	1900	3200
8	郑	6.7	1550	3350
9	王	5.3	1450	3250
10	冯	8.5	1750	3550
11	陈	1.8	1600	2400

图8-220

提示

本技巧使用数组作为IF函数的参数，公式需要进行数组运算。但因参数“{0, 1, 3, 5, 10}”本身已是数组，不需要使用【Ctrl】+【Shift】+【Enter】组合键来将之转换成数组，所以按普通方式输入公式，仍可进行数组运算。

分析本技巧的要求：工龄在1年以下者给年终奖300元，1～3年者加500元，3～5年者再加500元，5～10年者再加500元。所以，本技巧的公式将由工作年限组成的数组与工龄的比较结果作为IF函数的第一参数，以不同工龄所对应的年终奖递增额作为第二参数。IF函数自动根据工龄将对应年终奖的递增额进行汇总，最后与当月工资相加，得到实发工资。

技巧318

填写会计凭证格式的数字

效果文件：FILES\08\技巧318.xlsx

现需将金额以会计凭证格式分散填写到每个数位所对应的单元格中，如果“拾万"、"亿"等数位无值则用空格填充，如图8-221所示，步骤如下。

	A	B	C	D	E	F	G	H	I	J	K	L
1	金额	亿	仟万	佰万	拾万	万	仟	佰	拾	元	角	分
2	366530494.22											
3	908084235.41											
4	571656192.35											
5	15587.00											
6	11111.00											
7	7.89											
8	25558.50											
9	17899.00											
10	694613619.82											

图8-221

1. 选择单元格区域B2:L2，在编辑栏中输入公式"=LEFT(RIGHT(" "&\$A2*100, 13-COLUMN()))"，如图8-222所示。

图8-222

2. 按下【Ctrl】+【Enter】组合键，公式将把"金额"列中的金额分散填充到所对应的单元格中，如图8-223所示。

	A	B	C	D	E	F	G	H	I	J	K	L
1	金额	亿	仟万	佰万	拾万	万	仟	佰	拾	元	角	分
2	366530494.22	3	6	6	5	3	0	4	9	4	2	2
3	908084235.41	9	0	8	0	8	4	2	3	5	4	1
4	571656192.35	5	7	1	6	5	6	1	9	2	3	5
5	15587.00					1	5	5	8	7	0	0
6	11111.00					1	1	1	1	1	0	0
7	7.89									7	8	9
8	25558.50					2	5	5	5	8	5	0
9	17899.00					1	7	8	9	9	0	0
10	694613619.82	6	9	4	6	1	3	6	1	9	8	2

图8-223

> 提示
>
> 在本技巧中，公式首先将原数据乘以100，以去除金额中的小数点，然后在原数据前面添加一个空格，利用RIGHT函数取右边的*N*位数据，这个*N*将随公式的拖动产生变化，而利用LEFT函数取左边第一位数时也会逐个提取，*N*随公式拖动而变化。

技巧319

计算季度平均支出

效果文件：FILES\08\技巧319.xlsx

如图8-224所示，工作表中有每季度的收入和支出金额，现要求计算平均支出金额，步骤如下。

在单元格E2中输入公式“=AVERAGEIF(B2:B9, "支出", C2)”，按下【Enter】键，将返回每季度平均支出金额，如图8-225所示。

	A	B	C	D	E
1	季度	收支	金额		每季度平均支出
2	一季度	收入	56		
3	一季度	支出	53		
4	二季度	收入	54		
5	二季度	支出	78		
6	三季度	收入	73		
7	三季度	支出	65		
8	四季度	收入	69		
9	四季度	支出	78		

图8-224

E2 =AVERAGEIF(B2:B9,"支出",C2) ①

	A	B	C	D	E
1	季度	收支	金额		每季度平均支出
2	一季度	收入	56		68.5
3	一季度	支出	53		
4	二季度	收入	54		
5	二季度	支出	78		
6	三季度	收入	73		
7	三季度	支出	65		
8	四季度	收入	69		
9	四季度	支出	78		

图8-225

> 提示
>
> 在本技巧的公式中，以“支出”作为AVERAGEIF函数的条件，对存放金额的单元格区域C2:C9计算平均值。AVERAGEIF函数的第三参数“C2”是简写，等同于“C2:C9”。

技巧320

计算利息

效果文件：FILES\08\技巧320.xlsx

如图8-226所示，现需计算截至今天的利息，步骤如下。

1. 在单元格E2中输入公式“=B2*D2*YEARFRAC(C2, NOW())”，按【Enter】键，将返回第一个人的借款金额截至今天的利息，结果如图8-227所示。

	A	B	C	D	E
1	姓名	金额	借款日期	利率（年）	截至今天的利息
2	赵	1713	2008-3-16	6.30%	
3	钱	4700	2008-1-22	6.30%	
4	孙	7148	2008-5-12	6.30%	
5	李	3155	2008-8-31	6.30%	
6	周	5137	2008-9-5	6.30%	
7	吴	6470	2008-4-24	6.30%	
8	郑	1394	2008-9-27	6.30%	
9	王	7320	2008-3-15	6.30%	
10	冯	2709	2008-2-25	6.30%	
11	陈	6201	2008-2-13	6.30%	

图8-226

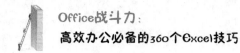

E2		=B2*D2*YEARFRAC(C2,NOW())			
	A	B	C	D	E
1	姓名	金额	借款日期	利率（年）	截至今天的利息
2	赵	1713	2008-3-16	6.30%	459.85485
3	钱	4700	2008-1-22	6.30%	
4	孙	7148	2008-5-12	6.30%	
5	李	3155	2008-8-31	6.30%	
6	周	5137	2008-9-5	6.30%	
7	吴	6470	2008-4-24	6.30%	
8	郑	1394	2008-9-27	6.30%	
9	王	7320	2008-3-15	6.30%	
10	冯	2709	2008-2-25	6.30%	
11	陈	6201	2008-2-13	6.30%	

图8-227

2. 拖动单元格E2的填充句柄将公式向下填充，计算结果如图8-228所示。

	A	B	C	D	E
1	姓名	金额	借款日期	利率（年）	截至今天的利息
2	赵	1713	2008-3-16	6.30%	459.85485
3	钱	4700	2008-1-22	6.30%	1306.13
4	孙	7148	2008-5-12	6.30%	1848.8302
5	李	3155	2008-8-31	6.30%	756.41125
6	周	5137	2008-9-5	6.30%	1227.100875
7	吴	6470	2008-4-24	6.30%	1693.846
8	郑	1394	2008-9-27	6.30%	327.62485
9	王	7320	2008-3-15	6.30%	1966.335
10	冯	2709	2008-2-25	6.30%	737.186625
11	陈	6201	2008-2-13	6.30%	1700.469225

图8-228

提示

　　本技巧首先计算从借款日期到今天的时间占全年时间的百分比，然后用该百分比乘以金额与年利息得到截至今天的利息。

技巧321
统计工资结算日期

效果文件：FILES\08\技巧321.xlsx

　　如图8-229所示，员工离职日期可以是任意日期，但公司规定工资必须在次月1日结算，现需计算工作表中每位离职员工的工资结算日期，步骤如下。

　　1. 在单元格C2中输入公式 "=TEXT(EOMONTH(B2, 0)+1, "e年M月D日")"，按下【Enter】键，将返回工资结算日期，如图8-230所示。

	A	B	C
1	姓名	离职生效日	工资结算日
2	赵	2008-3-14	
3	钱	2008-6-11	
4	孙	2008-3-22	
5	李	2008-5-17	
6	周	2008-4-5	
7	吴	2008-6-26	
8	郑	2008-3-22	
9	王	2008-5-19	
10	冯	2008-5-7	
11	陈	2008-4-12	

图8-229

C2 fx =TEXT(EOMONTH(B2,0)+1,"e年M月D日") ①

	A	B	C	D	E
1	姓名	离职生效日	工资结算日		
2	赵	2008-3-14	2008年4月1日		
3	钱	2008-6-11			
4	孙	2008-3-22			
5	李	2008-5-17			
6	周	2008-4-5			
7	吴	2008-6-26			
8	郑	2008-3-22			
9	王	2008-5-19			
10	冯	2008-5-7			
11	陈	2008-4-12			

图8-230

2. 拖动单元格C2的填充句柄将公式向下填充，计算结果如图8-231所示。

	A	B	C
1	姓名	离职生效日	工资结算日
2	赵	2008-3-14	2008年4月1日
3	钱	2008-6-11	2008年7月1日
4	孙	2008-3-22	2008年4月1日
5	李	2008-5-17	2008年6月1日
6	周	2008-4-5	2008年5月1日
7	吴	2008-6-26	2008年7月1日
8	郑	2008-3-22	2008年4月1日
9	王	2008-5-19	2008年6月1日
10	冯	2008-5-7	2008年6月1日
11	陈	2008-4-12	2008年5月1日

图8-231

提示

本技巧的公式利用数字“0”作为EOMONTH函数的参数，表示产生当月最后一天的日期，然后对日期加1，表示次月1日的序列值，最后通过TEXT函数将序列值转换为日期格式，显示年、月、日。

技巧322

计算年资

效果文件：FILES\08\技巧322.xlsx

公司规定：员工进入公司满一年者享有10元工龄工资；工龄每增加一年，月工龄工资增加10元；月工龄工资超过150元后，工龄每增加一年，月工龄工资增加5元。现需计算每位职工的年资（即月工龄工资），如图8-232所示，步骤如下。

1. 在单元格C2中输入公式“=10*MIN(DATEDIF(B2, TODAY(), "y"), 15)+MAX(DATEDIF(B2, TODAY(), "y") –15, 0)*5”，按下【Enter】键，返回员工年资，如图8-233所示。

C2 ▼ (f_x =10*MIN(DATEDIF(B2,TODAY() ,"y"),15)+MAX(DATEDIF(B2, TODAY(),"y")-15,0)*5 ①

	A	B	C
1	姓名	进厂日期	年资
2	赵	2007-8-21	
3	钱	2004-3-28	
4	孙	1996-10-19	
5	李	2004-1-5	
6	周	2007-2-25	
7	吴	1998-2-23	
8	郑	2001-3-21	
9	王	1991-6-22	
10	冯	2001-12-18	
11	陈	2002-7-21	

图8-232

	A	B	C	D
1	姓名	进厂日期	年资	
2	赵	2007-8-21	40	
3	钱	2004-3-28		
4	孙	1996-10-19		
5	李	2004-1-5		
6	周	2007-2-25		
7	吴	1998-2-23		
8	郑	2001-3-21		
9	王	1991-6-22		
10	冯	2001-12-18		
11	陈	2002-7-21		

图8-233

2. 拖动单元格C2的填充句柄将公式向下填充，计算结果如图8-234所示。

	A	B	C
1	姓名	进厂日期	年资
2	赵	2007-8-21	40
3	钱	2004-3-28	80
4	孙	1996-10-19	150
5	李	2004-1-5	80
6	周	2007-2-25	50
7	吴	1998-2-23	140
8	郑	2001-3-21	110
9	王	1991-6-22	175
10	冯	2001-12-18	100
11	陈	2002-7-21	90

图8-234

提示

　　本技巧利用DATEDIF函数计算员工的工作年限；对工作年限在15年（包含15年）之内者用工作年限乘以10；工作年限在15年以上者，对超出15年的部分乘以5；两者相加即为该员工的年资。

　　在计算前15年的年资时，用MIN函数从工作年限与15之间选择最小值，确保对大于15年工作年限者仅对前15年进行计算，而对超出15年的部分，利用MAX函数从差值与0之间选择最大值，确保计算结果不会为负数。这种公式设计方式可以代替IF函数进行判断，从而简化公式。

技巧323
汇总特定日期的数据

效果文件：FILES\08\技巧323.xlsx

如图8-235所示，表中数据均为每日的收入与支出，现要求汇总星期日的支出金额，步骤如下。

在单元格E2中输入公式"=SUM((WEEKDAY(A2:A11, 2)=7)*(B2:B11="支出")*C2:C11)"，按下【Ctrl】+【Shift】+【Enter】组合键，将返回星期日的支出金额，如图8-236所示。

	A	B	C	D	E
1	日期	项目	金额		周日支出金额
2	5月2日	收入	3212		
3	5月2日	支出	2421		
4	5月4日	支出	2968		
5	5月5日	收入	2659		
6	5月7日	支出	2157		
7	5月11日	收入	2056		
8	5月11日	支出	2953		
9	5月17日	收入	3200		
10	5月18日	收入	2000		
11	5月18日	支出	2312		

图8-235

E2　fx {=SUM((WEEKDAY(A2:A11, 2)=7)*(B2:B11="支出")*C2:C11)} ①

	A	B	C	D	E
1	日期	项目	金额		周日支出金额
2	5月2日	收入	3212		8233
3	5月2日	支出	2421		
4	5月4日	支出	2968		
5	5月5日	收入	2659		
6	5月7日	支出	2157		
7	5月11日	收入	2056		
8	5月11日	支出	2953		
9	5月17日	收入	3200		
10	5月18日	收入	2000		
11	5月18日	支出	2312		

图8-236

提示

本技巧首先用WEEKDAY函数判断每个日期是否等于星期日，产生一个由逻辑值"TRUE"和"FALSE"组成的数组；然后用表达式"B2:B11="支出""产生另一个由逻辑值组成的数组；两个数组相乘后产生一个由"1"和"0"组成的新数组，其中"1"对应于符合条件的单元格，"0"对应于不符合条件的单元格；将此数组乘以单元格区域C2:C11中的值，则可以排除不符合条件的金额；最后用SUM函数汇总周日的支出金额。

技巧324
计算周末加班补贴金额

效果文件：FILES\08\技巧324.xlsx

如图8-237所示，某公司以前星期六和星期日常常加班且未按加班方式计算工资，从2008年9月开始对所有员工发放补贴。现要求计算工作表中所有离职人员的补贴金额，标准为从入职日到离职日每个星期六和星期日各补贴10元，步骤如下。

1. 在单元格D2中输入公式"=SUMPRODUCT(N(WEEKDAY(ROW(INDIRECT(B2&":"&C2))-1, 2)>5))*10"，按下【Enter】键，将返回第一位员工的补贴金额，如图8-238所示。

	A	B	C	D
1	姓名	开始日期	结束日期	周六、周日补贴
2	赵	2008-1-2	2008-9-2	
3	钱	2006-7-15	2008-9-3	
4	孙	2007-12-5	2008-9-1	
5	李	2006-12-19	2008-9-4	
6	周	2007-5-8	2008-9-10	
7	吴	2008-1-5	2008-9-12	
8	郑	2008-5-2	2008-9-15	
9	王	2004-5-9	2008-9-17	
10	冯	2008-5-1	2008-9-10	
11	陈	2008-8-1	2008-9-25	

图8-237

D2 `=SUMPRODUCT(N(WEEKDAY(ROW(INDIRECT(B2&":"&C2))-1,2)>5))*10`

	A	B	C	D	E
1	姓名	开始日期	结束日期	周六、周日补贴	
2	赵	2008-1-2	2008-9-2	700	
3	钱	2006-7-15	2008-9-3		
4	孙	2007-12-5	2008-9-1		
5	李	2006-12-19	2008-9-4		
6	周	2007-5-8	2008-9-10		
7	吴	2008-1-5	2008-9-12		
8	郑	2008-5-2	2008-9-15		
9	王	2004-5-9	2008-9-17		
10	冯	2008-5-1	2008-9-10		
11	陈	2008-8-1	2008-9-25		

图8-238

2. 拖动单元格D2的填充句柄将公式向下填充，计算结果如图8-239所示。

	A	B	C	D
1	姓名	开始日期	结束日期	周六、周日补贴
2	赵	2008-1-2	2008-9-2	700
3	钱	2006-7-15	2008-9-3	2240
4	孙	2007-12-5	2008-9-1	780
5	李	2006-12-19	2008-9-4	1780
6	周	2007-5-8	2008-9-10	1400
7	吴	2008-1-5	2008-9-12	720
8	郑	2008-5-2	2008-9-15	400
9	王	2004-5-9	2008-9-17	4560
10	冯	2008-5-1	2008-9-10	380
11	陈	2008-8-1	2008-9-25	160

图8-239

提示

　　本技巧首先利用ROW函数产生一个由入职日到离职日的每一天的日期值组成的数组，然后用WEEKDAY函数将其逐一转换成星期数，再将大于5者转换成1，将小于等于5者转换成0，最后用SUMPRODUCT函数计数并乘以每日补贴金额，得到员工应得的补贴金额。

技巧325
找出扣除所有扣款后的最高工资

效果文件：FILES\08\技巧325.xlsx

　　如图8-240所示，列B中是每位员工的标准工资，列B后面有6个扣款项目。现需计算所有员工的实发工资（标准工资减扣款），并取其中的最大值，步骤如下。

	A	B	C	D	E	F	G
1	姓名	标准工资	迟到扣款	早退扣款	住宿扣款	产量不达标扣款	社保款
2	赵	1440	14	38	47	40	120
3	钱	1400	32	43	30	39	80
4	孙	1600	30	15			80
5	李	1600		25	34	36	110
6	周	1440	27	51	42	50	120
7	吴	1450	60	30		46	120
8	郑	1540	57	10	17	12	120
9	王	1570		29	26		100
10	冯	1490	38	43	11	10	90
11	最高工资：						

图8-240

在单元格C11中输入公式"=MAX(B2:B10-MMULT(C2:G10*1, ROW(1:5)^0))"，按下【Ctrl】+【Shift】+【Enter】组合键，将返回扣除所有扣款后的最高工资，如图8-241所示。

	A	B	C	D	E	F	G
	姓名	标准工资	迟到扣款	早退扣款	住宿扣款	产量不达标扣款	社保款
2	赵	1440	14	38	47	40	120
3	钱	1400	32	43	30	39	80
4	孙	1600	30	15			80
5	李	1600		25	34	36	110
6	周	1440	27	51	42	50	120
7	吴	1450	60	30		46	120
8	郑	1540	57	10	17	12	120
9	王	1570		29	26		100
10	冯	1490	38	43	11	10	90
11	最高工资：		1475				

C11 ▼ fx {=MAX(B2:B10-MMULT(C2:G10*1,ROW(1:5)^0))}

图8-241

> **提示**
>
> 本技巧首先利用ROW函数产生1～5的数组，再进行0次方求幂，将其转换成由5个1组成的数组；然后用此数组和单元格区域C2:G10的扣款金额作为MMULT函数的参数，分别计算所有员工的扣款金额；最后用每位员工的标准工资减扣款，取最大值，即为最高工资。公式中使用表达式"C2:G10*1"的原因是MMLUT函数无法处理空白单元格，而将单元格区域中的数据分别乘以1之后，就可以将区域引用转换为内存数组，其中的空白单元格将转换为0。

技巧326
计算投资收益

> 效果文件：FILES\08\技巧326.xlsx

某公司接到7个投资项目，在如图8-242所示的工作表中列出了每个项目的投资年限和利润率。现需计算在收益为10万元的前提下哪一个投资项目投入的资金最少，以及投资金额是多少，步骤如下。

1. 在单元格E2中输入公数组公式"=INDEX(A2:A8, MATCH(MAX(PV(B2:B8, C2:C8, 0, 100000)), PV(B2:B8, C2:C8, 0, 100000), 0))"，按下【Ctrl】+【Shift】+【Enter】组合键，返回项目C最合算，如图8-243所示。

	A	B	C	D	E	F
1	项目	利率	投资年限		哪一个项目最合算	投资金额
2	A	15.00%	5			
3	B	13.50%	8			
4	C	12.80%	9			
5	D	11.80%	6			
6	E	14.20%	5			
7	F	12.10%	5			
8	G	10.50%	3			

图8-242

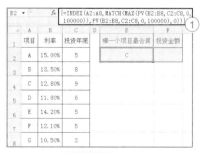

	A	B	C	D	E	F
1	项目	利率	投资年限		哪一个项目最合算	投资金额
2	A	15.00%	5		C	
3	B	13.50%	8			
4	C	12.80%	9			
5	D	11.80%	6			
6	E	14.20%	5			
7	F	12.10%	5			
8	G	10.50%	3			

E2 ▼ fx {=INDEX(A2:A8,MATCH(MAX(PV(B2:B8,C2:C8,0, 100000)),PV(B2:B8,C2:C8,0,100000),0))}

图8-243

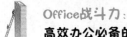

2. 在单元格F2中输入数组公式 "=MAX(PV(B2:B8, C2:C8, 0, 100000))"，按下
【Ctrl】+【Shift】+【Enter】组合键，返回项目C的投资金额，如图8-244所示。

	A	B	C	D	E	F
1	项目	利率	投资年限		哪一个项目最合算	投资金额
2	A	15.00%	5		C	-33823.5
3	B	13.50%	8			
4	C	12.80%	9			
5	D	11.80%	6			
6	E	14.20%	5			
7	F	12.10%	5			
8	G	10.50%	3			

图8-244

提示

本技巧的第二个公式包含于第一个公式中。

第一个公式首先利用PV函数计算在10万元收益的条件下每个项目需要投入多少资金。因为投资额是负数，所以计算最小投资额时使用MAX函数。当找出投资金额最小的项目后，用MATCH函数计算该项目在所有项目中投资额的排位。INDEX函数根据该排位提取项目名称。

技巧327
计算年增长率

效果文件：FILES\08\技巧327.xlsx

如图8-245所示，某项目需要投资25万元，投资期为8年，假设收益为48万元，那么该如何计算其年增长率？

	A	B	C	D
1	投资金额	投资项目时间（年）	收益金额	年增长率
2	250000	8	480000	

图8-245

在单元格D2中输入公式 "=RATE(B2, 0, -A2, C2)"，按下【Enter】键，将返回年增长率，如图8-246所示。

	A	B	C	D
1	投资金额	投资项目时间（年）	收益金额	年增长率
2	250000	8	480000	8%

图8-246

提示

本技巧的公式根据投资金额、时间和收益，利用RATE函数计算年增长率。使用该公式的前提是假设项目各期的增长率相同。

技巧328
计算需要偿还的本金

效果文件：FILES\08\技巧328.xlsx

如图8-247所示，贷款金额为80万元，年利率为8.5%，贷款时间为3年，按月还款，现需计算第一年和第二年共支付多少本金，步骤如下。

	A	B	C	D
1	贷款	年利息	贷款时期（年）	第一年和第二年的本金
2	800,000	8.50%	3	

图8-247

在单元格D2中输入公式“=CUMPRINC(B2/12, C2*12, A2, 1, 24, 0)”，按下【Enter】键，将返回第一年和第二年的本金总额，如图8-248所示。

D2　=CUMPRINC(B2/12,C2*12,A2,1,24,0)　①

	A	B	C	D
1	贷款	年利息	贷款时期（年）	第一年和第二年的本金
2	800,000	8.50%	3	-510455.2519

图8-248

提示

本技巧的公式根据贷款金额、利率和时间，利用CUMPRINC函数计算第一年和第二年的本金总额。其中，年利率除以12即得到月利率，贷款时间也同样需要乘以12转换成月数，第四和第五参数表示时间为第1个月至第24个月。如果需要计算利息和本金的合计金额，则可以在公式中加上CUMIPMT函数来计算利息。

技巧329
固定资产折旧——固定余额递减法

效果文件：FILES\08\技巧329.xlsx

如图8-249所示，某资产原值为25万元，使用6年后报废，残值为5000元。现需计算该资产每年的折旧值，步骤如下。

1. 在单元格B5中输入公式“=DB(A$2, B$2, C$2, ROW(A1), 12)”，按【Enter】键，将返回第一年的折旧值，如图8-250所示。

	A	B	C
1	资产原值	资产残值	使用寿命
2	250,000	5,000	6
3			
4	时间段	资产折旧值	
5	第一年折旧值		
6	第二年折旧值		
7	第三年折旧值		
8	第四年折旧值		
9	第五年折旧值		
10	第六年折旧值		

图8-249

B5 ▼   fx =DB(A$2,B$2,C$2,ROW(A1),12) ①

	A	B	C
1	资产原值	资产残值	使用寿命
2	250,000	5,000	6
3			
4	时间段	资产折旧值	
5	第一年折旧值	￥119,750.00	
6	第二年折旧值		
7	第三年折旧值		
8	第四年折旧值		
9	第五年折旧值		
10	第六年折旧值		

图8-250

2. 拖动单元格B5的填充句柄将公式向下填充，计算结果如图8-251所示。

3. 通过"开始"选项卡"样式"组中的选项为表格设置样式，如图8-252所示。

	A	B	C
1	资产原值	资产残值	使用寿命
2	250,000	5,000	6
3			
4	时间段	资产折旧值	
5	第一年折旧值	￥119,750.00	
6	第二年折旧值	￥62,389.75	
7	第三年折旧值	￥32,505.06	
8	第四年折旧值	￥16,935.14	
9	第五年折旧值	￥8,823.21	
10	第六年折旧值	￥4,596.89	

图8-251

	A	B	C
1	资产原值	资产残值	使用寿命
2	250,000	5,000	6
3			
4	时间段	资产折旧值	
5	第一年折旧值	￥119,750.00	
6	第二年折旧值	￥62,389.75	
7	第三年折旧值	￥32,505.06	
8	第四年折旧值	￥16,935.14	
9	第五年折旧值	￥8,823.21	
10	第六年折旧值	￥4,596.89	

图8-252

技巧330
固定资产折旧——双倍余额递减法

效果文件：FILES\08\技巧330.xlsx

如图8-253所示，某资产6年前价值为100万元，至今年12月价值为10万元。现需计算该资产第一年的折旧值、第二个月的折旧值和第六年的折旧值，步骤如下。

分别在单元格B5、B6、B7中输入公式"=DDB(A$2, B$2, C$2, 1, 2)"、"=DDB(A$2, B$2, C$2*12, 2, 2)"、"=DDB(A$2, B$2, C$2, 6, 2)"，并按下【Enter】键，将分别返回第一年的折旧值、第二个月的折旧值和第六年的折旧值，如图8-254所示。

	A	B	C
1	资产原值	资产残值	使用寿命
2	1,000,000	100,000	6
3			
4	时间段	资产折旧值	
5	第1年折旧值		
6	第2月折旧值		
7	第6年折旧值		

图8-253

	A	B	C
1	资产原值	资产残值	使用寿命
2	1,000,000	100,000	6
3			
4	时间段	资产折旧值	
5	第1年折旧值	￥333,333.33	
6	第2月折旧值	￥27,006.17	
7	第6年折旧值	￥31,687.24	

图8-254

技巧331
固定资产折旧——年限总和折旧法

效果文件：FILES\08\技巧331.xlsx

　　如图8-255所示，某资产购入价为12万元，6年后报废，残值为200元。现需分别计算每年的折旧值，步骤如下。

　　在单元格B5中输入公式"=SYD(A$2, B$2, C$2, ROW(A1))"，按下【Enter】键，将返回第一年的折旧值。拖动单元格B5的填充句柄将公式向下填充，计算结果如图8-256所示。

图8-255　　　　　　图8-256

技巧332
使用双倍余额递减法计算任意期间的折旧值

效果文件：FILES\08\技巧332.xlsx

　　如图8-257所示，某资产购入价为100万元，6年后报废，残值为10万元。现需分别计算其第7个月至第12个月、前300天以及最后3个月的折旧值，步骤如下。

　　在单元格B5、B6、B7中依次输入公式"=VDB(A$2, B$2, C$2*12, 7, 12, 2)"、"=VDB(A$2, B$2, C$2*365, 1, 300, 2)"、"=VDB(A$2, B$2, C$2*12, C2*12-3, C2*12,)"并按下【Enter】键，将分别返回第7个月至第12个月、前300天以及最后3

个月的折旧值，结果如图8-258所示。

图8-257　　　　　　　图8-258

> **提示**
>
> 　　本技巧根据资产原值、残值及折旧期限等信息，利用VDB函数计算资产在任意期间的折旧值。任意期间是指资产购入当天到资产报废当天这段时间中的任意时间段，单位可以是年，可以是月，还可以是天。

📖 技巧333
计算任意年后的项目内部收益率

> 效果文件：FILES\08\技巧333.xlsx

　　如图8-259所示，这是紫燕书店的预投资收益表。投资人打算投资紫燕书店，该项目前期预计投入200000元，开始五年的收入预计分别为24000元、54000元、87000元、125000元和168000元。现需计算该项目投资两年、三年和五年后的内部收益率，步骤如下。

　　1. 计算投资三年后的内部收益率。根据题意，计算内部收益率需要使用IRR函数。单元格B3的值为前期投入，单元格区域B4:B6的值为第一年至第三年的收入。在单元格B10中输入公式"=IRR(B3:B6)"，输入完成后按【Enter】键，结果如图8-260所示。

图8-259

图8-260

2．计算投资五年后的内部收益率。在单元格B11中输入公式"=IRR(B3:B8)"，输入完成后按【Enter】键，计算结果如图8–261所示。

3．计算投资两年后的内部收益率。在单元格B12中输入公式"=IRR(B3:B5，–10%)"，输入完成后按【Enter】键，计算结果如图8–262所示。

图8–261　　　　　　　　图8–262

提示

　　根据前两步的计算结果，投资三年后的内部收益率为–8%，所以投资两年后的内部收益率应低于–8%。代入多个guess值（–10%、–15%、–20%）进行测试，均得到同一个内部收益率，本技巧选择–10%作为最终的guess值。

在单元格中输入公式后按【Enter】键，会自动显示计算结果。当向工作表中输入大量公式后，查找公式就变成了一项复杂的任务，用户面对的将是大量的计算结果，如果逐个选中查看，会比较麻烦。下面介绍一种比较简单的方法来实现公式的显示，步骤如下。

1．在"公式"选项卡的"公式审核"组中单击"显示公式"按钮，如图8–263所示。

2．单击"显示公式"按钮后，工作表中的显示效果如图8–264所示。

图8-263　　　　　　　图8-264

技巧334
计算修正内部收益率

效果文件：FILES\08\技巧334.xlsx

海风冷饮店最初的投资额即资产原值为150000元，五年内的收益分别为26000元、39000元、47000元、53000元和78000元。当初这笔150000元的贷款是以年利率6%贷得的，将所得收入用于再投资的年利率为10%。现需计算这个冷饮店要维持多久才能被接受，步骤如下，详细数据如图8-265所示。

1. 计算投资三年后的修正内部收益率。在单元格B12中输入公式"=MIRR(B3:B6, B9, B10)"，输入完成后按【Enter】键，计算结果如图8-266所示。

图8-265　　　　　　　图8-266

2. 计算投资四年和五年后的修正内部收益率。在单元格B13和B14中分别输入公式"=MIRR(B3:B7, B9, B10)"和"=MIRR(B3:B8, B9, B10)"，并按【Enter】键，计算结果如图8-267所示。

3.把再投资的年利率提高到15%，计算投资五年后的修正内部收益率。在单元格B15中输入公式"=MIRR(B3:B8,B9,15%)"，输入完成后按【Enter】键，计算结果如图8-268所示。

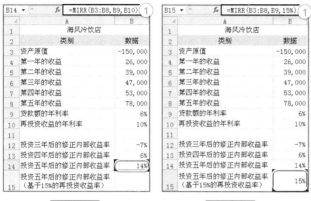

图8-267　　　　　　　图8-268

由此可见，投资四年后的修正内部收益率为6%，等于贷款年利率，这说明海风冷饮店维持四年以上可以被接受。

技巧335
计算不定期发生的内部收益率

效果文件：FILES\08\技巧335.xlsx

某早点店不固定日期的营业收入如图8-269所示。现需根据此表计算该早点店不定期发生的内部收益率，步骤如下。

1.在单元格B9中输入公式"=XIRR(A3:A7,B3:B7)"，输入完成后按【Enter】键，计算结果如图8-270所示。

图8-269　　　　　　　图8-270

2.为了将数据表现得更清晰，可以把不定期发生的内部收益率的值改为百分比形式，如图8-271所示。

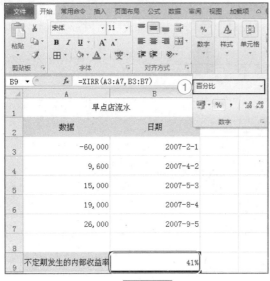

图8-271

技巧336
根据返回现值判断保险是否值得购买

> 效果文件：FILES\08\技巧336.xlsx

张先生打算购买一份保险。一种保险的条件为今后15年内每月初回报500元，保险金为6万元，投资回报率为8%，如图8-272所示。要判断此保险是否值得购买，步骤如下。

> **提示**
> 判断保险是否值得购买，主要是看返回现值与当前支出（本技巧中的保险金）的关系。如果返回现值大于当前支出就值得购买，如果返回现值小于当前支出则不值得购买。

在单元格B6中输入公式"=PV(B2/12, B3*12, B4, , 1)"，按【Enter】键，将在单元格B6中显示返回现值，如图8-273所示。

图8-272   图8-273

技巧337

判断某项目是否可行

效果文件：FILES\08\技巧337.xlsx

王某计划创办一个大型服装市场，计划初期投资现金22万元，以后四年的收益分别为9万元、10万元、11万元和10万元，贴现率为8%，标准回收期为三年，如图8-274所示。在考虑复利的情况下，采用回收期法判断此项目是否可行，步骤如下。

1. 在单元格E2中输入公式"=$B$2"，按下【Enter】键，即可得到年限为"0"的净现值，如图8-275所示。

图8-274 图8-275

2. 在单元格E3中输入公式"=NPV(8%, B3)+$B$2"，按下【Enter】键，即可得到年限为"1"的净现值，如图8-276所示。

3. 在单元格E4中输入公式"=NPV(8%, B3)+$B$2"，按下【Enter】键，即可得到年限为"2"的净现值，如图8-277所示。

图8-276

图8-277

4. 在单元格E5中输入公式"=NPV(8%, B3:B5)+$B$2"，按下【Enter】键，即可得到年限为"3"的净现值，如图8-278所示。

5. 在单元格E6中输入公式"=NPV(8%, B3:B6)+$B$2"，按下【Enter】键，即可得到年限为"4"的净现值，如图8-279所示。

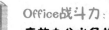

图8-278   图8-279

6. 在单元格E7中输入公式"=-E4/(B5/(1+8%)^3)+D4"，按下【Enter】键，即可得到实际回收期，如图8-280所示。

7. 在单元格E8中输入公式"=IF(B7>E7,"可行","不可行")"，按下【Enter】键，即可得到判断值，如图8-281所示。

图8-280   图8-281

📖技巧338
计算不定期的净现值

效果文件：FILES\08\技巧338.xlsx

如图8-282所示，这是一家电器经销店的投资及收益数据：2003年5月6日初期投资为18万元，2004年4月12日收益为3万元，2005年8月2日收益为5万元，2006年7月14日收益为6万元，2007年1月24日收益为8万元，每年的贴现率为5%。现需计算四年后能否收回投资，步骤如下。

1. 计算第四年的净现值。在单元格D2中输入公式"=XNPV(B7，B2:B6，A2:A6)"，按【Enter】键，单元格D2中将显示如图8-283所示的净现值。

图8-282

图8-283

2．判断能否收回该项投资。在单元格D4中输入公式"=IF(D2>0, "能", "不能")"，按【Enter】键，结果如图8-284所示。

图8-284

📖 技巧339
计算还款期数

如图8-285所示，某公司在创业初期向银行贷款60万元，要求每月还款2万元，假设银行年利率为6%，该公司需要多少期才能还清这笔贷款？

在单元格B5中输入公式"=NPER(B4/12, B3, B2)"，按【Enter】键，单元格B5中显的示还款期数如图8-286所示。

图8-285

=NPER(B4/12, B3, B2) ①

图8-286

技巧340
计算证券的付息次数

效果文件：FILES\08\技巧340.xlsx

如图8-287所示，某公司在2000年6月12日购买某证券。已知该证券的到期日为2006年2月8日，要求按季度支付利息，日基准数为0。现需计算该证券的利息支付次数，步骤如下。

在单元格B6中输入公式"=COUPNUM(B2, B3, B4, B5)"，按【Enter】键，计算结果如图8-288所示。

图8-287

=COUPNUM(B2, B3, B4, B5) ①

图8-288

技巧341
计算按月支付利息的实际年利率

效果文件：FILES\08\技巧341.xlsx

某银行新规定利息支付方式为按月的复利方式，在此之前的年利率为4.5%。现需计算实际的年利率，如图8-289所示，步骤如下。

在单元格B4中输入公式"=EFFECT(B2, B3)"，按【Enter】键，单元格B4中显示的实际年利率如图8-290所示。

图8-289　　　　　图8-290

📖 技巧342

计算偿还贷款的累计利息金额

效果文件：FILES\08\技巧342.xlsx

某公司2002年向银行贷款34万元，年利率为4.8%，要求7年还清，还款类型为期末还款，如图8-291所示。计算各年累计偿还利息金额的步骤如下。

1. 在单元格B7中输入公式"=CUMIPMT($B$1, $B$2, $B$3, $A$7, A7, 0)"，按【Enter】键，计算第一年累计偿还的利息金额，如图8-292所示。

图8-291

图8-292

2. 利用自动填充功能计算其他年份的累计偿还利息金额，如图8-293所示。

图8-293

📖 技巧343
计算偿还贷款的累计本金金额

效果文件：FILES\08\技巧343.xlsx

某公司2002年向银行贷款34万元，年利率为4.8%，要求7年还清，还款类型为期末还款，如图8-294所示。计算各年累计偿还本金金额的步骤如下。

1. 在单元格B7中输入公式"=CUMPRINC($B$1, $B$2, $B$3, $A$7, A7, 0)"，按【Enter】键，计算第一年累计偿还的本金金额，如图8-295所示。

图8-294

图8-295

2. 利用自动填充功能计算其他年份的累计偿还本金金额，如图8-296所示。

图8-296

📖 技巧344
计算存款的未来值

效果文件：FILES\08\技巧344.xlsx

如图8-297所示，某公司于2006年年初在某银行存入12万元。该银行的月利率是变动的，一季度的月利率是4.1%，二季度的月利率是3.8%，三季度的月利率是4.0%，四季度的月利率是4.2%。计算该公司2007年年初的存款额，步骤如下。

在单元格B17中输入公式"=FVSCHEDULE(B1, B4:B15)"，按下【Enter】键，计算该公司2007年年初的存款额，如图8-298所示。

	A	B
1	**存款额**	¥120,000
2		
3	**月份**	**月利率**
4	1	4.10%
5	2	4.10%
6	3	4.10%
7	4	3.80%
8	5	3.80%
9	6	3.80%
10	7	4.00%
11	8	4.00%
12	9	4.00%
13	10	4.20%
14	11	4.20%
15	12	4.20%
16		
17	**2007年年初存款额**	

图8-297

B17 ▼ *fx* =FVSCHEDULE(B1,B4:B15) ①

	A	B
1	**存款额**	¥120,000
2		
3	**月份**	**月利率**
4	1	4.10%
5	2	4.10%
6	3	4.10%
7	4	3.80%
8	5	3.80%
9	6	3.80%
10	7	4.00%
11	8	4.00%
12	9	4.00%
13	10	4.20%
14	11	4.20%
15	12	4.20%
16		
17	**2007年年初存款额**	¥192,676.47

图8-298

技巧345
计算贷款的每期还款额

效果文件：FILES\08\技巧345.xlsx

如图8-299所示，某人2005年年底向银行贷款120万元，该银行的贷款月利率是2.2%，要求月末还款，一年内还清贷款。计算此人每月的总还款额，步骤如下。

1. 在单元格B7中输入公式"=PMT($B$2, $B$3, $B$1, 0, 0)"，按【Enter】键，单元格B7中将输出此人1月应交的总还款金额，如图8-300所示。

	A	B
1	贷款金额	¥1,200,000
2	月利率	2.20%
3	支付次数	12
4	支付方式	月末
5		
6	月份	还款金额
7	1	
8	2	
9	3	
10	4	
11	5	
12	6	
13	7	
14	8	
15	9	
16	10	
17	11	
18	12	

图8-299

B7 ▼ *fx* =PMT($B$2,$B$3,$B$1,0,0) ①

	A	B	C
1	贷款金额	¥1,200,000	
2	月利率	2.20%	
3	支付次数	12	
4	支付方式	月末	
5			
6	月份	还款金额	
7	1	-¥114,869.86	
8	2		
9	3		
10	4		
11	5		
12	6		
13	7		
14	8		
15	9		
16	10		
17	11		
18	12		

图8-300

2. 利用自动填充功能计算其他月份的总还款金额，如图8-301所示。

	A	B
1	贷款金额	￥1,200,000
2	月利率	2.20%
3	支付次数	12
4	支付方式	月末
5		
6	月份	还款金额
7	1	-￥114,869.86
8	2	-￥114,869.86
9	3	-￥114,869.86
10	4	-￥114,869.86
11	5	-￥114,869.86
12	6	-￥114,869.86
13	7	-￥114,869.86
14	8	-￥114,869.86
15	9	-￥114,869.86
16	10	-￥114,869.86
17	11	-￥114,869.86
18	12	-￥114,869.86

图8-301

技巧346

计算贷款的每期应还本金金额

效果文件：FILES\08\技巧346.xlsx

如图8-302所示，某人2005年年底向银行贷款120万元。该银行的贷款月利率是2.2%，要求月末还款，一年内还清。计算此人每月应还本金的金额，步骤如下。

1. 在单元格B7中输入公式"=PPMT($B$2, A7, 12, $B$1, 0, 0)"，按【Enter】键，单元格B7中将输出此人1月应还的本金金额，如图8-303所示。

	A	B
1	贷款金额	￥1,200,000
2	月利率	0.22%
3	支付次数	12
4	支付方式	月末
5		
6	月份	应还本金金额
7	1	
8	2	
9	3	
10	4	
11	5	
12	6	
13	7	
14	8	
15	9	
16	10	
17	11	
18	12	

图8-302

B7 ▼ fx =PPMT($B$2, A7, 12, $B$1, 0, 0) ①

	A	B	C
1	贷款金额	￥1,200,000	
2	月利率	0.22%	
3	支付次数	12	
4	支付方式	月末	
5			
6	月份	应还本金金额	
7	1	-￥98,795.76	
8	2		
9	3		
10	4		
11	5		
12	6		
13	7		
14	8		
15	9		
16	10		
17	11		
18	12		

图8-303

2. 利用自动填充功能计算其他月份的应还本金金额，如图8-304所示。

	A	B
1	贷款金额	￥1,200,000
2	月利率	0.22%
3	支付次数	12
4	支付方式	月末
5		
6	月份	应还本金金额
7	1	-￥98,795.76
8	2	-￥99,013.11
9	3	-￥99,230.94
10	4	-￥99,449.25
11	5	-￥99,668.04
12	6	-￥99,887.31
13	7	-￥100,107.06
14	8	-￥100,327.29
15	9	-￥100,548.01
16	10	-￥100,769.22
17	11	-￥100,990.91
18	12	-￥101,213.09

图8-304

技巧347

根据收益率判断证券是否值得购买

效果文件：FILES\08\技巧347.xlsx

如图8-305所示，某人在2007年1月1日以90元购买了一种面值为100元的有价证券，此证券的发行日为1998年1月1日，到期日为2010年1月1日，年收益率为3%，利率为2%，日计数基准为"实际天数/360"。要计算购买此证券是否合算，步骤如下。

在单元格B8中输入公式"=PRICEMAT(B1, B2, B3, B4, B5, B6)"，按【Enter】键，计算结果如图8-306所示。

图8-305　　　　　　图8-306

技巧348

计算债券的到期收益率

效果文件：FILES\08\技巧348.xlsx

如图8-307所示，某企业购买了A和B两种债券。A债券的结算日为2007年1月1

日，到期日为2009年12月30日；B债券的结算日为2008年1月1日，到期日为2010年1月1日。两种债券的发行日均为2003年1月1日，票面利率均为2.50%，证券价格均为90元，日计数基准均为30/360。计算这两种债券的到期收益率，步骤如下。

1. 在单元格B9中输入公式"=YIELDMAT(B1, B2, B3, B4, B5, B6)"，按【Enter】键，计算结果如图8-308所示。

图8-307　　　　　　　　图8-308

2. 拖动单元格B9的填充句柄，将公式快速复制到单元格C9中，计算结果如图8-309所示。

图8-309

技巧349
计算债券的价格

效果文件：FILES\08\技巧349.xlsx

如图8-310所示，某企业于2001年1月20日从证券市场购入A债券和B债券。这两种债券发行日均为2000年1月1日，到期日均为2010年1月1日，面值均为100元。A债券的票面利率为3%，B债券的票面利率为3.5%，按年付息，日计数基准为0。若企业希望年收益率为4%，现需计算这两种债券的价值，步骤如下。

1. 在单元格B10中输入公式"=PRICE(B1, B2, B3, B4, B5, B6, B7, B8)"，按【Enter】键，计算结果如图8-311所示。

=PRICE(B2, B3, B4, B5, B6, B7, B8)

	A债券	B债券
结算日	2001-1-20	2001-1-20
到期日	2010-1-1	2010-1-1
利率	3%	3.5%
年收益率	4%	4%
清偿证券价值	100	100
年付息次数	1	1
基准	0	0
债券价格	92.60	

图8-310　　　　　　　图8-311

2. 拖动单元格B10的填充句柄，将公式快速复制到单元格C10中，计算结果如图8-312所示。

图8-312

技巧350

计算有价证券的价格

效果文件：FILES\08\技巧350.xlsx

如图8-313所示，某人在2001年1月1日与1999年12月1日分别购买了A债券和B债券。A债券到期日为2010年1月1日，贴现率为5%；B债券到期日为2005年1月1日，贴现率为3%。两种债券的日基准计数均为2，清偿价值均为90元。计算这两种债券的价格，步骤如下。

1. 在单元格B8中输入公式"=PRICEDISC(B2, B3, B4, B5, B6)"，按【Enter】键，计算结果如图8-314所示。

⚄	A	B	C
1		A债券	B债券
2	结算日	2001-1-1	1999-12-1
3	到期日	2010-1-1	2005-1-1
4	贴现率	5%	3%
5	清偿价值	90	90
6	基准	2	2
7			
8	证券价格		

图8-313

B8 ▼ fx =PRICEDISC(B2,B3,B4,B5,B6) ①

⚄	A	B	C	D
1		A债券	B债券	
2	结算日	2001-1-1	1999-12-1	
3	到期日	2010-1-1	2005-1-1	
4	贴现率	5%	3%	
5	清偿价值	90	90	
6	基准	2	2	
7				
8	证券价格	48.91		

图8-314

2. 拖动单元格B8的填充句柄，将公式快速复制至单元格C8中，计算结果如图8-315所示。

⚄	A	B	C
1		A债券	B债券
2	结算日	2001-1-1	1999-12-1
3	到期日	2010-1-1	2005-1-1
4	贴现率	5%	3%
5	清偿价值	90	90
6	基准	2	2
7			
8	证券价格	48.91	76.07

图8-315

📖 技巧351
求贝塞尔函数 $K_n(x)$

效果文件：FILES\08\技巧351.xlsx

如图8-316所示：数据表中 x 有50个，即1～50；阶数 n 是固定的。为2计算 n 阶第一种修正贝赛尔函数值，步骤如下。

1. 在单元格C2中输入公式"=BESSELK(A2, $B$2)"，按【Enter】键，计算结果如图8-317所示。

	A	B	C
1	x	n	公式
2	1	2	
3	2		
4	3		
5	4		
6	5		
7	6		
8	7		
9	8		
10	9		
11	10		
12	11		
13	12		
14	13		
15	14		

图8-316

① =BESSELK(A2,$B$2)

	A	B	C
1	x	n	公式
2	1	2	1.624838884
3	2		
4	3		
5	4		
6	5		
7	6		
8	7		
9	8		
10	9		
11	10		
12	11		
13	12		

图8-317

2. 拖动单元格C2的填充句柄，将公式快速复制到单元格C51中。选中单元格区域C2:C51，在"插入"选项卡的"图表"组中单击"折线图"选项，在展开的列表中选择一种图表样式，如图8-318所示。

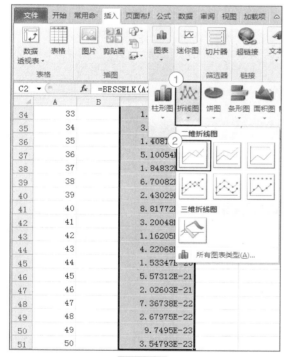

图8-318

工作表中插入的图表如图8-319所示。

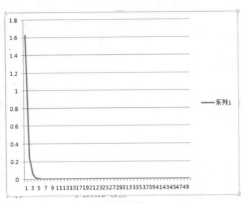

图8-319

技巧352
求贝赛尔函数$J_n(x)$

效果文件：FILES\08\技巧352.xlsx

数据表中x有50个，即1～50；阶数n是固定的，为2。计算贝赛尔函数$J_n(x)$，步骤如下。

1. 在单元格C2中输入公式"=BESSELJ(A2, \$B\$2)"，按【Enter】键，计算结果如图8-320所示。

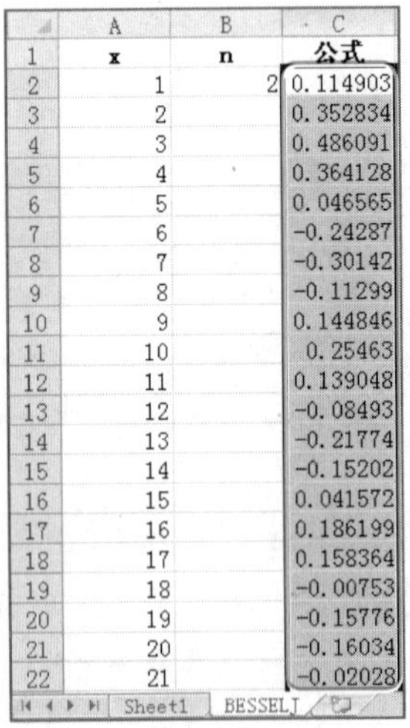

2. 拖动单元格C2的填充句柄，将公式快速复制到单元格C51中，如图8-321所示。

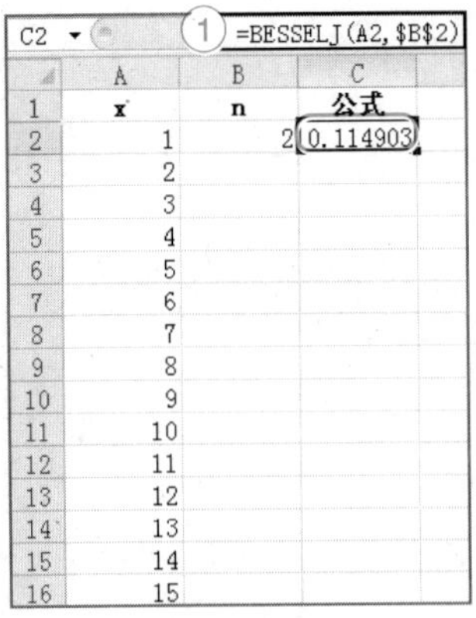

图8-320

图8-321

3．选中单元格区域C2:C51，在"插入"选项卡的"图表"组中单击"折线图"选项，在展开的列表中选择一种图表样式，图表最终显示如图8-322所示。

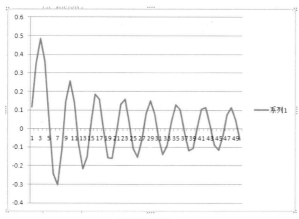

图8-322

第9章 工作表的安全和共享设置技巧

在编辑工作表格时，常常会共享其他数据源中的数据。但是，这些外部数据中可能会隐藏一些不安全的因素，如果直接使用，会对工作表中的数据产生不良影响。

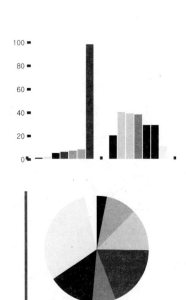

技巧353

指定工作表中的某一特定区域为可编辑区域

效果文件：FILES\02\技巧353.xlsx

当使用数据保护功能对工作表进行保护后，若想将工作表的某一特定区域设置为用户可编辑区域，而其他区域仍保持锁定状态，可按照下面的方法进行操作。

1. 打开工作簿，按住【Ctrl】键，选中要设置为允许编辑的单元格，单击"审阅"选项卡"更改"组中的"允许用户编辑区域"按钮，如图9-1所示。

图9-1

2. 在打开的"允许用户编辑区域"对话框中单击"新建"按钮，如图9-2所示。

图9-2

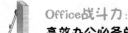
3. 此时将打开"新区域"对话框。在"标题"文本框中输入允许用户编辑区域的标题，在"引用单元格"文本框中设置允许用户编辑的单元格区域，并设置"区域密码"（这里设置的密码为"111111"），如图9-3所示。

4. 单击"确定"按钮，在"确认密码"对话框中再次输入设置的密码，如图9-4所示。

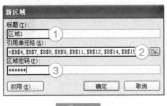

图9-3

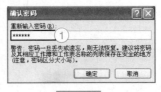

图9-4

5. 单击"确定"按钮返回"允许用户编辑区域"对话框，即可看到"工作表受保护时使用密码取消锁定的区域"列表框中显示了用户定义的可编辑区域，如图9-5所示。

6. 单击"确定"按钮，返回工作表界面，单击"更改"组中的"保护工作表"按钮，对整个工作表设置保护。此后在指定的允许编辑的单元格中进行操作时，将弹出如图9-6所示的"取消锁定区域"对话框。在其中输入密码，才能继续对这些单元格进行编辑操作。

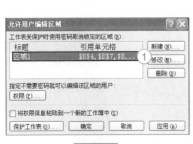

图9-5　　　　　　图9-6

🔖 技巧354
添加数字签名以保护文档

对添加了数字签名的文档或宏进行任何更改都会自动删除数字签名，因此，数字签名可以起到保护文档的作用。为文档添加数字签名的步骤如下。

1. 打开要添加数字签名的文档，单击"文件"选项卡左侧列表中的"信息"选项，然后单击右侧的"保护工作簿"下拉按钮，在展开的列表中选择"添加数字签名"选项，如图9-7所示。

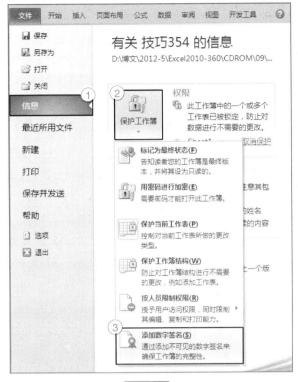

图9-7

2．此时将打开"签名"对话框。在"签署此文档的目的"文本框中输入相关信息（可以不填），如图9-8所示。这里需要注意的是，添加的数字签名在文档中不可见。

3．单击"签名"按钮，将弹出"签名确认"对话框，如图9-9所示。单击"确定"按钮，即可为当前文档添加数字签名。

图9-8　　　　　　　　　　　　图9-9

📖 技巧355
宏的安全性设置

在Excel 2010中使用宏，应考虑它的安全性，因为有些黑客会利用宏传播病毒。为了防止计算机遭到宏病毒的侵害，Excel 2010提供了宏的安全性设置功能，具体设置方法如下。

1. 打开一个工作簿，单击"文件"选项卡左侧列表中的"选项"按钮，打开"Excel选项"对话框。

2. 单击左侧列表中的"信任中心"选项，在右侧窗口中单击"信任中心设置"按钮，如图9-10所示。

图9-10

3. 此时将打开"信任中心"对话框。在左侧列表中选择"宏设置"选项，在右侧的"宏设置"选项区选中"禁用所有宏，并发出通知"单选按钮，如图9-11所示。

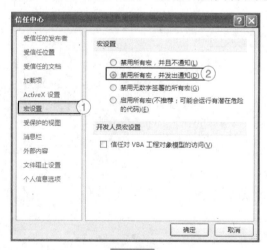

图9-11

技巧356

创建受信任位置

已知某文档中宏的来源可靠。要想在打开该文档时不让信任中心的安全功能检查该文档和发出安全警报，并将该文档的存储位置设置为"受信任位置"，具体操作方法如下。

1. 打开一个工作簿，单击"文件"选项卡左侧列表中的"选项"按钮，打开"Excel选项"对话框。单击左侧列表中的"信任中心"选项，在右侧窗口中单击"信任中心设置"按钮，打开"信任中心"对话框。

2. 在左侧列表中选择"受信任位置"选项，在右侧选项区单击"添加新位置"按钮，如图9-12所示。

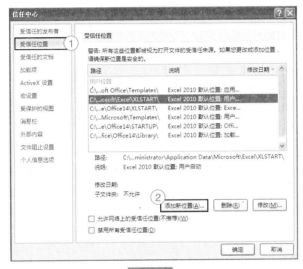

图9-12

3. 此时将打开"Microsoft Office受信任位置"对话框。单击"浏览"按钮，找到该文档的存储路径并将其添加到"路径"文本框中。如果要将当前文件夹的子文件夹也设置为受信任位置，需要勾选"同时信任此位置的子文件夹"复选框，如图9-13所示。

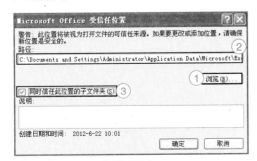

图9-13

4. 单击"确定"按钮，即可将该路径设置为受信任位置。

📖 技巧357

将Excel工作表中的数据转换到Access数据库中

要想将Excel工作表中的数据转换到Access数据库中，可按如下方法进行操作。

1. 打开要转换数据的工作表，选中要复制的单元格区域，按下【Ctrl】+【C】组合键复制数据，如图9-14所示。

2. 启动Access 2010并新建一个空数据库。单击"开始"选项卡"剪贴板"组中的"粘贴"下拉按钮，在展开的列表中选择"粘贴"选项，如图9-15所示。

图9-14

图9-15

3. 在弹出的提示对话框中单击"是"按钮，使数据的第一行包含列标题，如图9-16所示。此时将弹出如图9-17所示的提示对话框，提示用户已经成功导入所有对象。

图9-16

图9-17

4. 单击"确定"按钮，即可将Excel工作表中的数据转换到Access数据库中，如图9-18所示。

图9-18

技巧358

将Access数据库中的数据转换到Excel工作表中

要想将Access数据库中的数据转换到Excel工作表中,可按如下方法进行操作。

1. 打开要转换数据的Access数据库,单击"开始"选项卡"视图"组中的"视图"下拉按钮,在展开的列表中选择"数据表视图"选项,如图9-19所示。

2. 选中Access数据库中要复制的数据,按下【Ctrl】+【C】组合键复制数据,如图9-20所示。

图9-19

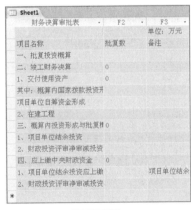

图9-20

3. 打开Excel工作表,选中要粘贴数据的单元格区域左上角的单元格,按下【Ctrl】+【V】组合键,即可将Access数据库中的数据转换到Excel工作表中,如图9-21所示。

A	B	C
1	财务决算审批表	F2	F3
2			单位：万元
3	项目名称	批复数	备注
4	一、批复投资概算		
5	二、竣工财务决算	0	
6	1、交付使用资产	0	
7	其中：概算内国家拨款投资形成		
8	项目单位自筹资金形成		
9	2、在建工程		
10	三、概算内投资形成与批复概算相比共减少投资	0	
11	1、项目单位结余投资		
12	2、财政投资评审净减投资		
13	四、应上缴中央财政资金	0	
14	1、项目单位结余投资应上缴		项目单位结余投资×50%
15	2、财政投资评审净减投资		

图9-21

📖 技巧359
保存工作表为文本文件格式

效果文件：FILES\09\技巧359.txt

要想将Excel工作表保存为文本文件，可按照下面的方法进行操作。

1. 打开要保存为文本文件的工作簿，单击"文件"选项卡左侧列表中的"另存为"按钮，将弹出"另存为"对话框。在"保存类型"下拉列表中选择"文本文件(制表符分隔)(*.txt)"选项，如图9-22所示。

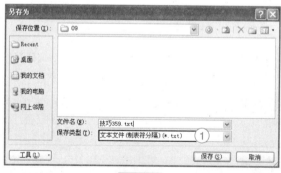

图9-22

2. 单击"保存"按钮，将弹出如图9-23所示的提示对话框。

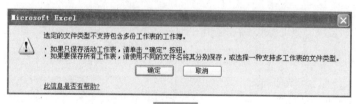

图9-23

3．如果只保存活动工作表，应单击"确定"按钮。此时将弹出对话框，提示用户工作表中可能包含与文本文件不兼容的功能，如图9-24所示。

图9-24

4．单击"是"按钮，去掉所有不兼容的功能，工作表中的数据即可以文本格式保存，如图9-25所示。

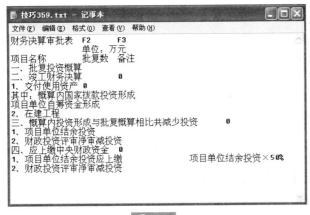

图9-25

📖 技巧360
将XML文件中的数据导入Excel工作表

效果文件：FILES\09\技巧360.xlsx

要想将XML文件中的数据导入Excel工作表，可按照下面的方法进行操作。

1．打开一个工作表，单击"数据"选项卡"获取外部数据"组中的"自其他来源"下拉按钮，在展开的列表中选择"来自XML数据导入"选项，如图9-26所示。

2．此时将打开"选取数据源"对话框。在其中选择要导入的目标文件，如图9-27所示。

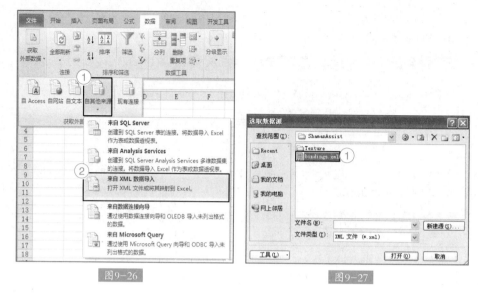

图9-26　　　　　　　　　　　图9-27

3.单击"打开"按钮，将弹出如图9-28所示的提示对话框。单击"确定"按钮，在弹出的"导入数据"对话框中设置数据的存放位置，如图9-29所示。

图9-28　　　　　　　　　图9-29

4.单击"确定"按钮，即可将XML文件中的数据导入Excel工作表，如图9-30所示。

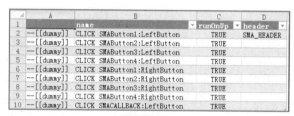

图9-30

反侵权盗版声明

电子工业出版社依法对本作品享有专有出版权。任何未经权利人书面许可，复制、销售或通过信息网络传播本作品的行为；歪曲、篡改、剽窃本作品的行为，均违反《中华人民共和国著作权法》，其行为人应承担相应的民事责任和行政责任，构成犯罪的，将被依法追究刑事责任。

为了维护市场秩序，保护权利人的合法权益，我社将依法查处和打击侵权盗版的单位和个人。欢迎社会各界人士积极举报侵权盗版行为，本社将奖励举报有功人员，并保证举报人的信息不被泄露。

举报电话：（010）88254396；（010）88258888

传　　真：（010）88254397

E - m a i l：dbqq@phei.com.cn

通信地址：北京市万寿路 173 信箱　电子工业出版社总编办公室

邮　　编：100036

电子工业出版社精品丛书推荐

新电脑课堂

我的第一本

轻而易举

轻松学

Excel疑难千寻千解丛书

速查手册